CPMA专业美甲培训系列

专业美甲从入门到精通

CPMA三级美甲培训教材

CPMA教育委员会 组织编写

3

化学工业出版社
·北京·

内容提要

本书主要分为三部分。第一部分包括基础理论与基础护理、打磨机的使用，主要介绍了指甲的构造、指甲失调处理方法、消毒、修甲形、去死皮以及打磨机的正确使用手法，帮助读者温故又知新，了解最基础又最重要的美甲知识。第二部分详细讲解了美甲师在日常生活、工作中最实用的美甲技法，包括水晶甲、光疗甲、美甲彩绘。第三部分为高级课程，主要展示喷绘、雕艺等高难度技巧，并详细介绍了喷枪色料壶的清洗要点、双色水晶雕艺取粉的注意事项，以及内雕艺立体感的塑造等方面的知识。在本书配图的拍摄过程中，众多国际美甲师亲临现场指导，简明扼要地指出每个技法的要点与易错点，帮助读者规避错误，快速掌握正确的美甲技法。

本书中详细介绍了每个美甲款式所用到的材料和工具，逐步剖析技法，配合高清图片，让操作一目了然。本系列书共分三本，适用于以专业美甲师为目标的美甲从业人员、美甲店店长以及美甲爱好者，希望能助力普通美甲师蜕变成更专业的美甲师！

作　　者： CPMA教育委员会

特别鸣谢： 崔粉姬、王薪雨、王秋月、吴丹、余富明、郑建勋、星野优子、神谷一江、久永浩代、远藤麻未、角田美花、高东梅、华舒平、孙颖、马赛楠、吴霞萍、陈慧芳、余剑南、王蓬、梁绮媚、樊斯韵

图书在版编目（CIP）数据

专业美甲从入门到精通：CPMA三级美甲培训教材/CPMA教育委员会组织编写．—北京：化学工业出版社，2017.10（2024.9重印）
（CPMA专业美甲培训系列）
ISBN 978-7-122-30428-5

Ⅰ．①专… Ⅱ．①C… Ⅲ．①指（趾）甲－化妆－技术培训－教材 Ⅳ．①TS974.15

中国版本图书馆CIP数据核字(2017)第195739号

责任编辑：徐　娟　　装帧设计：韩海静
封面设计：刘丽华

出版发行：化学工业出版社(北京市东城区青年湖南街13号　邮政编码100011）
印　　装：涿州市般润文化传播有限公司
787mm×1092mm　1/16　印张9　字数200千字　2024年9月北京第1版第9次印刷

购书咨询：010-64518888　　售后服务：010-64518899
网　　址：http://www.cip.com.cn
凡购买本书，如有缺损质量问题，本社销售中心负责调换。

定　价：58.00元

前言

普通美甲师到专业美甲师之间的升级之路，要从技术的提升与审美的提高开始。结合现实中顾客的多样需求，美甲师需要不断地学习，掌握更多新兴技巧，让自己与时尚趋势比肩同行。为此，CPMA 特邀众多国际美甲大师演示和讲解 CPMA 三级美甲教程，旨在激发美甲师对技法的创新思考。

本书大致分为三部分。第一部分包括基础理论与基础护理、打磨机的使用，帮助读者温故又知新，了解最基础又最重要的美甲知识。第二部分详细讲解美甲师在日常生活、工作中最实用的美甲技法，包括水晶甲、光疗甲、美甲彩绘。第三部分为高级课程，主要展示喷绘、雕花等技巧。

如何正确使用打磨机使打磨头不伤及本甲？在雕花的过程中要注意什么造型技巧？如何涂抹封层才能更突显雕艺的立体感？双色喷绘如何形成自然的渐变效果？……很多的美甲知识都会在本书中一一详细呈现。本书中还在相关内容处提供考点视频二维码，供读者免费下载。

通过本书的学习，美甲师将能掌握美甲中常用的高级技法，并在练习中不断地提高自己的美甲水平，最终通过 CPMA 三级认证考试。

视频入口
二维码

编者

2017 年 5 月

CPMA 全称是 Certification of Professional Manicurist Association，是一项中国美甲行业的自律体系，对美甲师、美甲讲师进行规范和认证。CPMA 的宗旨在于推动中国美甲行业统一标准的建立，中国美甲技师服务技术的提升，中国美甲沙龙服务和管理水平的进步。CPMA 是目前全国辐射最广泛的培训认证体系，特有的 ETC 体系与 PROUD 评分系统受到全国美甲师认可。截至 2017 年，CPMA 已在全国设立 9 处考点，通过认证学员遍布 17 个省、167 个城市，认证的力量蔓延全国。

CPMA 包括三个核心的部分：培训体系、认证考试、职业发展。

CPMA 培训体系

CPMA 培训体系包括系列教材、视频教学、培训课程三个部分。

系列教材由中国和日本数十位美甲行业名师共同起草和审阅，结合日本先进美甲技术与中国市场和传统，深受美甲师认可，自 2016 年以来已发行 20000 余册，是美甲行业最具影响力的教材。

视频教学由日本 JNA 本部认定讲师、CPMA 理事会副理事长崔粉姬老师主讲，相关专业手法教学视频都在美甲帮 APP 的“教程”板块一一呈现。

培训课程在全国多个城市统一举办，是目前国内最大规模的美甲行业培训，每年三次，考试在北京、上海、广州等地举行。培训为期两天，由中日两国讲师共同讲授。可扫下方二维码报名 CPMA 培训认证。

CPMA 认证考试

CPMA 认证考试是中国影响力较大，参与人数众多的美甲专业认证考试。内容包括理论与技能考试，特有中国美甲行业最规范的 PROUD 评分标准，以保证认证具有行业认可的公信力。通过考试的考生将获得具二维码防伪技术的 CPMA 认证证书，可随时在网上查询证明。

CPMA 职业发展

CPMA 美甲师认证分为一级、二级、三级三个级别，覆盖美甲师职业发展的整条路线。一级美甲师认证适合刚入门的美甲师，主要内容为基础修手、护理、上色、卸甲等的规范手法和简单技巧。二级美甲师认证适合有一定经验的美甲师，主要内容为光疗、手绘、三色渐变等较复杂款式。三级美甲师认证适合经验丰富的美甲师，主要内容为高端技法和款式设计。

CPMA 讲师认证分为一级、二级、三级三个级别，适合希望向技术培训讲师方向发展的美甲师。已经获得二级美甲师认证的美甲师可以报名 CPMA 一级讲师认证。讲师认证的主要内容为沟通与管理能力培训、授课技巧培训、专业进阶技术培训等。

更多内容可咨询

报名直达链接

第 1 章 美甲基础理论与基础护理 1

1.1 指甲的构造 2
1.2 常见指甲失调的处理方法 6
1.3 手指消毒用具及方法 11
1.4 基础护理 13

第 2 章 打磨机 17

2.1 打磨机的基本知识 18
2.2 打磨头的种类 19
2.3 打磨机的使用方法与注意事项 21

第 3 章 水晶甲 23

3.1 水晶延长的产品、工具 24
3.2 基本准备工作 27
3.3 虚拟甲床反法式甲 30
3.4 花式渐变水晶甲 33
3.5 修复水晶甲 37
3.6 打磨机卸水晶甲的方法 40
3.7 畸形指甲矫正 43

第 4 章 光疗甲 47

4.1 光疗延长的产品、工具 48
4.2 方形光疗延长甲 50
4.3 花式琉璃光疗延长甲 53
4.4 打磨机卸光疗甲的方法 57

第 5 章 光疗甲与水晶甲的区别 59

5.1 光疗甲与水晶甲的区别及优劣势 60
5.2 光疗甲和水晶甲的保养 62

第 6 章 美甲彩绘 64

6.1 美甲彩绘的产品、工具 65
6.2 排笔彩绘的基本笔法与运用 67
6.3 排笔双色彩绘 72
6.4 圆笔双色彩绘 78

第 7 章 美甲喷绘 83

7.1 喷绘的产品、工具 84
7.2 单、双色渐变喷绘 88
7.3 正、负喷绘 92
7.4 甲油胶喷绘的产品、工具 100
7.5 甲油胶喷绘 102
7.6 喷枪的清洗 105

第 8 章 指甲雕艺 107

8.1 雕艺的产品、工具 108
8.2 水晶雕艺 110
8.3 光疗雕艺 115
8.4 内雕艺 117
8.5 立体雕艺 126

附录 134

附录 1 CPMA 专业培训认证 134
附录 2 CPMA 三级美甲师认证考试内容 135
附录 3 部分美甲专业术语中英文对照表 138

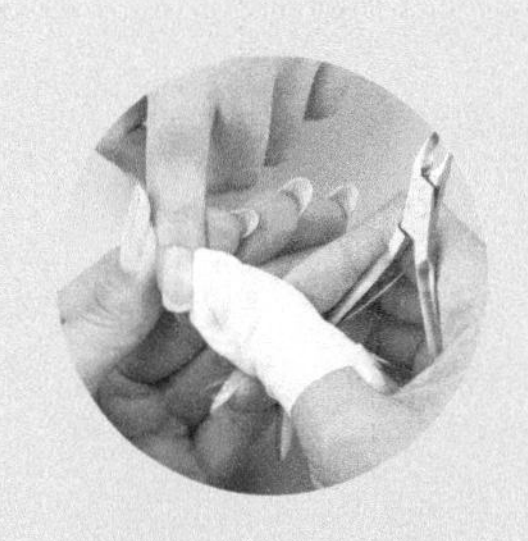

第 1 章 美甲基础理论与基础护理

1.1 指甲的构造

1.2 常见指甲失调的处理方法

1.3 手指消毒用具及方法

1.4 基础护理

指甲作为皮肤的附件之一，具有特定的功能。它能保护末节指腹免受损伤，维护其稳定性，增强手指触觉的敏感性，协助手完成抓、掐、捏等动作。同时，指甲也是手部美容的重点，漂亮的指甲有助于增添女性魅力。

面对不同的指甲失调情况，美甲师有必要了解并掌握其护理方法，学会指部消毒的正确步骤与方法，掌握基础护理的顺序。

1.1 指甲的构造

1.1.1 指甲各部位的名称

指甲是由皮肤衍生而来的，其生长状况取决于身体的健康情况、血液循环和体内矿物质含量。指（趾）甲分为甲板、甲床、甲壁、甲沟、甲根、甲上皮、甲下皮等部分。指甲的生长由甲根部的甲基质细胞增生、角化并越过甲床向前移行而成。

指甲解剖图见图 1–1、图 1–2。

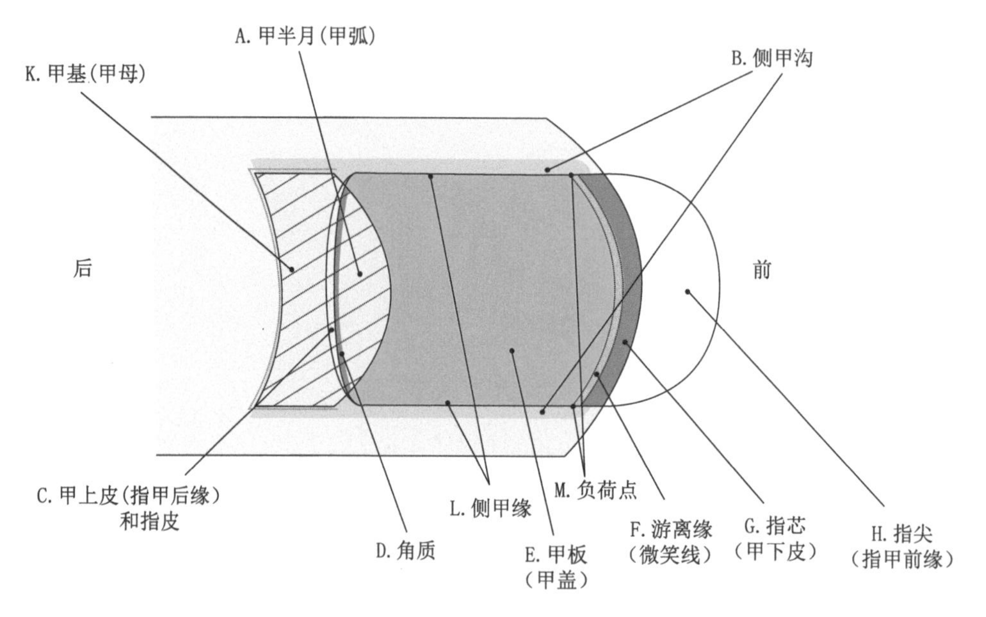

图 1–1 正面指甲解剖图

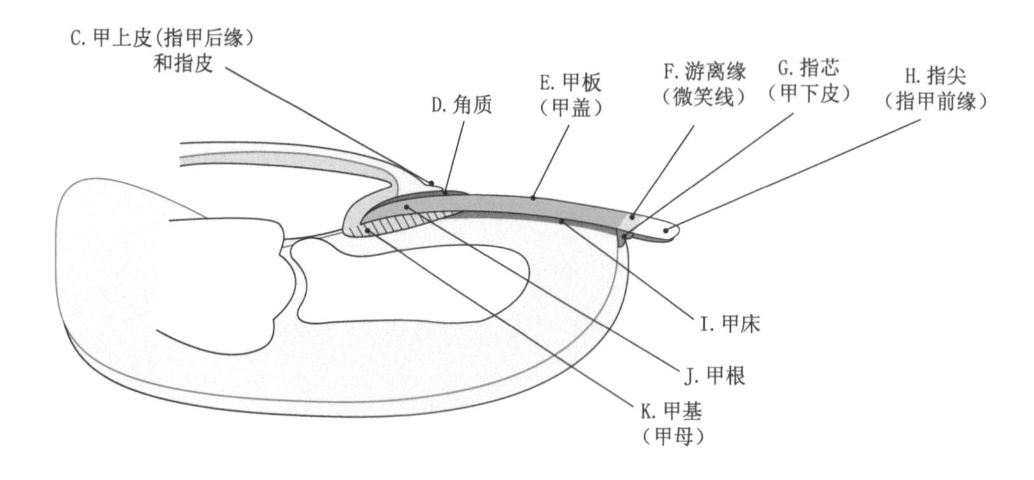

图 1–2 侧面指甲解剖图

A. 甲半月（甲弧）

甲半月位于甲根与甲床的连接处，呈白色，半月形，又称甲弧。需要注意的是，甲板并不是坚固地附着在甲基上，只是通过甲弧与之相连。

B. 侧甲沟

侧甲沟是指沿指甲周围的皮肤凹陷之处，甲壁是甲沟处的皮肤。

C. 甲上皮（指甲后缘）和指皮

指甲后缘指的是指甲伸入皮肤的边缘地带，又称甲上皮。指皮是覆盖在指根上的一层皮肤，它也覆盖着指甲后缘。

D. 角质

角质是甲上皮细胞的新陈代谢产生的。

E. 甲板（甲盖）

甲板又称甲盖，位于指皮与指甲前缘之间，附着在甲床上。由 3 层软硬间隔的角蛋白细胞组成，本身不含有神经和毛细血管。清洁指甲前缘下的污垢时不可太深入，避免伤及甲床或导致甲板从甲床上松动，甚至脱落。

F. 游离缘（微笑线）

游离缘位于甲床前端，又称微笑线。

G. 指芯（甲下皮）

指芯是指指甲前缘下的薄层皮肤，又称甲下皮。打磨指甲时注意从两边向中间打磨，切勿从中间向两边来回打磨，否则有可能使指甲断裂。

H. 指尖（指甲前缘）

指尖是指甲顶部延伸出甲床的部分，又称指甲前缘。

I. 甲床

甲床位于指甲的下面，含有大量的毛细血管和神经，由于含有毛细血管，所以甲床呈粉红色。

J. 甲根

甲根位于皮肤下面，较为薄软，其作用是以新产生的指甲细胞推动老细胞向外生长，促进指甲的更新。

K. 甲基（甲母）

甲基位于指甲根部，又称甲母，其作用是产生组成指甲的角蛋白细胞。甲基含有毛细血管、淋巴管和神经，因此极为敏感。甲基是指甲生长的源泉，甲基受损就是意味着指甲停止生长或畸形生长。做指甲时应极为小心，避免伤及甲基。

L. 侧甲缘

侧甲缘是指甲两边的边缘。

M. 负荷点（A、B 点）

负荷点是游离缘和侧甲缘的连接点，又称 A、B 点。

1.1.2 指甲的组成

表皮角质层经过特殊分化，使极薄的角质片堆积成云母状构造，从而形成指甲，如图 1–3 所示。其中表层、内层由薄角蛋白横向连接形成，中层由最厚的角蛋白横向连接形成。也就是说这三层结构使指甲不仅强硬，且兼备柔韧性。

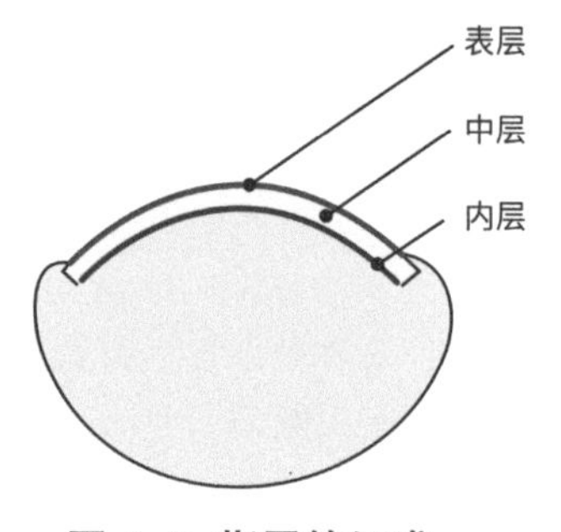

图 1–3 指甲的组成

1.1.3 指甲的成分

指甲的主要成分为纤维质的角蛋白。指甲的角蛋白聚集了氨基酸，含硫的氨基酸量多就会形成硬角蛋白，量少就会形成软角蛋白。皮肤的角质为软角蛋白，毛发及指甲为硬角蛋白。

1.1.4 指甲的形成

指甲与皮肤表皮的成分同样为角蛋白质，而它们的区别在于：皮肤表皮的角质层脱核后最终会形成皮屑或皮垢脱落，不断新陈代谢。而甲基产生的特殊角质只会不断堆积，从而形成指甲，使我们的指甲生长、变长。

1.1.5 指甲的固定点

甲盖覆盖于甲床上，指甲后缘、两侧甲缘、甲下皮四点使甲盖得以固定。图 1-4 所示是指甲的固定点。

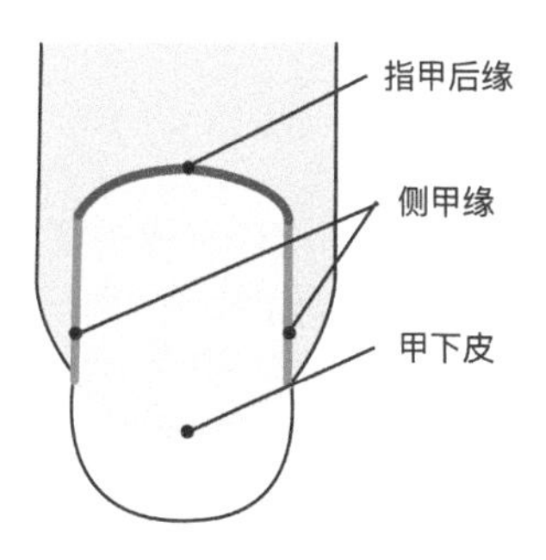

图 1-4 指甲的固定点

知识便签

1.2 常见指甲失调的处理方法

熟悉和了解常见的指甲失调状态，有利于我们在为顾客做美甲时做出准确判断，并采用正确的处理方法和美甲方式。

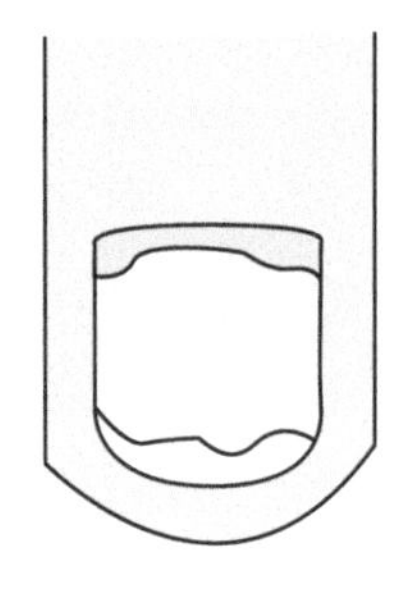

指甲萎缩

指甲萎缩是因为经常接触化学品使指芯受损、指甲失去光泽，严重时会使整个指甲脱落。

处理方法

- 指甲萎缩不严重时，可以直接制作水晶甲或光疗甲，但要注意卡上指托板的方法。
- 指甲萎缩使指芯外露时，可以采用残甲修补法，先制作出指甲前缘，再做水晶甲。
- 指甲萎缩严重（萎缩部分超过甲盖上部 1/3）并伴有炎症时，应建议顾客去医院治疗。

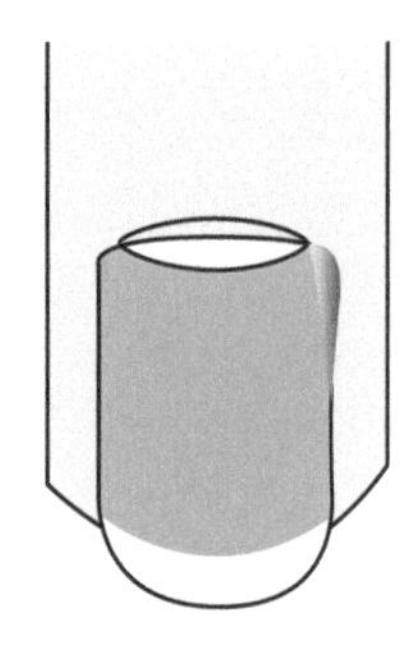

甲沟破裂

甲沟破裂是因为进入秋冬季时，气温逐渐下降，皮肤腺的分泌随之减少，手、脚暴露在外面的部分散热面大，手上的油脂迅速挥发，逐渐在甲沟处出现裂口、流血等破损现象。

处理方法

- 适当减少洗手次数，洗完后，用干软毛巾吸干水分，并擦营养油保护皮肤。
- 定期做蜜蜡手护理。
- 多食用胡萝卜、菠菜等富含维生素 A 的食物。

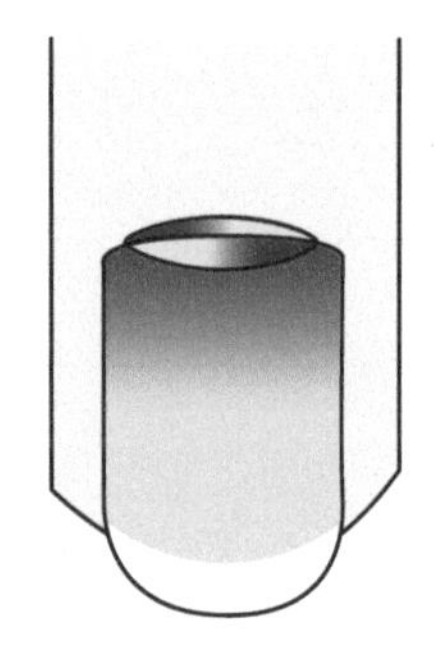

指甲淤血

指甲淤血指的是指甲下呈现血丝或出现蓝黑色的斑点，大多数由于外力撞击、挤压、碰撞而成，也有的是受猪肉中旋毛虫感染或肝病所影响造成。

处理方法

- 如果指甲未伤至甲根、甲基，则指甲会正常生长。可以进行自然指甲修护，为甲面涂抹深色甲油加以覆盖。
- 各类美甲方法均可使用，主要是要注意覆盖住斑点部分。
- 如果指甲体松动或伴有炎症，应请顾客去医院治疗。

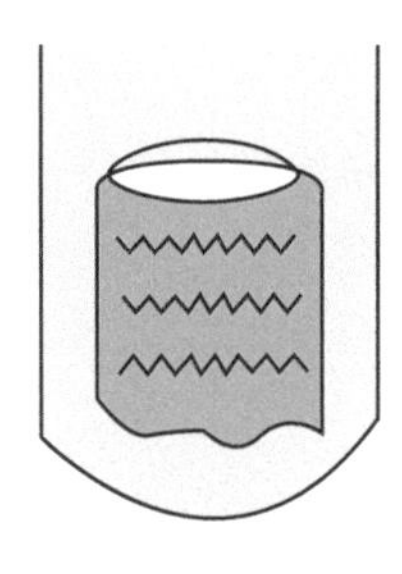

咬残指甲

咬指甲是一个不好的习惯，多为神经紧张所致。

处理方法

- 可以做水晶甲，这样不但可以美化指甲，还有助于改掉坏习惯。
- 细心修整指甲前缘，并进行营养美甲。
- 鼓励顾客定期修指甲和进行正确的营养护理。

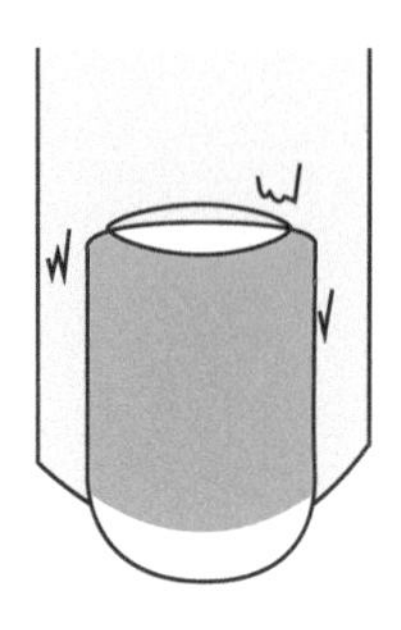

甲刺

甲刺是因为手部未保持适度滋润而使指甲根部指皮开裂，长出的多余皮肤，或由于接触强烈的甲油去除剂或清洁剂而造成。

处理方法

- 做指甲基础护理，使干燥的皮肤润泽，用死皮剪剪去多余的肉刺。注意不要拉断，避免拉伤皮肤。
- 涂抹含有油分较多的润肤剂，并用手轻轻按摩。
- 为避免指皮开裂感染而发炎，用含有杀菌剂的皂液浸泡手部，手部护理后，再涂敷抗生素软膏，效果会更理想。

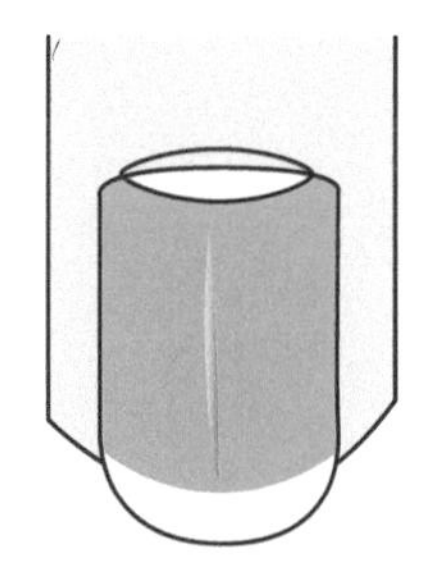

甲嵴

甲嵴由指甲疾病或者外伤造成，指甲又厚又干燥，表面有嵴状凸起，可以通过打磨使指甲完整。

处理方法

- 此种情况用砂条进行打磨或海绵锉进行抛磨即可。

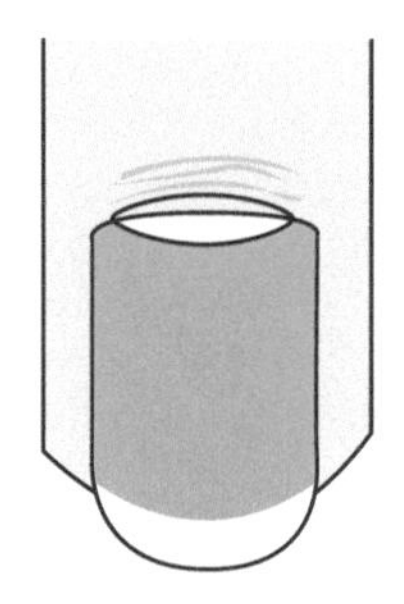

指甲软皮过长

长期没有做过指甲基础护理和保养，老化的指皮在指甲后缘过多地堆积，形成褶皱硬皮，包住甲盖，会使指甲显得短小。

处理方法

- 将指皮软化剂涂抹在死皮处，用死皮推将过长的死皮向指甲后缘推动，或用专业的死皮剪将多余的死皮剪除。
- 蜜蜡护理法，使指皮充分滋润、软化后再推剪死皮。
- 自我护理法。淋浴后，用柔软的毛巾裹住手指，轻轻将指皮向后缘推动。将按摩乳液涂抹在手指上，给予按摩。
- 建议顾客到专业美甲店进行定期的手部护理保养。

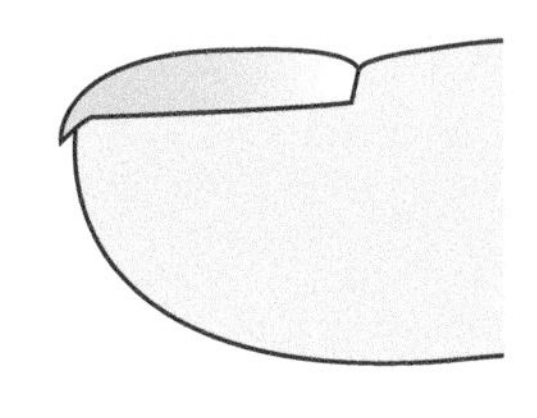

蛋壳形指甲

指甲呈白色，脆弱薄软易折断，指甲前缘常呈弯曲前勾状，并往往伴有指芯外露或萎缩的现象，指甲失去光泽。此类指甲大多数是由遗传、受伤或慢性疾病等情况所致。

处理方法

- 定期做指甲基础护理，加固指甲，使指甲增加营养，增加硬度。
- 因为指甲弯曲前勾，不适于贴甲片，只适合做水晶甲和光疗甲。在做水晶甲与光疗甲时应注意轻推指皮但不能用金属推棒；选择细面砂条进行刻磨，避免伤害本甲；修剪指甲前缘时，应先剪两侧，后剪中间，避免指甲折断。
- 上指托板时，避免刺激指芯。

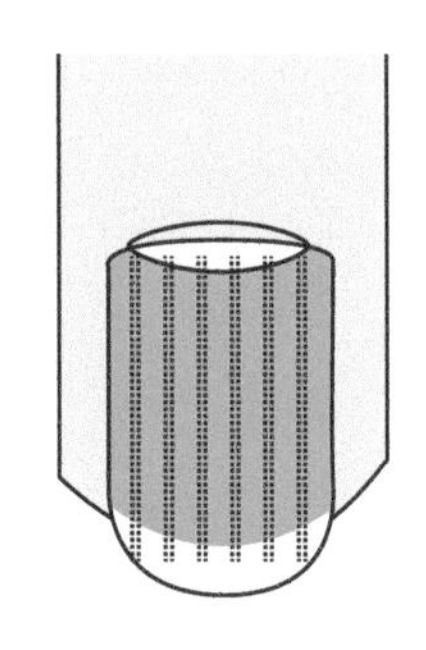

指甲起皱

指甲起皱表现为指甲表面出现纵向纹理，一般是由疾病、节食、吸烟、不规律的生活、精神紧张所致。

处理方法

- 一般情况下，不影响做美甲。此类指甲表面比较干燥，经常做指甲基础护理并建议顾客合理地休息及调养，会使表面症状得到缓解。
- 美甲时，表面刻磨时凹凸不平的侧面都要刻磨到位。

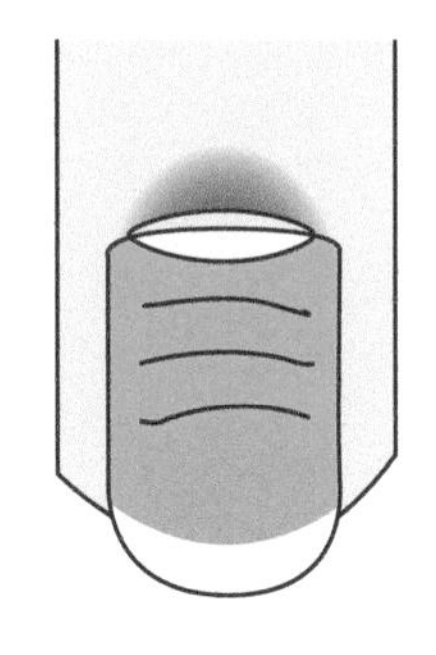

甲沟炎

甲沟炎即在甲沟部位发生的感染。多因甲沟及其附近组织刺伤、擦伤、嵌甲或拔甲刺后造成。感染一般由细菌或真菌感染所引起，特别是白色念珠菌会造成慢性感染，并有顽强的持续性。

处理方法

- 保护双手（脚），不要长时间在水中或肥皂水中浸泡，洗手（脚）后要立即擦干。
- 正确修剪指甲，将指甲修剪成方形或方圆形，不要将两侧角剪掉，否则新长出的指甲容易嵌入软组织中。
- 如果患处已化脓，应消毒后将疮刺破让脓流出，缓解疼痛，并使用抗真菌的软膏轻敷在创口处。
- 情况严重者，应尽快就医。化脓、炎症期间不能做美甲。

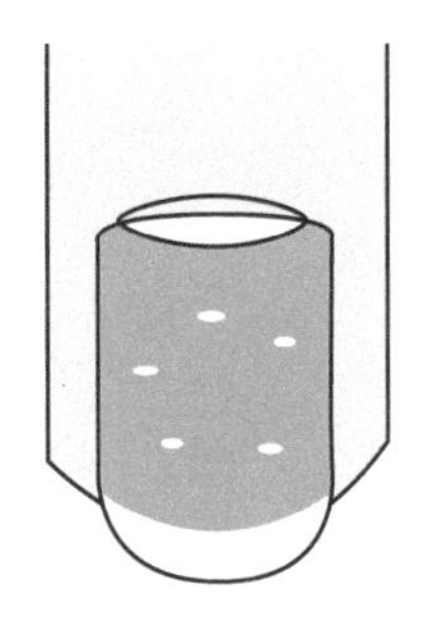

白斑甲

白斑甲是由于缺乏锌元素，或指甲受损、空气侵入所造成的；也可能由于长期接触砷等重金属中毒，而使指甲表面产生白色横纹斑；另外也可能是由于指甲缺乏角质素。

处理方法

- 此种情况建议顾客定期做手部基础护理和美甲即可。

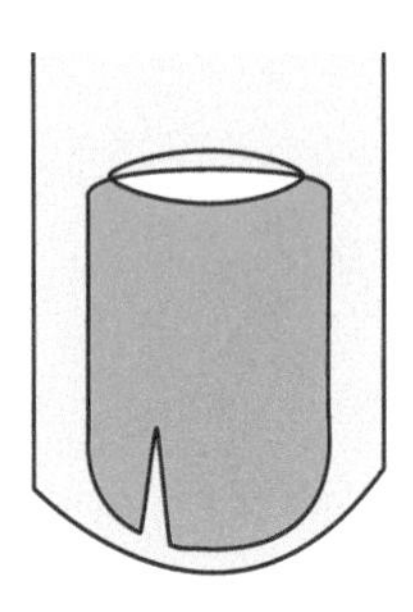

指甲破折

指甲破折主要是由长期接触强烈的清洁剂、显影剂、强碱性肥皂及化学品造成的。美甲师长期接触卸甲液、洗甲水等含有丙酮及刺激性的化学物质，或者剪锉不当，手指受伤、关节炎等身体疾病影响都会造成指甲破裂。

处理方法

- 从指甲两侧小心地剪除破裂的指尖。
- 做油式电热手护理或定期做蜜蜡手护理可以缓解。
- 工作时戴防护手套，避免长期接触化学品造成侵蚀。
- 多食用含维生素 A、维生素 C 类的蔬菜和鱼肝油。
- 做水晶甲可以改变和防止指甲破裂。

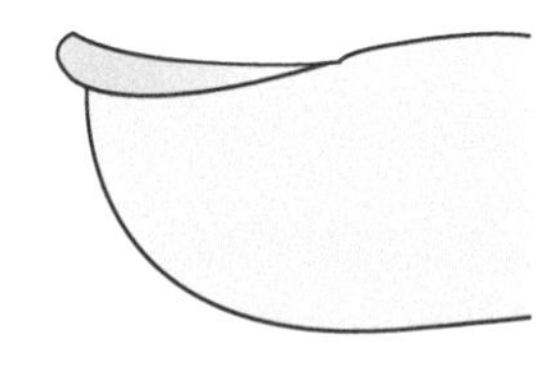

勺形指甲

勺形指甲是缺乏钙质、营养不良，尤其是缺铁性贫血的症状。

处理方法

- 定期做手部营养护理。
- 多食用绿色蔬菜、红肉、坚果（尤其是杏仁）之类富含矿物质的食物。
- 做延长甲时应修剪上翘的指甲前缘，并填补凹陷部位，注意卡指托板的方法。

知识便签

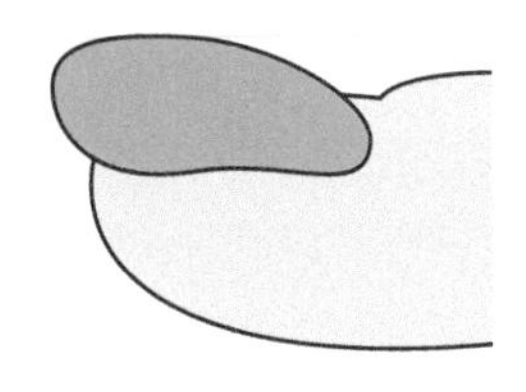

指甲过宽或过厚

指甲过宽或过厚多半发生在脚趾甲上，主要由于缺乏修整或鞋子过紧造成。遗传、细菌感染或体内疾病都会影响指甲的生长。

处理方法

- 做足部基础护理。
- 用细面砂条打磨过厚部分。

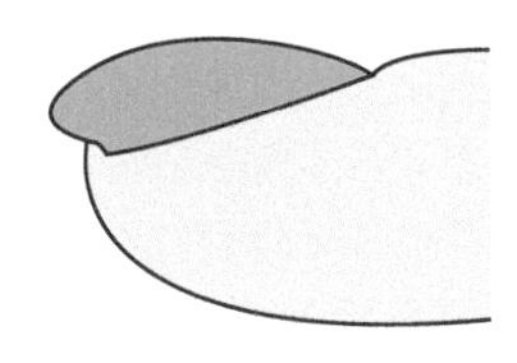

指芯外露

经常接触碱性强的肥皂和化学品，或清理指尖时过深地探入，损伤指芯，都容易造成指芯明显向甲床萎缩，指尖出现参差不齐的现象，严重时会导致指甲完全脱落。

处理方法

- 避免刺激指芯。
- 平时接触化学品后，应用清水清洗干净，并定期做手部护理，在指甲表面涂上营养油，促使指甲迅速恢复正常。
- 稍有指芯外露现象，可以做美甲服务。做延长甲时，应注意纸托板的上法。
- 指甲萎缩情况严重并伴有炎症时，不能做美甲服务，应该去医院治疗。

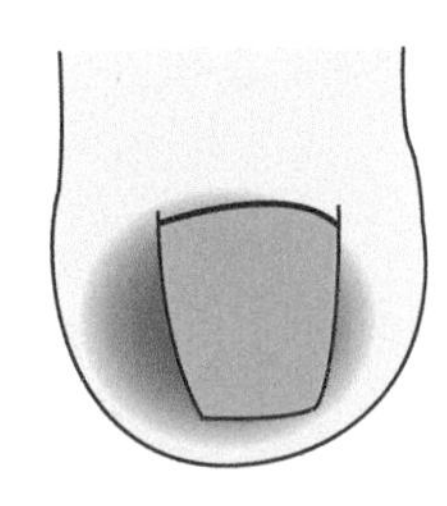

嵌甲

嵌甲是甲沟炎的前期，大多数发生在脚趾甲上，主要是穿鞋过紧或修剪不当所造成。女性长期穿高跟鞋，给脚部增加压力，会造成指甲畸形生长。

处理方法

- 此种情况应建议顾客及时就医。

知识便签

1.3 手指消毒用具及方法

1.3.1 双手消毒

消毒前，手上最好不要佩戴任何物品，手表或戒指等会妨碍手指洗净、消毒，导致皮肤细菌的滋生。

双手消毒的步骤是：用洗手液洗净双手→用棉片蘸取消毒剂擦拭双手。

Tips:

- 接触过血液、液体等肉眼可辨识的脏污后，在用普通擦拭消毒剂无法清除时，应使用流动水源与肥皂清洗手部 15 秒以上。
- 美甲师和客人的手都必须进行同样的消毒程序。

1.3.2 指甲消毒

指甲消毒是非常必要的步骤。指甲与美甲材料中沾有杂质，通常会导致美甲出现异常。在实施清洁的时候，要注意指甲里很容易藏污纳垢，所以要用粉尘刷或棉片将灰尘完全除去，再用 75 度酒精等消毒剂来进行消毒。注意消毒过后的指甲一定不能用手指触碰，且务必给予甲面一定的等待干燥的时间。

指甲消毒的步骤是：用洗涤剂洗净→用 75 度酒精擦拭消毒→擦净。

1.3.3 处理出血伤口

如果在操作中手指受伤出血了，应马上停止美甲服务，并进行擦拭消毒，再涂抹防感染药物，然后包扎。

Tips:

- 双氧水：用于刺伤、割伤及其他类型伤口的清洗消毒处理。
- 75 度酒精：用于消毒小伤口及周围皮肤。
- 云南白药：用于伤口止血。粉末状，使用时要注意说明。
- 创可贴：用于包扎已消过毒的小型伤口。

知识便签

1.3.4 双手消毒的流程

消毒双手的工具和材料：棉花和 75 度酒精。

消毒双手的标准流程如下。

1 将适量的酒精喷到棉花或厚棉片上

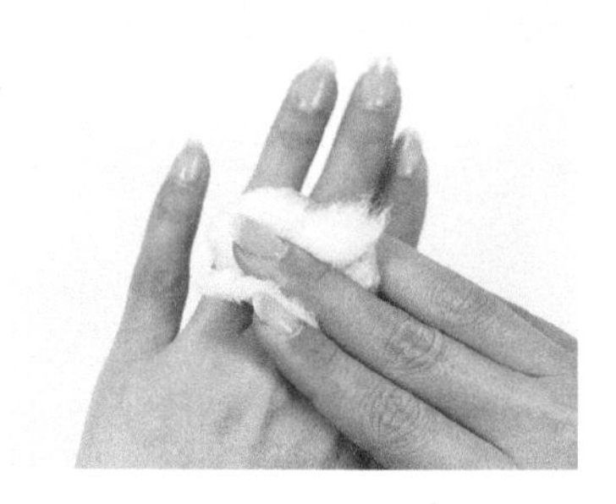

2 消毒手背

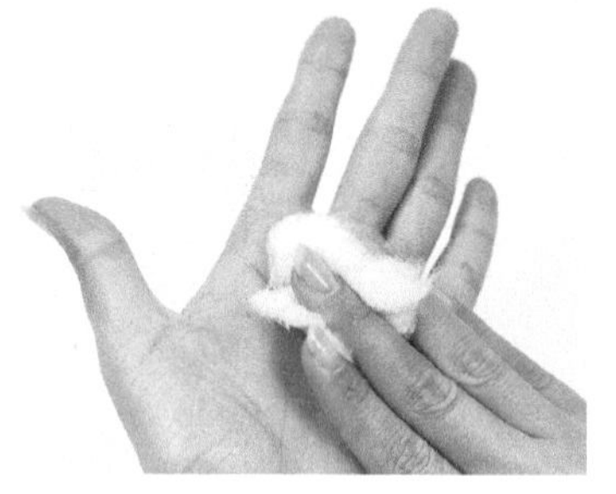

3 消毒手心

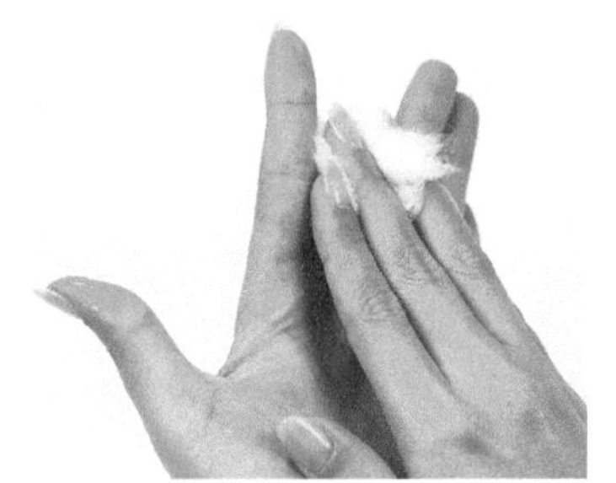

4 消毒指缝

5 消毒指甲

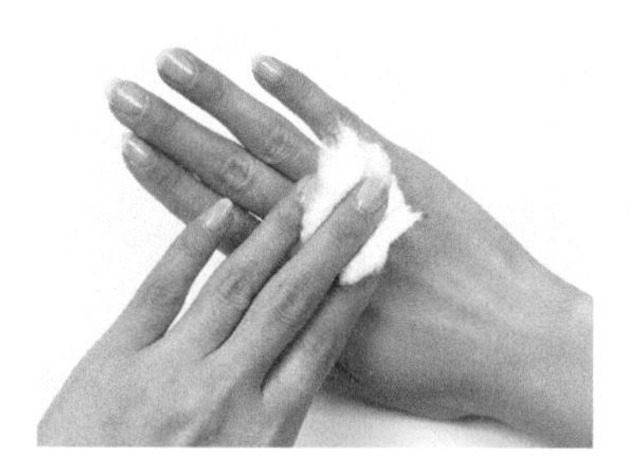

6 用同样方法消毒另一只手

7 再将酒精喷到新的棉花或厚棉片上

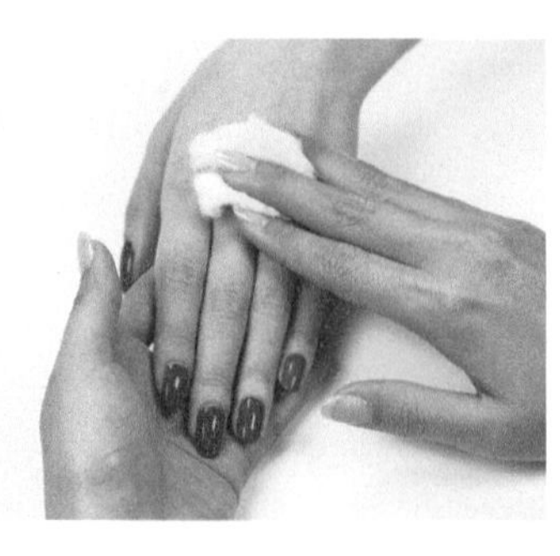

8 消毒客人双手

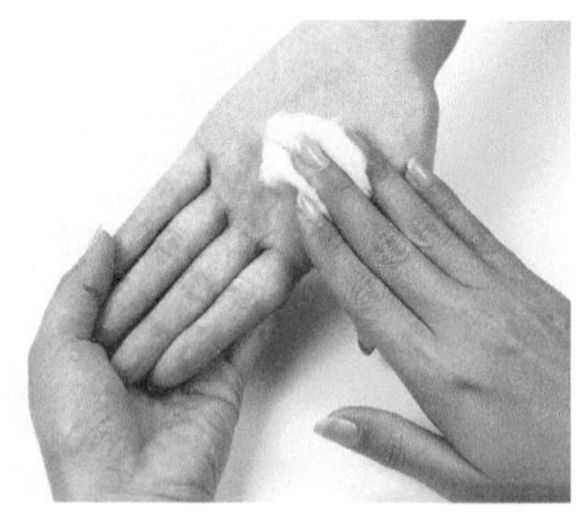

9 用同样方法消毒客人另一只手

1.4 基础护理

1.4.1 工具和材料

粉尘刷、硬毛清洁刷、砂条、软化剂、泡手碗、小碗、毛巾、无纺布、死皮推、海绵锉、消毒杯、死皮剪、75 度酒精。

1.4.2 标准流程

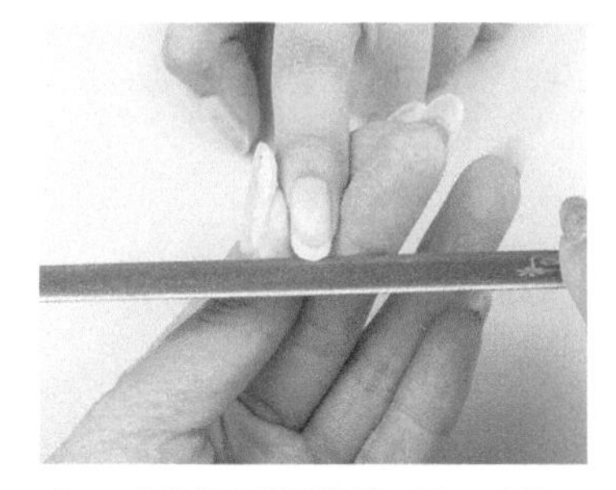

1 砂条放在指甲前端，呈 45 度角，往同一方向移动修磨

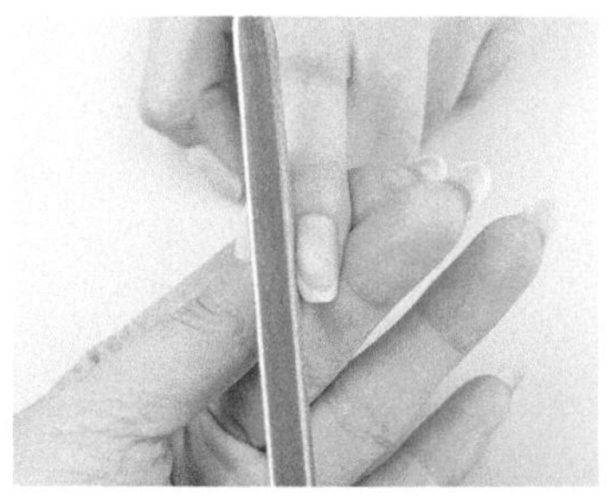

2 修整一边甲侧使之与前端垂直

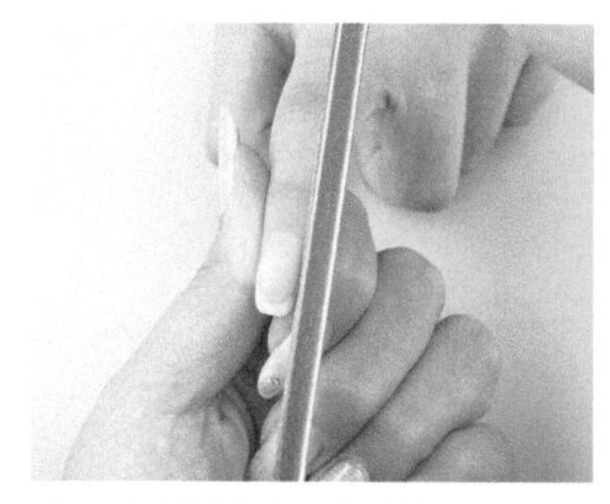

3 用同样方法，修磨另一边甲侧

4-1

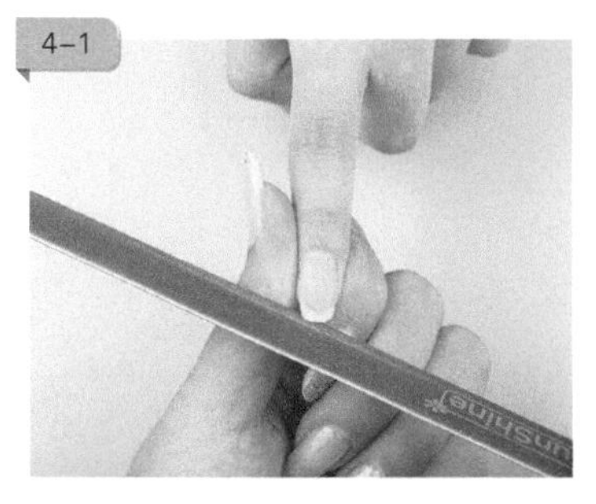

4-2

4 先确定指甲中心最高点，将两侧的拐角处往中心最高点的位置修磨，修出圆形

5 用海绵锉去除甲缘多余的毛屑

6-1

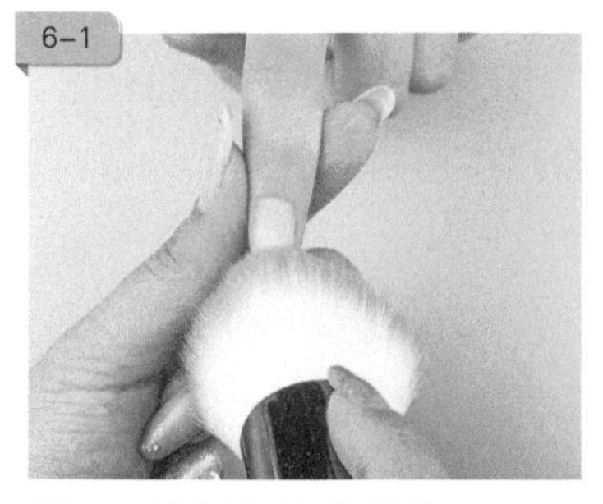

6-2

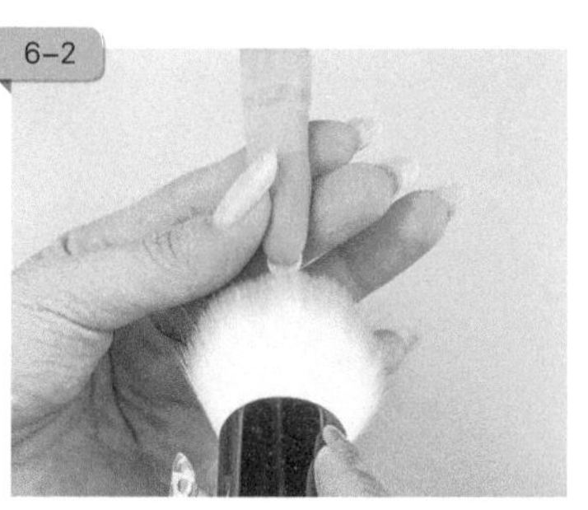

6 用粉尘刷扫除多余粉屑

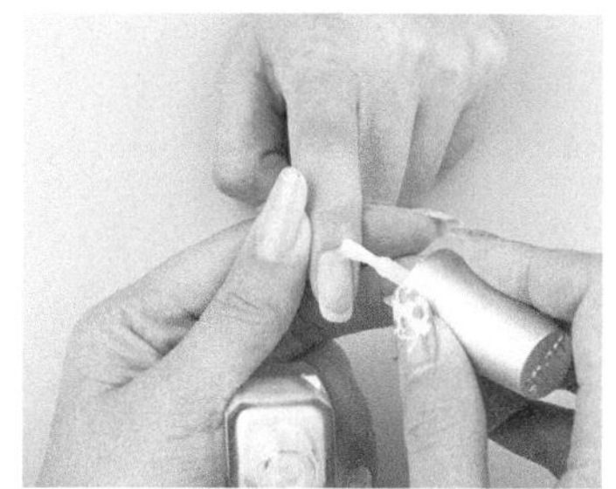

7 涂抹软化剂，需均匀涂抹在手指指皮、指甲甲缘及后缘

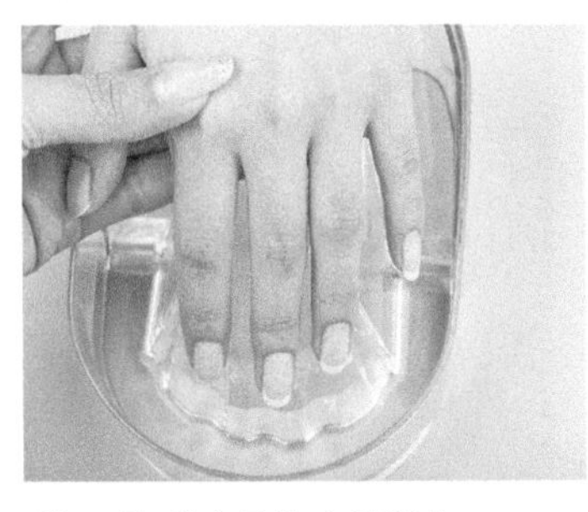

8 泡手碗里放入温度在 38 ~ 42 摄氏度的适量温水，浸泡手指，软化死皮和指甲周边的角质

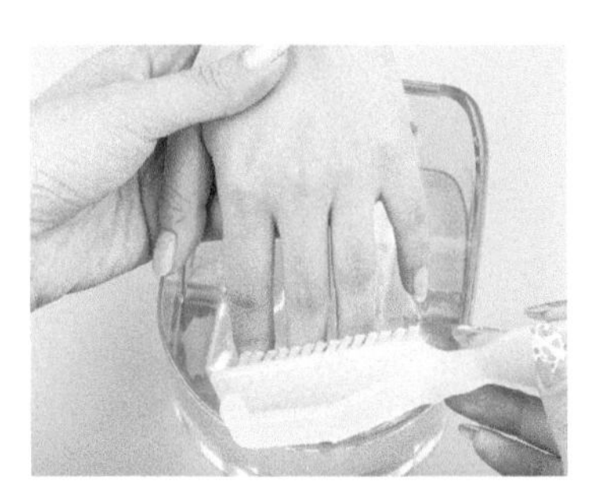

9 取出浸泡后的手指，并用硬毛清洁刷轻轻刷去指上多余的软化剂

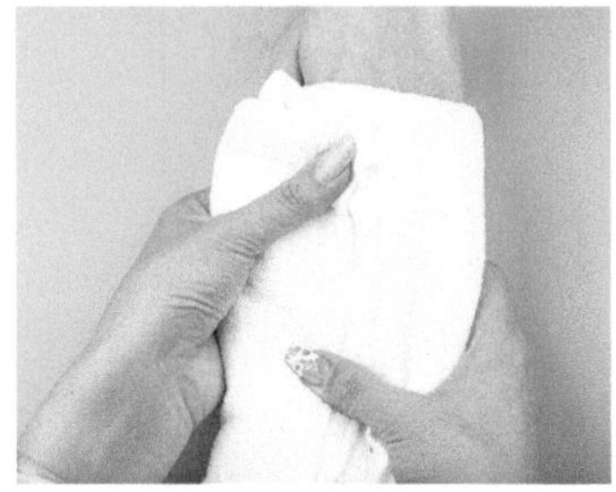

10 用毛巾轻轻擦干多余水分

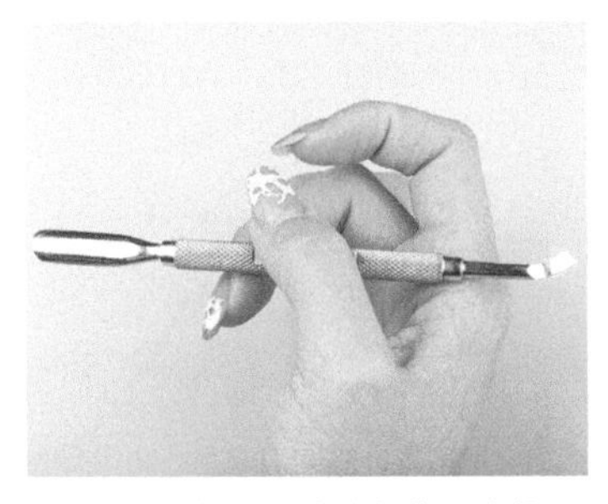

11 用拇指和中指握住死皮推，食指轻轻抬起

12 用死皮推沾取小碗里的清水，用于推死皮

13-1

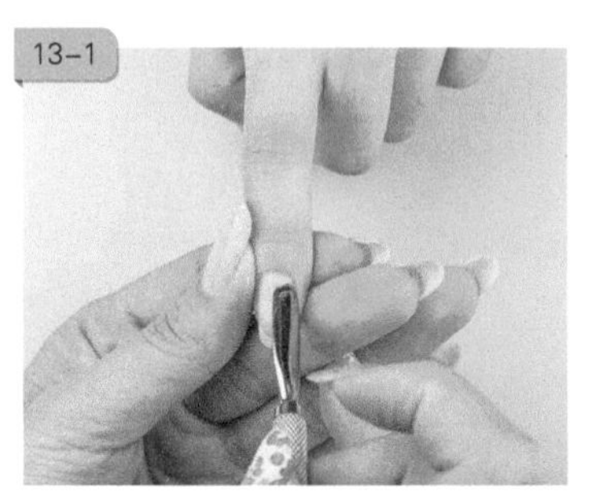

13 用死皮推轻轻推起死皮，从右侧开始向后缘和左侧呈放射状推动，死皮推与甲面应呈 45 度 ~ 60 度角，避免伤及本甲

13-2

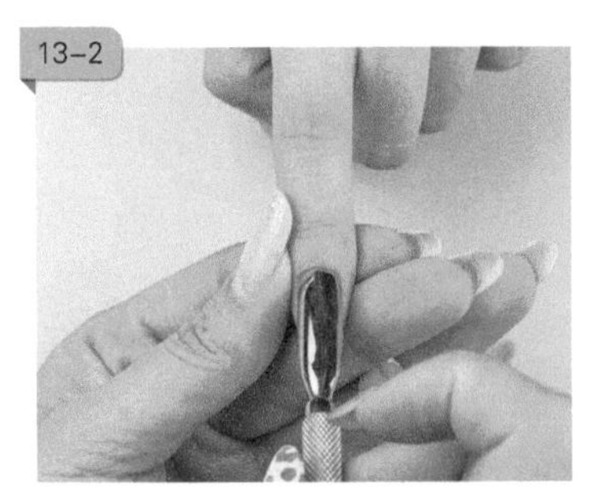

13-3

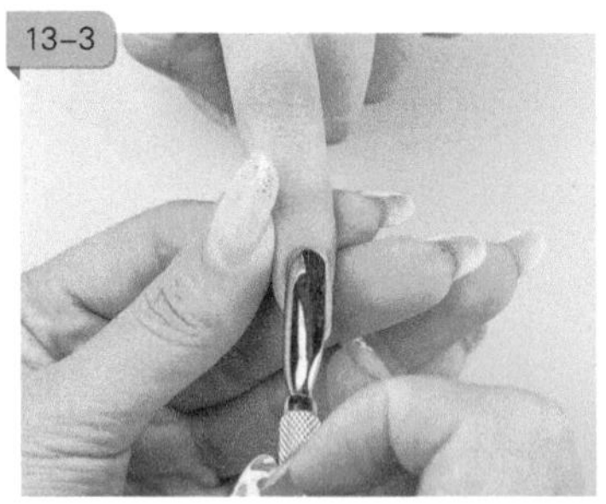

14-1

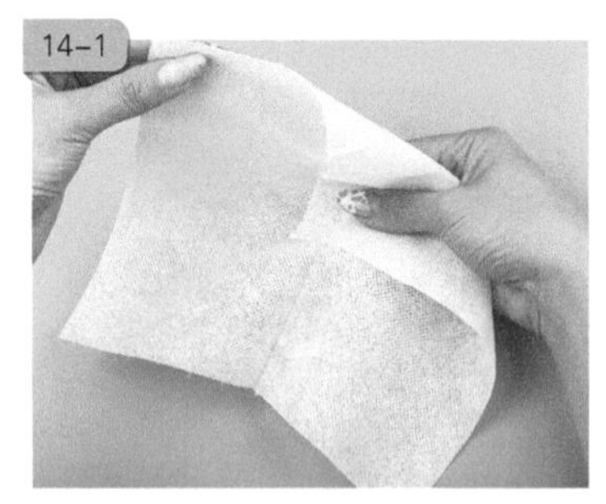

14 取一块无纺布，折叠并包裹大拇指，注意拇指不要过度用力，以防戳穿无纺布，注意应包裹结实不能松散

14-2

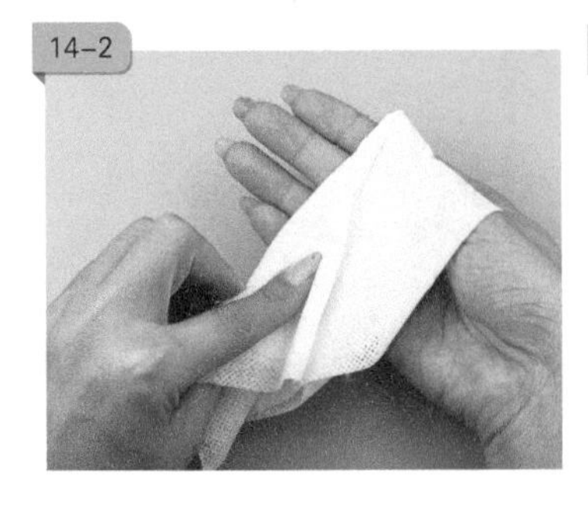

14-3

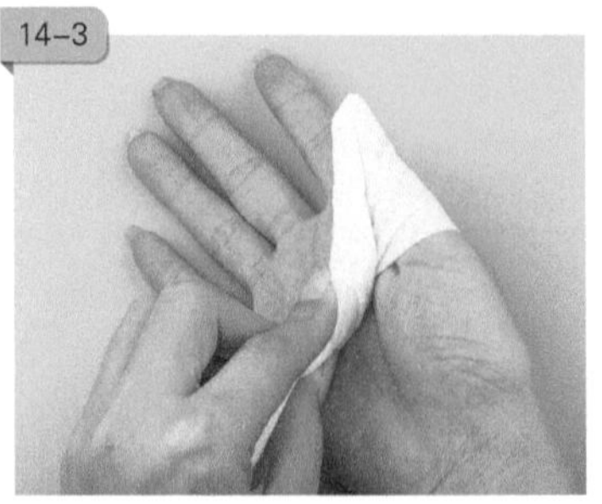

14-4

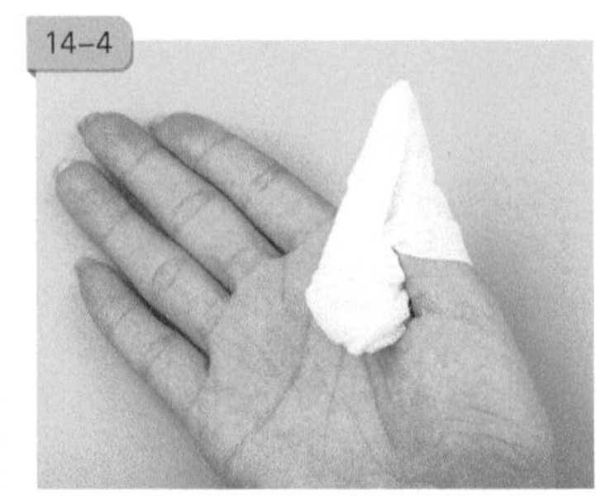

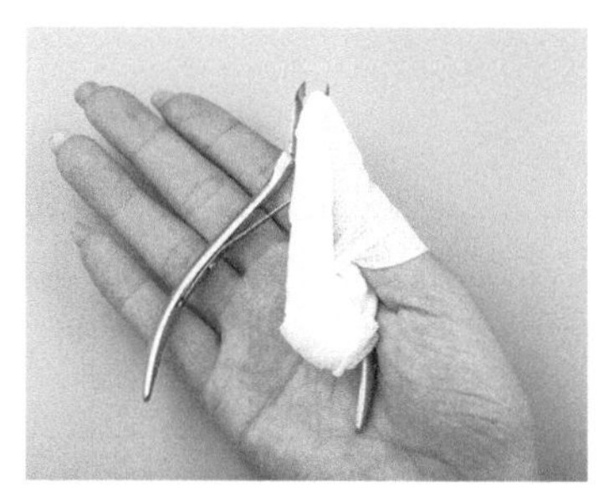

15　与死皮剪搭配使用

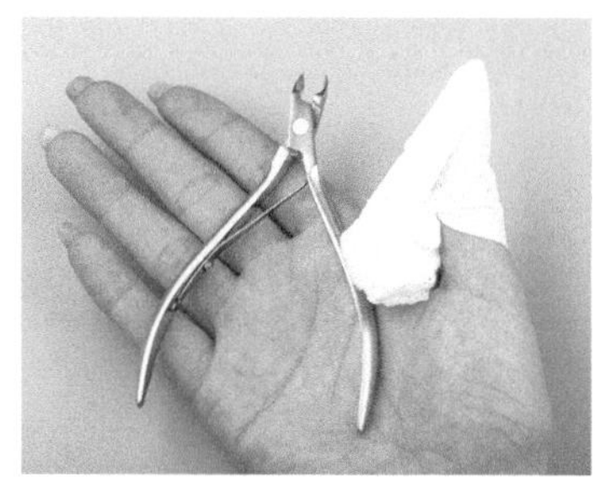

16　手心朝上抓握死皮剪

17　用包裹无纺布的拇指沾取小碗里的清水，用于滋润指甲周边的死皮

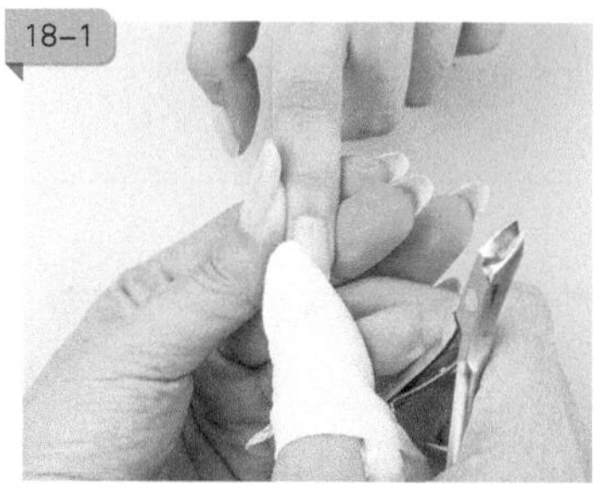

18-1

18-2

18-3

18　依次用大拇指擦拭指甲后缘、两侧

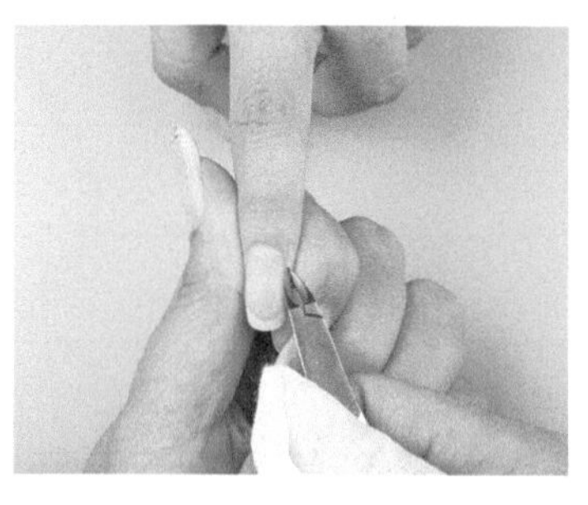

19　用死皮剪从右侧开始剪去甲侧及后缘死皮或倒刺，注意握死皮剪的手要有支撑点，这里支撑点在手掌上

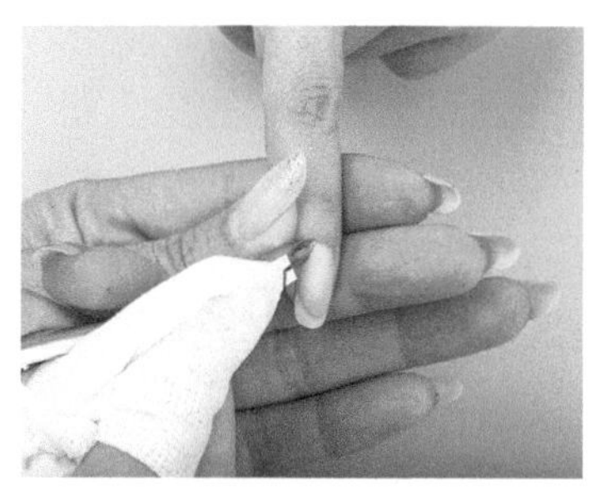

20　修剪左侧时，支撑点也是在手掌上

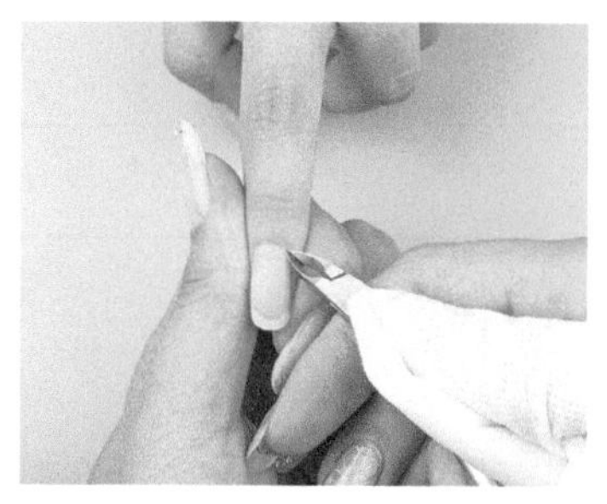

21　修剪右侧拐角处及后缘位置时，用握死皮剪的食指在左手的食指与中指中间作支撑点

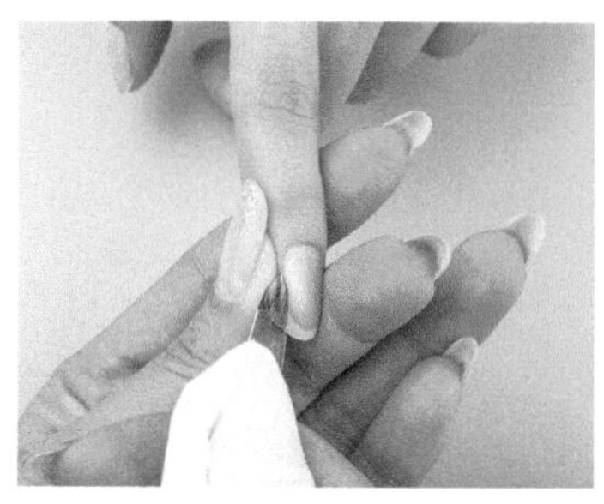

22　修剪左侧拐角处及后缘时，支撑点在左手大鱼际上

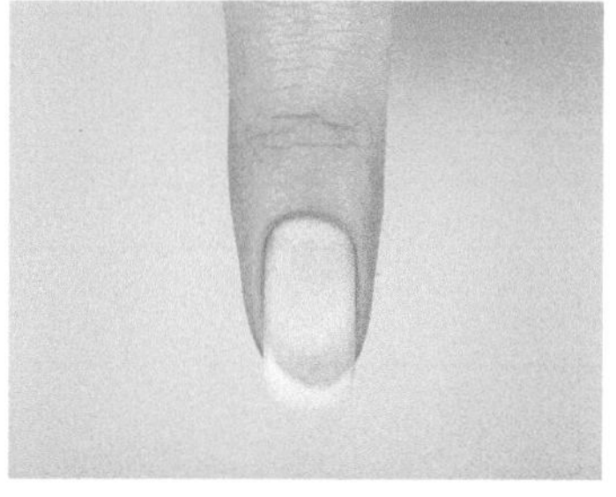

23　基础护理完成效果

知识便签

第 2 章 打磨机

2.1 打磨机的基本知识

2.2 打磨头的种类

2.3 打磨机的使用方法与注意事项

专业美甲打磨机常用于卸除人造甲、打磨甲面、修磨甲形，不同打磨头配合打磨手柄进行操作，能处理指部的不同部位，打磨机的使用让美甲师大大节省了时间与力气。在使用的过程中，要牢记注意事项与正确步骤，打磨时要有支撑点，避免伤及本甲。

2.1 打磨机的基本知识

专业美甲打磨机可用于去除死皮、打磨甲面或卸除人造甲，相比起砂条操作，更加省时省力。市场上流通的打磨机种类很多，但每台打磨机的组成大致相同，主要有打磨机手柄、主机、打磨头和打磨机充电器，如图 2-1 ~ 图 2-4 所示。

（1）打磨机手柄

针对指部不同部位，配合不同打磨头使用，手柄呈圆柱形，易于美甲师抓握，如图 2-1 所示。

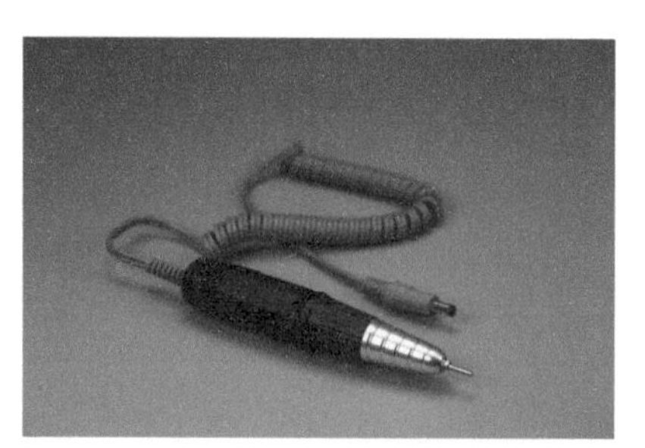

图 2-1 打磨机手柄

（2）主机

调节转动频率，根据指部不同部位调节适宜的速率，调节原则为由低到高循序渐进，如图 2-2 所示。

图 2-2 主机

（3）打磨头

针对指部不同部位，配合打磨机手柄使用，如图 2-3 所示。

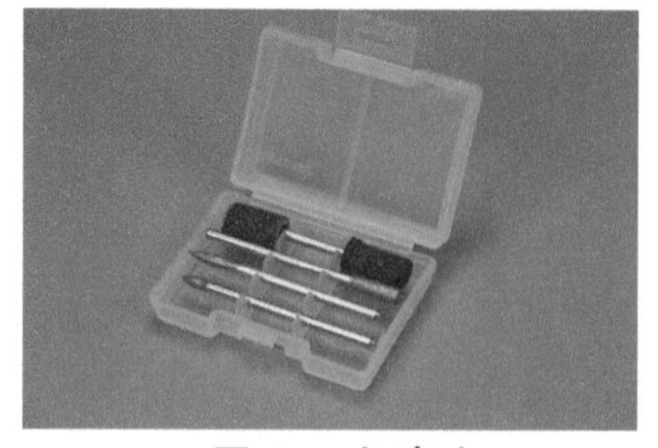

图 2-3 打磨头

（4）打磨机充电器

打磨机充电器为主机充电时使用，请勿在环境湿润或手部有水的状态下进行充电操作，如图 2-4 所示。

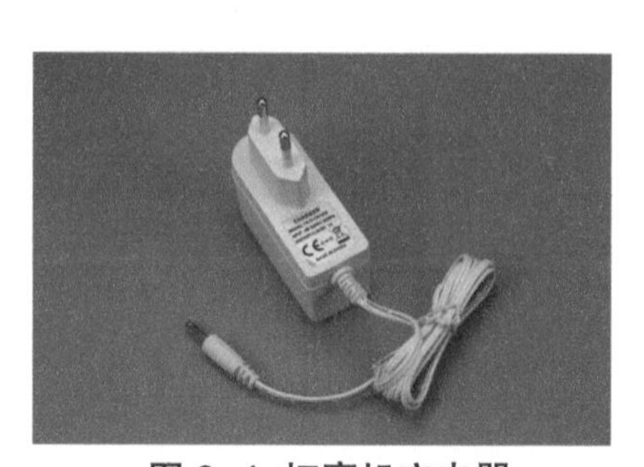

图 2-4 打磨机充电器

2.2 打磨头的种类

针对不同的手部位置要用到不同的打磨头，美甲师应根据实际情况选择合适的打磨头，在方便操作的同时也能保护好客人的指甲。

打磨头的种类多样，主要的材质有陶瓷、钨钢、砂轮、硬毛。

（1）陶瓷打磨头

陶瓷打磨头在打磨时不易发烫，客户更舒适，它形状多样且具有耐酸、耐碱、耐磨等优点，深受广大美甲师的喜爱。例如陶瓷锥形打磨头，如图 2-5 所示，用于精修人造甲形状或硬化的指皮。还有陶瓷尖形打磨头、柱状细齿打磨头、柱状粗齿打磨头，分别如图 2-6 ~ 图 2-8 所示。

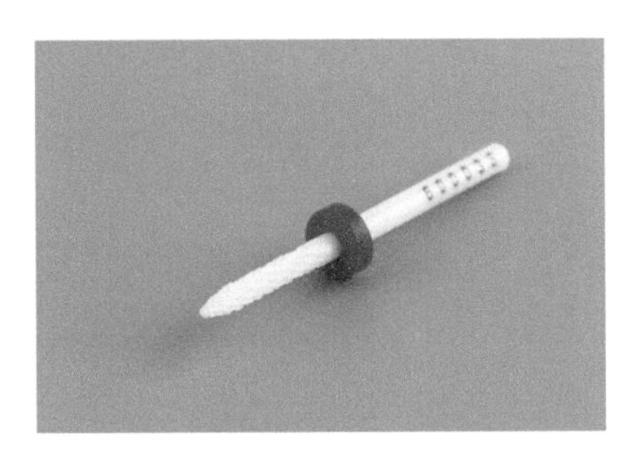

图 2-5 陶瓷锥形打磨头

注：陶瓷锥形打磨头用于精修人造甲形状或硬化的指皮。

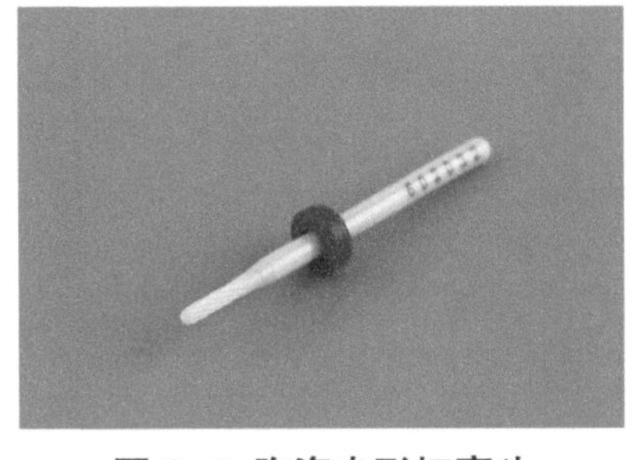

图 2-6 陶瓷尖形打磨头

注：陶瓷尖形打磨头用于去除指缘硬化角质与死皮。

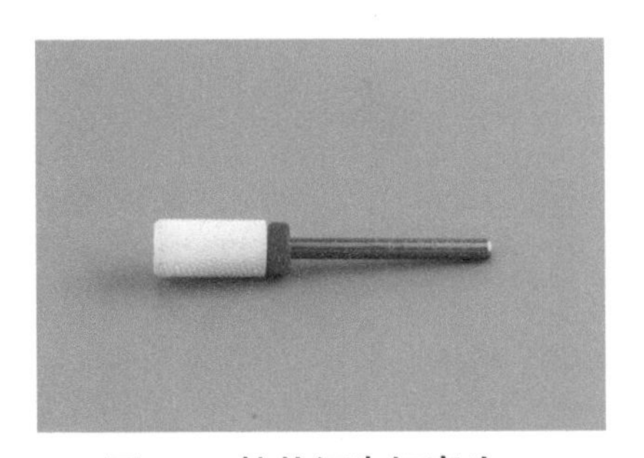

图 2-7 柱状细齿打磨头

注：柱状细齿打磨头用于调整人造甲整体厚度或卸除甲油胶，刻磨甲面等。

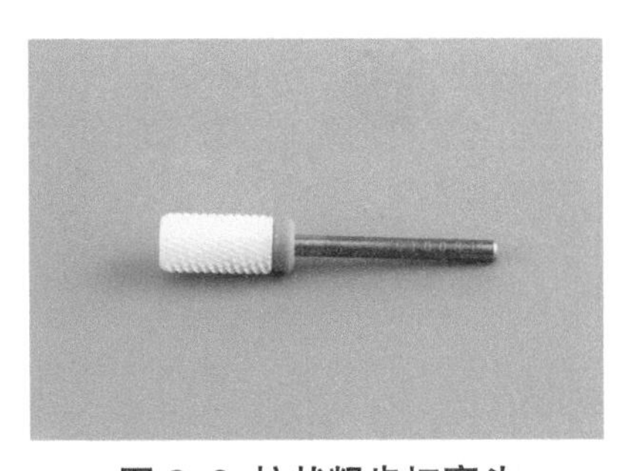

图 2-8 柱状粗齿打磨头

注：柱状粗齿打磨头用于卸除水晶甲、光疗甲、甲油胶。

（2）钨钢打磨头

在市面上也非常多见，它具有硬度高且形状多样的优点，但在打磨时较容易发热，所以操作时要注意打磨的方向与位置，以防伤到本甲。例如钨钢尖形打磨头，如图 2–9 所示，用于去除指缘周围已硬化的指皮。

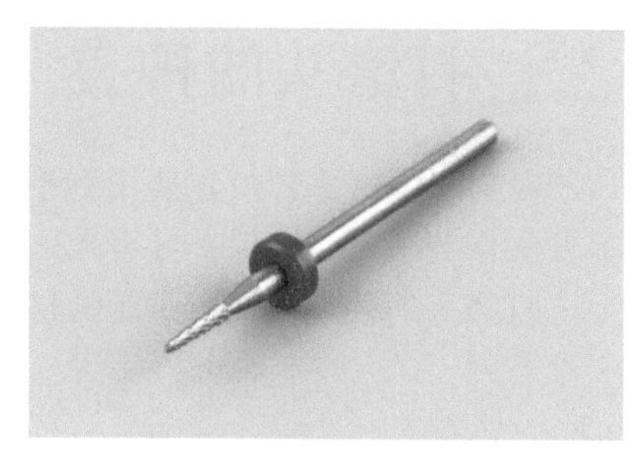

图 2–9 钨钢尖形打磨头

（3）砂质打磨头

在市面上常见 600~1200 砂质打磨头，价格较低，但砂粒的质量参差不齐，而且使用时发热量大，易让客人感到不适且损耗也高。砂质打磨头如图 2–10 所示，用于卸光疗甲、水晶甲以及打磨甲面。

图 2–10 砂质打磨头

（4）硬毛刷头

相比起粉尘刷、硬毛清洁刷的扫除，硬毛刷头对指甲清扫而言更加精细和到位，对于高要求的美甲师是一个更好选择。例如图 2–11 所示的硬毛刷头，主要用于扫除甲沟内粉尘与较硬的角质残余。

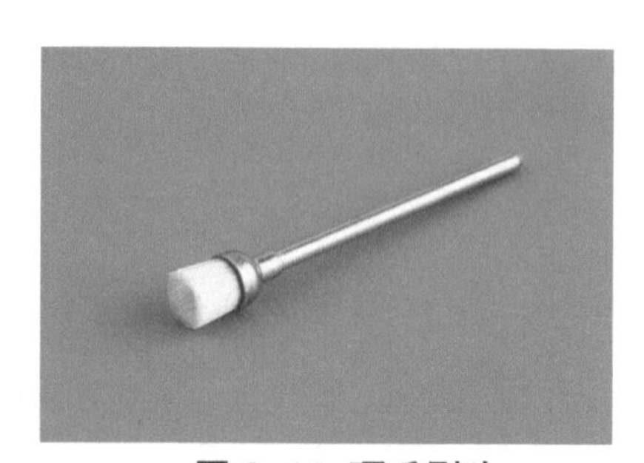

图 2–11 硬毛刷头

知识便签

2.3 打磨机的使用方法与注意事项

2.3.1 使用方法

1 按照需求调节打磨力度，可以从小到大慢慢调节

错误示范：垂直于甲面

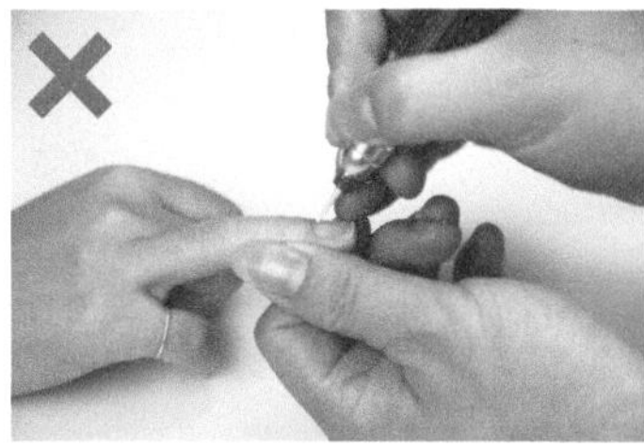

正确示范：与甲面角度需呈 30 度～ 45 度，打磨时需有支撑点

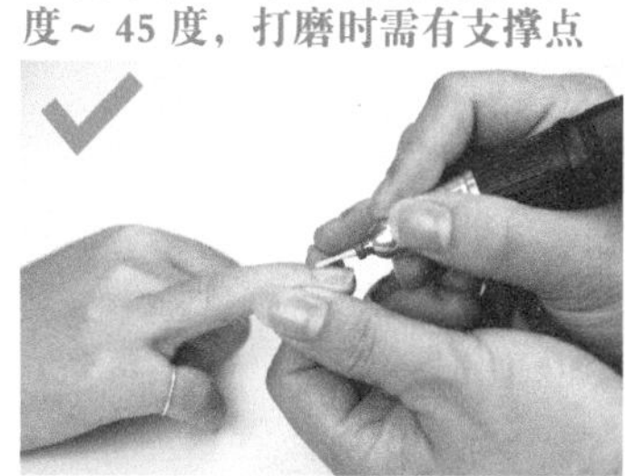

2 打磨时应注意拿打磨头的角度，所呈夹角切勿大于 45 度

3-1

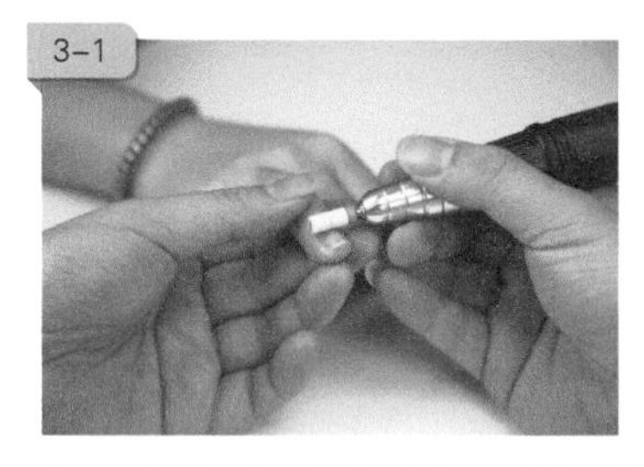

3-2

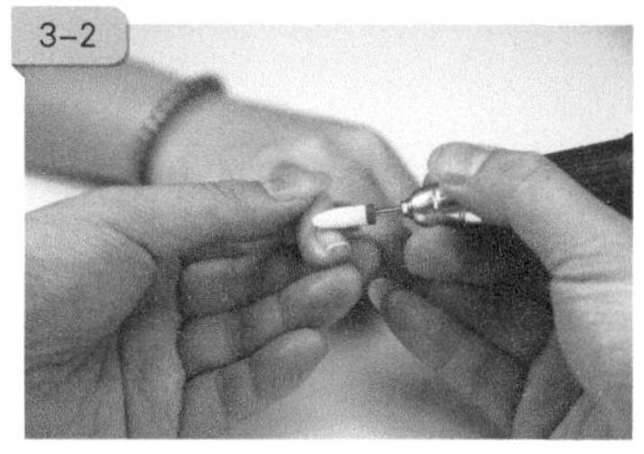

3 打磨甲面力度要轻柔，以防伤及本甲，打磨时不能停留于甲面某一位置

2.3.2 注意事项

相比于砂条和海绵锉的使用，打磨机在很大程度上节省了时间和提高了效率。在使用打磨机的时候，要注意以下几点。

（1）功率不要调太高，要从低到高循序渐进地调节，这样能够避免功率太大而对指甲造成磨损。

（2）打磨的时候要注意避开皮肤。

（3）使用打磨机的时候，请插好电源，严禁在湿润、未干或其他有水的状态下违规操作打磨机。

（4）当用砂质打磨头打磨比较硬的水晶甲、光疗甲时，请先选用粗号砂面，再选用细号砂面进行打磨。

（5）打磨时，打磨头不能停留于甲面某一位置。

知识便签

第 3 章 水晶甲

3.1 水晶延长的产品、工具
3.2 基本准备工作
3.3 虚拟甲床反法式甲
3.4 花式渐变水晶甲
3.5 修复水晶甲
3.6 打磨机卸水晶甲的方法
3.7 畸形指甲矫正

水晶甲是众多美甲工艺中备受欢迎的一种，能够从视觉上改变手指形状，弥补手形不美的缺陷。水晶甲晶莹剔透、坚固耐磨，且可适应性强、不伤害皮肤，既不会影响工作和生活，还能修补残缺指甲、矫正甲形。

3.1 水晶延长的产品、工具

水晶延长的主要材料和工具如图 3-1 所示。

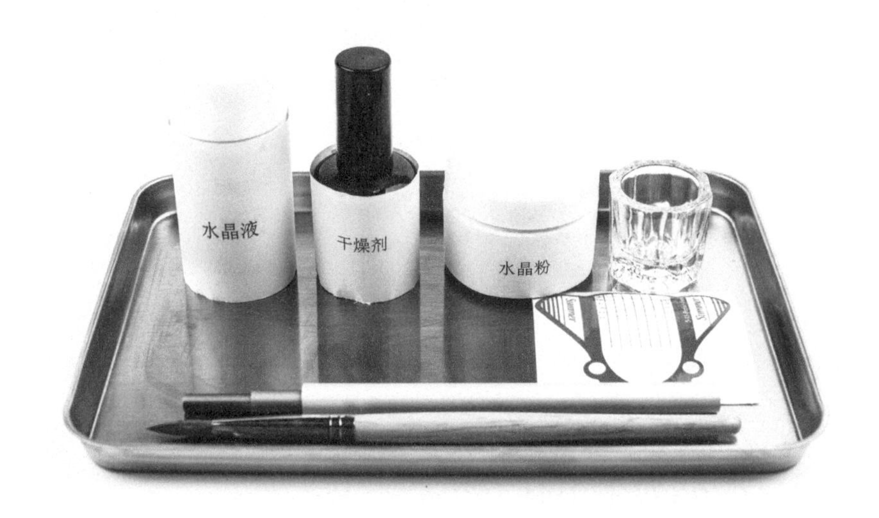

图 3-1 水晶延长的主要材料和工具

（1）水晶液

水晶液的成分是甲基丙烯酸酯的单体，有刺激性气味，如图 3-2 所示。

图 3-2 水晶液

（2）干燥剂（pH 平衡液）

干燥剂主要起到平衡酸碱度、消毒杀菌、干燥及黏合作用，注意干燥剂不可接触皮肤，如图 3-3 所示。

图 3-3 干燥剂

图 3–4　水晶粉

（3）水晶粉

水晶粉的成分为二氧化硅，无味，与水晶液结合做成水晶甲。由于水晶粉颗粒极细，建议制作水晶甲时应佩戴口罩。水晶粉如图 3–4 所示。

图 3–5　水晶杯

（4）水晶杯

水晶杯用于盛放水晶液，如图 3–5 所示。

图 3–6　纸托

（5）纸托

纸托是延长、固定以及定型指甲时的辅助工具，如图 3–6 所示。

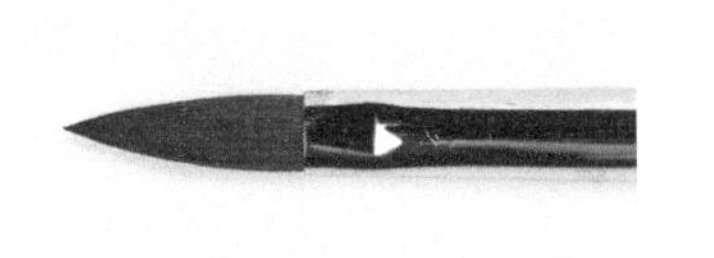

图 3–7　水晶笔

（6）水晶笔

水晶笔的笔头呈尖形，笔身长且毛量多，材质为貂毛，用于沾取水晶液来混合水晶粉，如图 3–7 所示。

（7）塑型棒

塑型棒用于调整水晶甲的C弧，如图 3-8 所示。

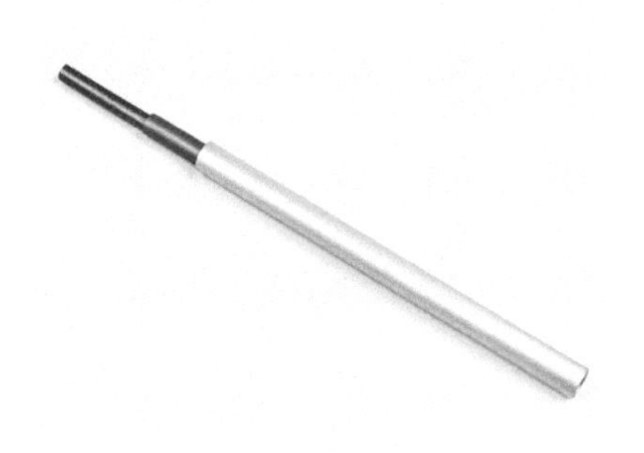

图 3-8 塑型棒

知识便签

3.2 基本准备工作

3.2.1 工具和材料

砂条、粉尘刷、75 度酒精、纸托、干燥剂。

3.2.2 标准流程

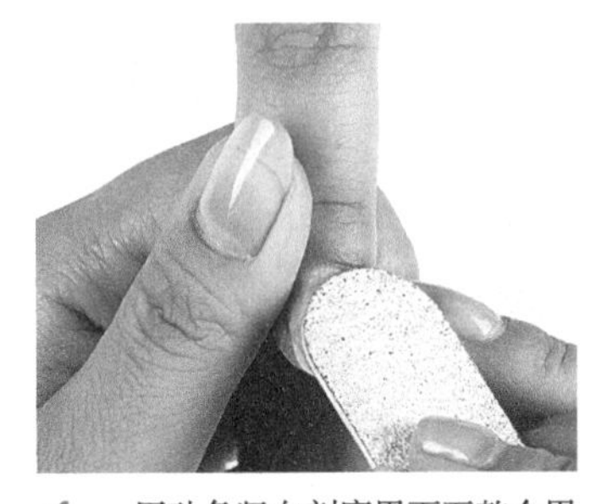

1 用砂条竖向刻磨甲面至整个甲面不光滑

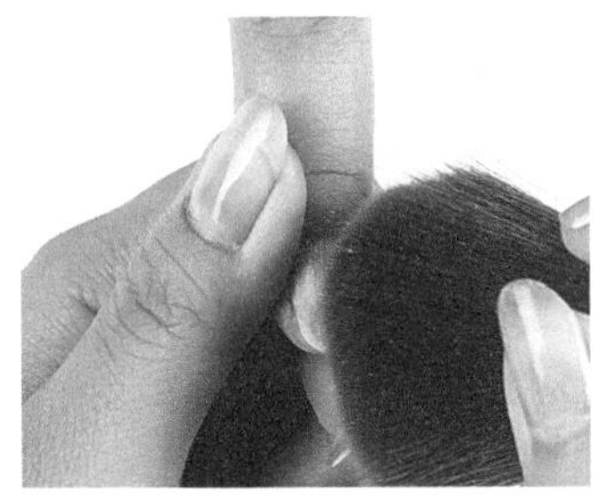

2 用粉尘刷扫除多余粉屑

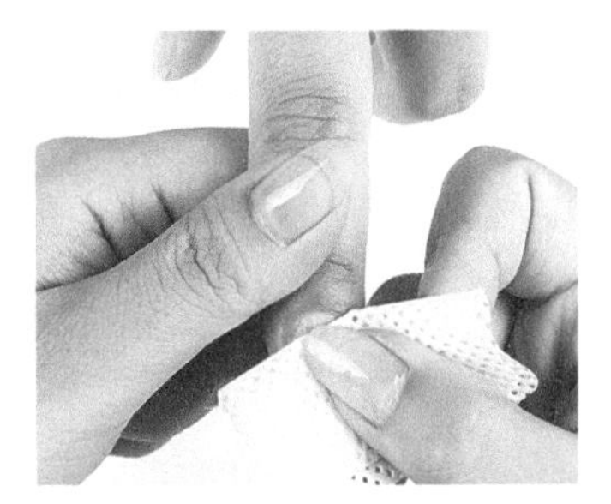

3 用 75 度酒精清洁甲面

4 有明显纵向痕迹，注意指甲后缘及两侧要刻磨到位

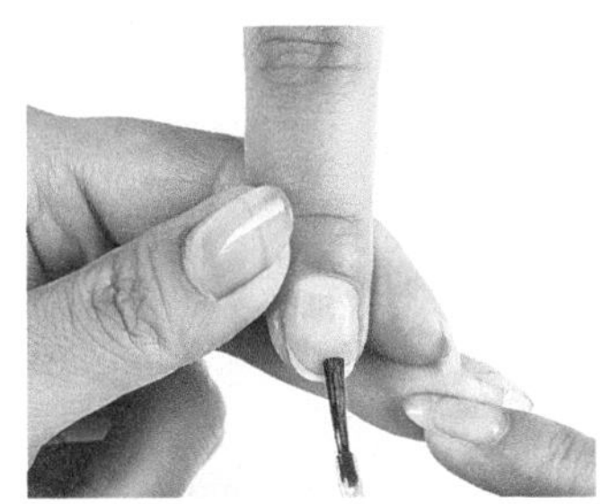

5 一般情况下只需涂一遍干燥剂，如果甲面油脂分泌较多则需要上第二遍，以确保甲面是干燥的状态

Tips：

- 不能让干燥剂触碰到皮肤，因为有可能会造成皮肤红肿、起泡、灼痛或瘙痒。如果皮肤不慎接触到干燥剂，应立即用水冲洗 15 分钟，再用中性肥皂清洗。

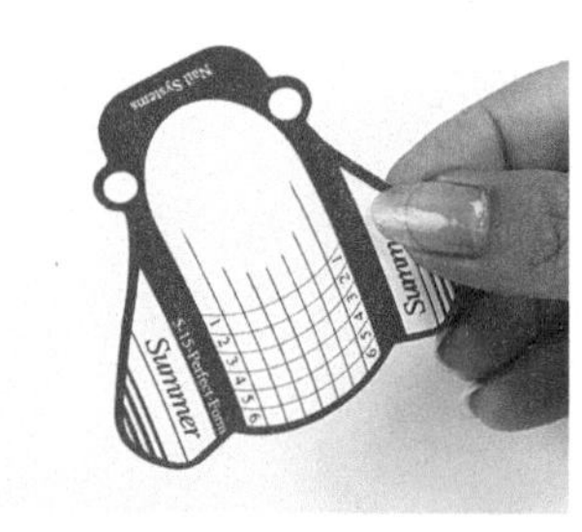

6 取出纸托

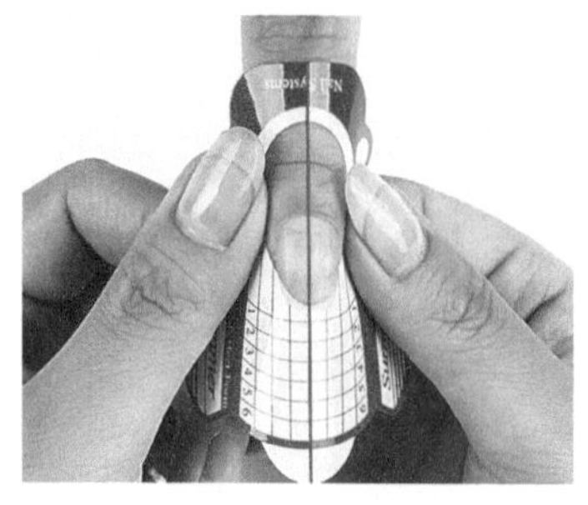

7 用两指压弯纸托两端，将其卡在指甲前缘下端，注意中线对齐，放正。按住指尖处，对准两边，将纸托后部贴好

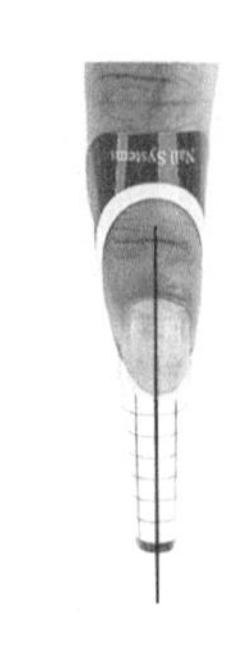

完成，注意中心线与手指中心对齐

侧面观察，纸托与甲面处于同一水平线上

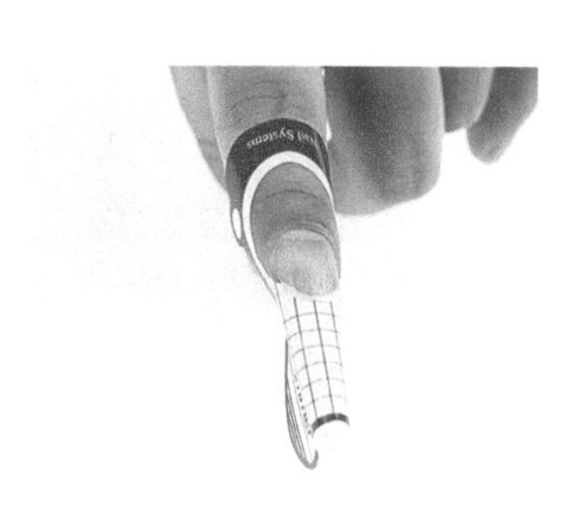

纸托紧贴指甲，指甲前缘与纸托间不能有缝隙

Tips: 纸托的不同用法

① 指节过大

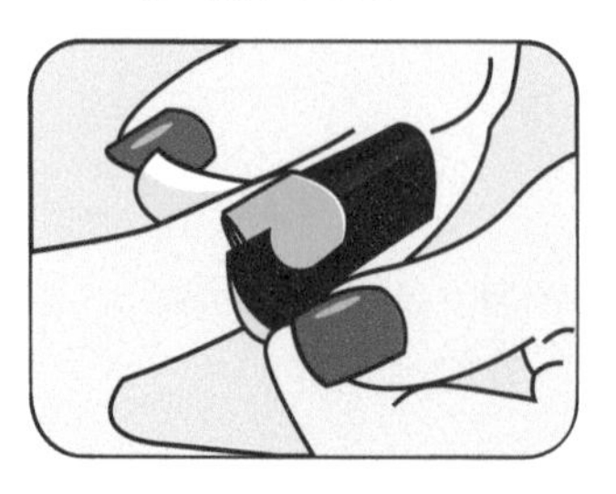

要将纸托后端撕开，并将两侧压紧在手指两侧。

② 指甲过宽

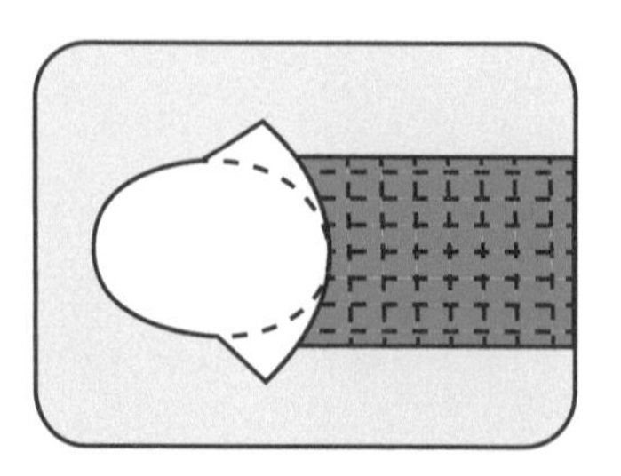

纸托无法勾住指甲前缘时，可用小剪刀将纸托板贴合甲缘处的两边剪出两个角。

③ 指芯外露

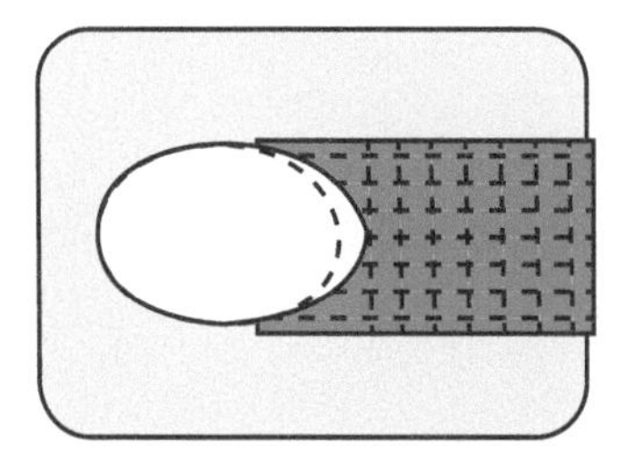

纸托无法固定，可按照突出形状剪成与甲缘对应的弧形。

④没有指甲前缘，或甲形较平

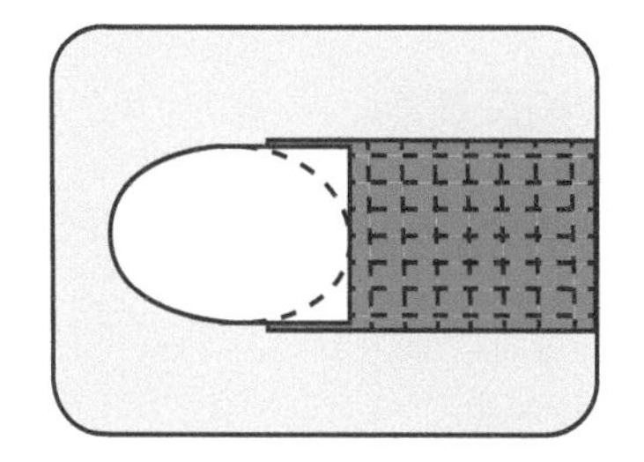

可以沿纸托内缘剪出矩形。

知识便签

3.3 虚拟甲床反法式甲

3.3.1 工具和材料

纸托、干燥剂、抛光条、砂条、水晶笔、水晶粉、水晶液、塑型棒、海绵锉、75 度酒精、粉尘刷。

3.3.2 制作步骤

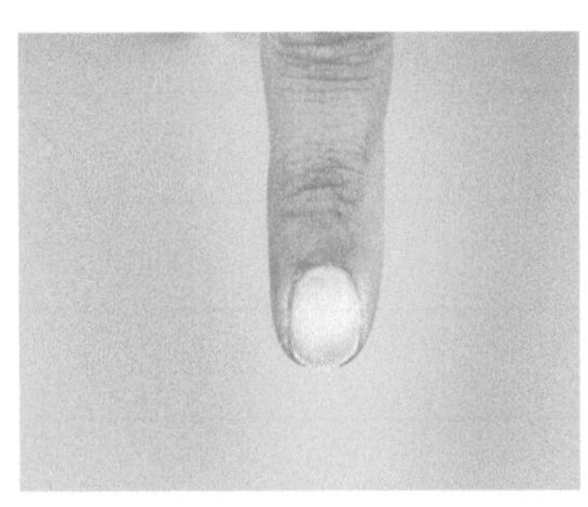

1 刻磨整甲并用 75 度酒精清洁甲面

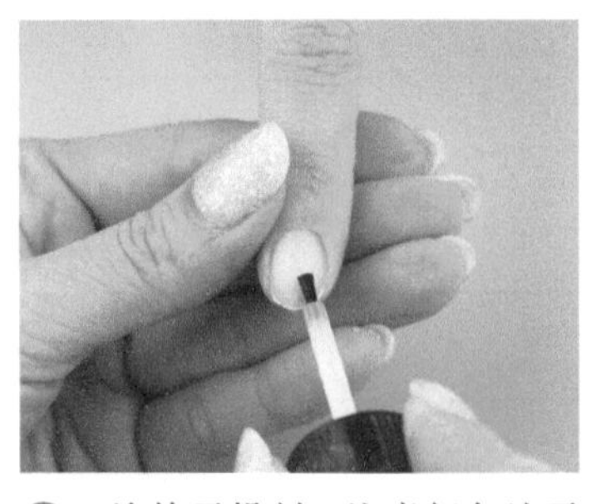

2 涂抹干燥剂，注意切勿让干燥剂接触皮肤

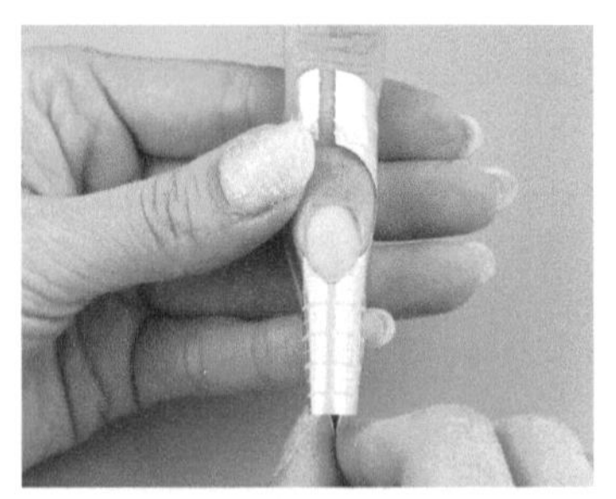

3 固定纸托板，注意中心线要与手指中心对齐，指甲前缘与纸托间不能有缝隙

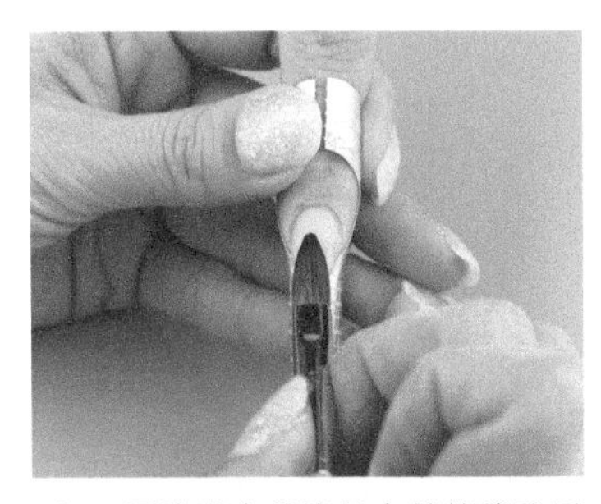

4 用沾满水晶液的水晶笔沾取适量自然肤色水晶粉，形成水晶酯放置在结合处，往前缘轻拍做出甲床延长

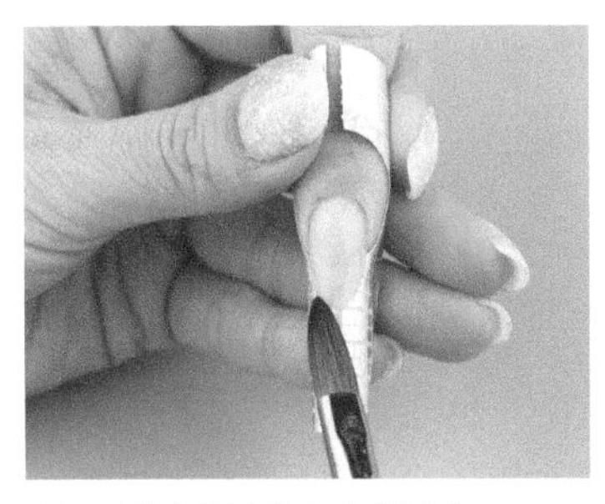

5 用笔身轻拍出甲床形状

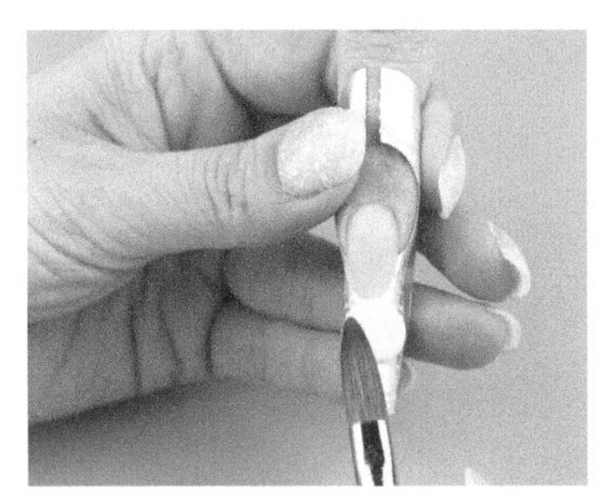

6 再用沾满水晶液的水晶笔沾取适量白色水晶粉，形成水晶酯放置在甲面前端，轻拍做出法式部分

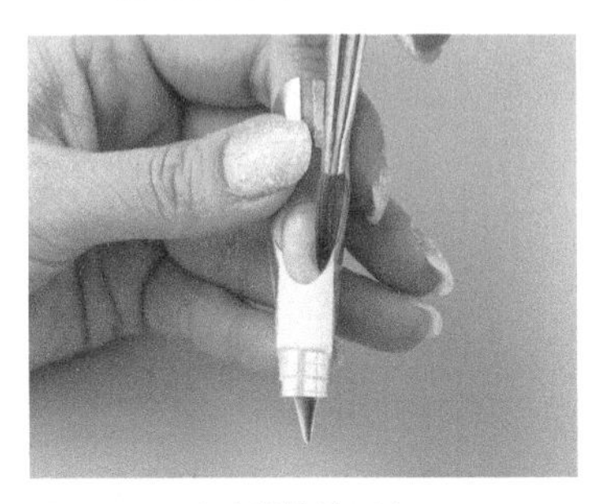

7 调整法式微笑线弧度

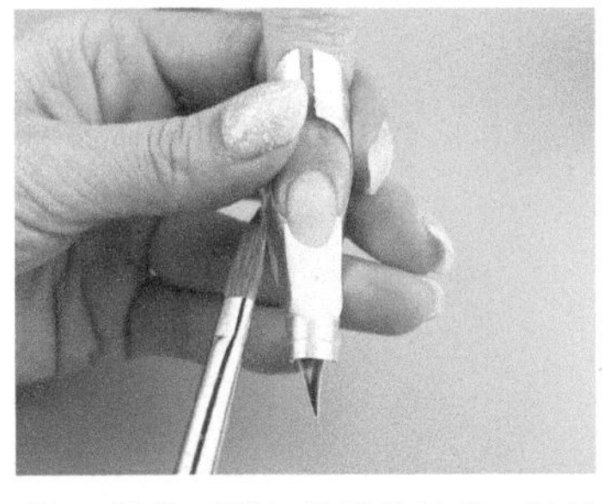

8 调整两侧与前端的甲形，保持两侧平行，前端呈一水平线

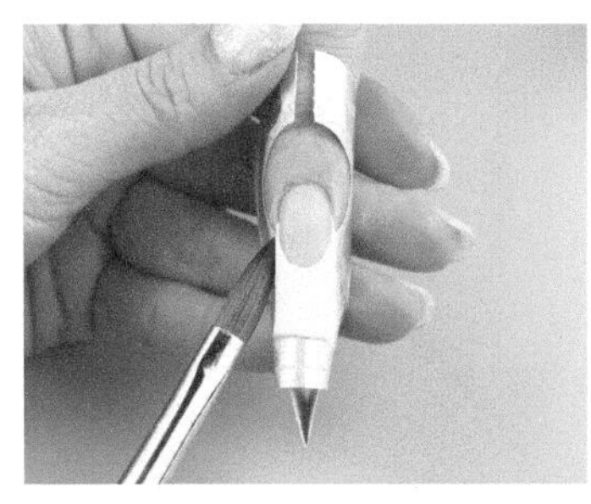

9 用笔调整法式微笑线A、B两点的高度

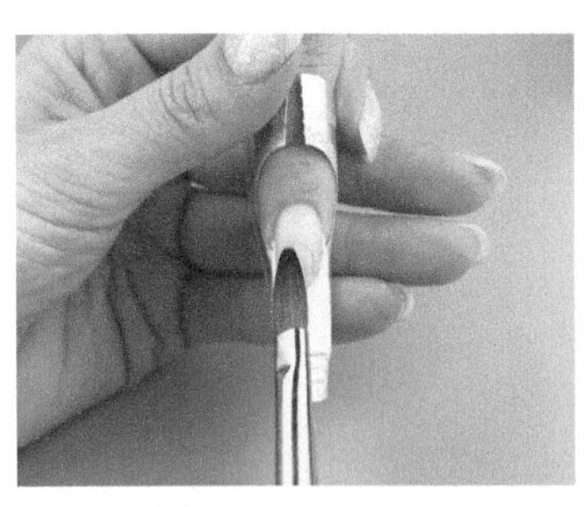

10 用沾满水晶液的水晶笔沾取适量透明水晶粉，形成水晶酯并放置在结合处

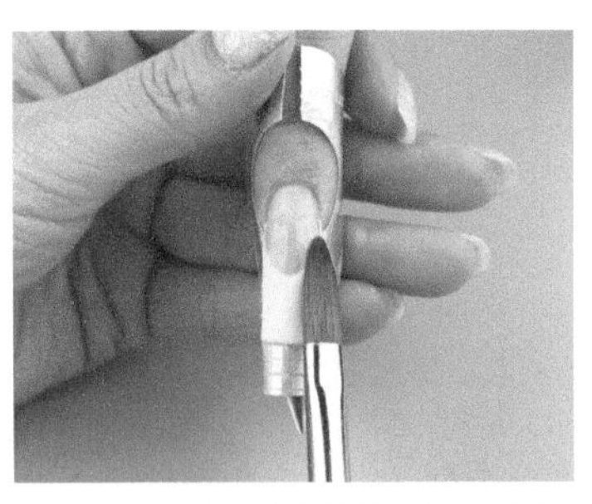

11 用水晶笔向前缘轻拍出甲形，使甲面尽量光滑平整，并制作出弧度

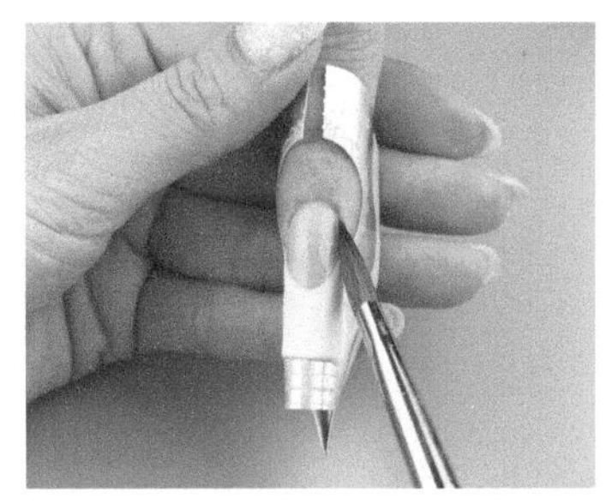

12 水晶酯需与指甲后缘保持1毫米距离，并调整甲面厚度

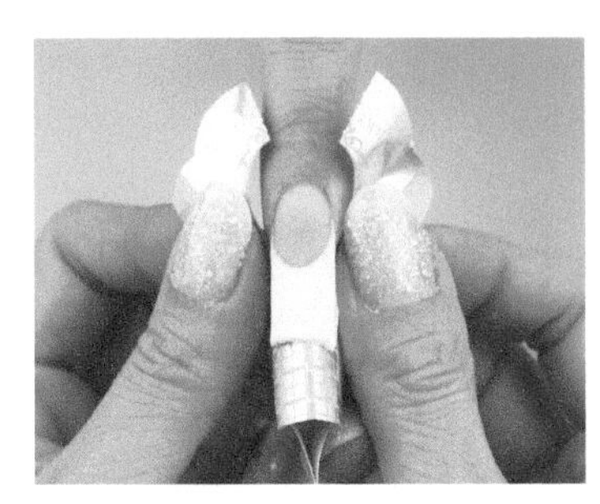

13 待水晶法式甲半干后，取下纸托

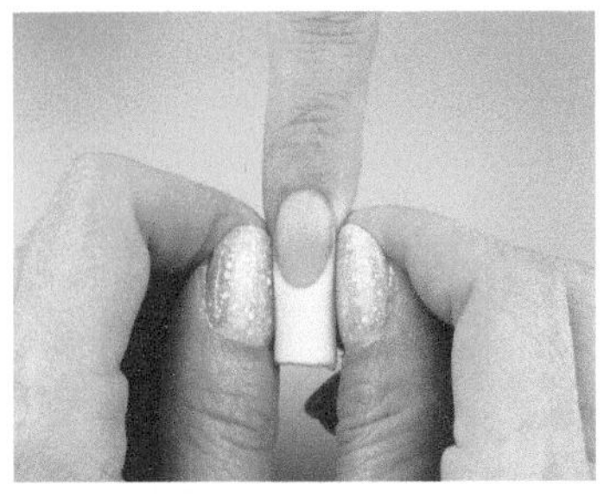

14 用双手拇指侧按在A、B两点，均匀用力向中间挤压，使指甲形成自然C弧拱度

15 用塑型棒进行再次定型

16 待水晶法式甲完全干透后，用砂条修磨甲形，注意指甲前端用砂条横向修磨成直线

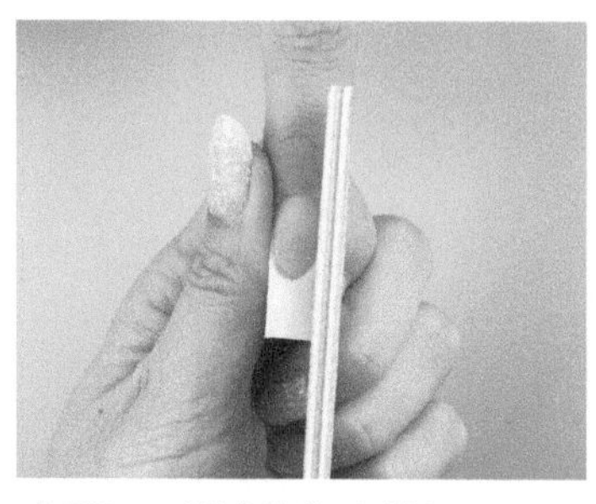

17 两侧应修磨至平行

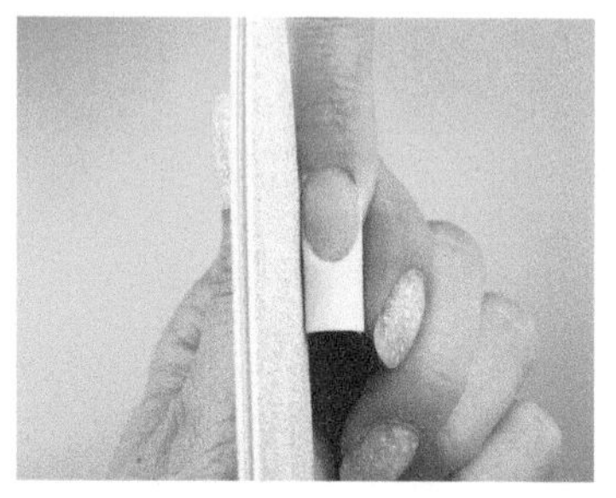

18 将侧面多余部分修磨至与本甲在同一直线上

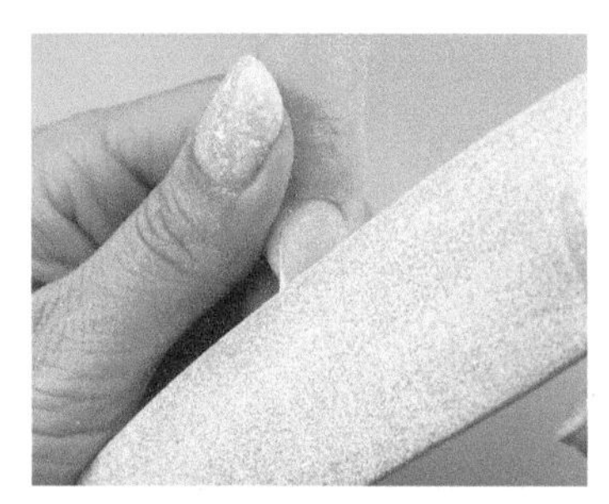

19 用砂条打磨甲面，使甲面平整并达到适宜的弧度、厚度

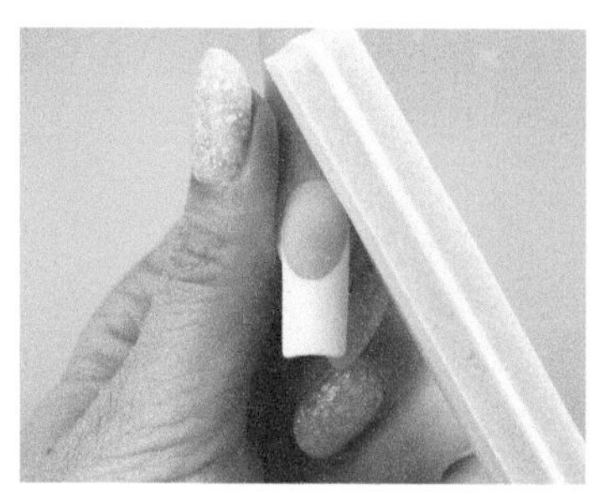

20 用海绵打磨甲面，使甲面平整光滑

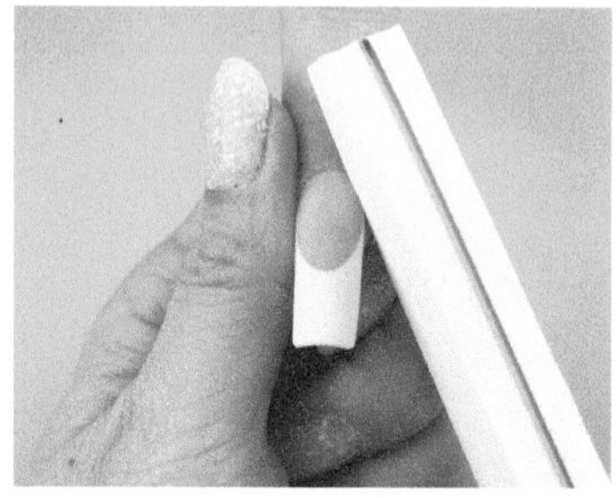

21 用抛光条为甲面抛光，也可以直接上封层照灯固化

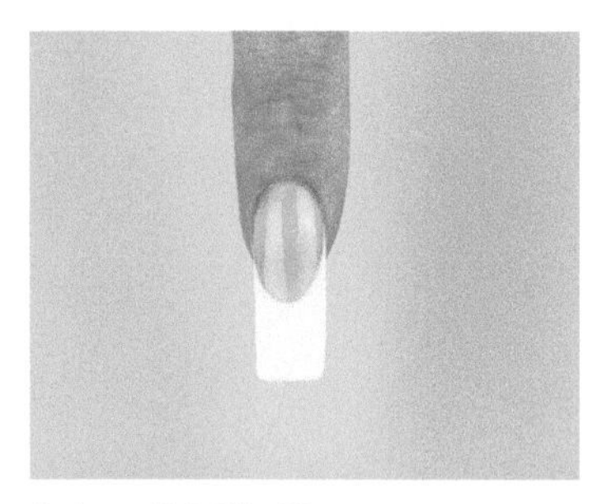

完成，两侧甲缘平行

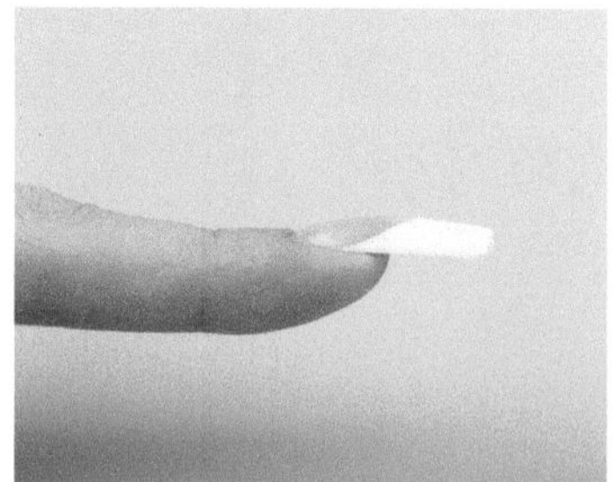

甲面弧度平滑、饱满

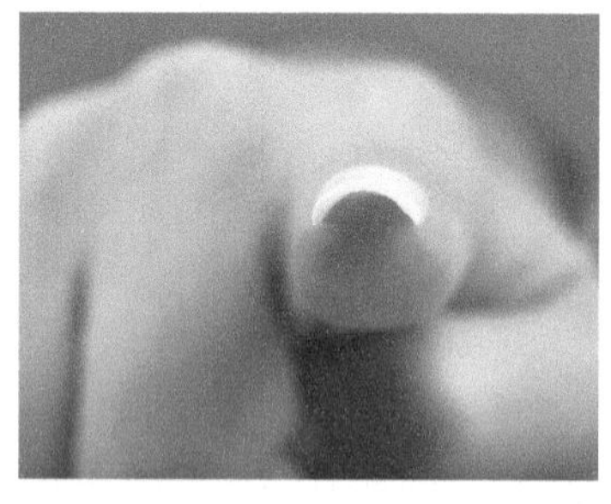

指尖弧度饱满，两边对称，甲面厚度适中

知识便签

3.4 花式渐变水晶甲

3.4.1 工具和材料

砂条、纸托、干燥剂、水晶笔、水晶液、水晶粉、海绵锉、75 度酒精、塑型棒、清洁刷、粉尘刷、抛光条。

3.4.2 制作步骤

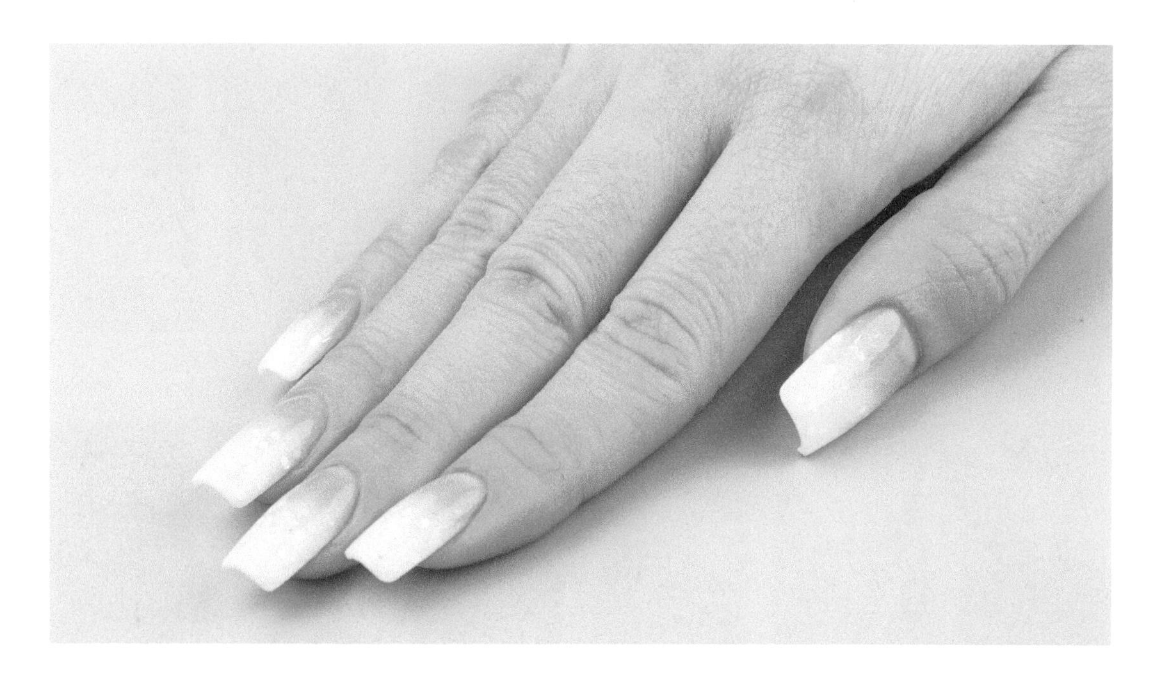

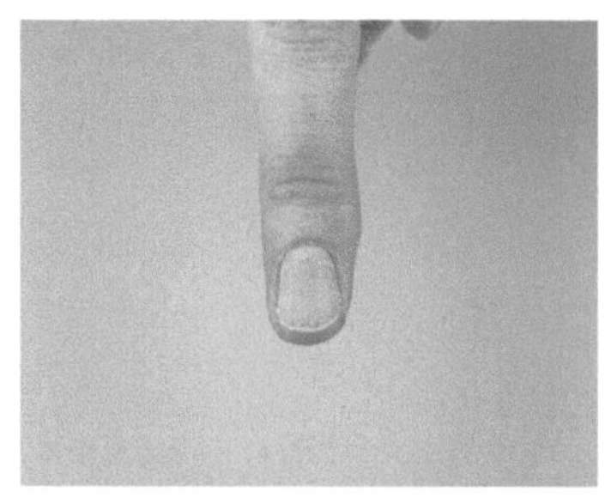

1　刻磨甲面并用 75 度酒精清洁甲面

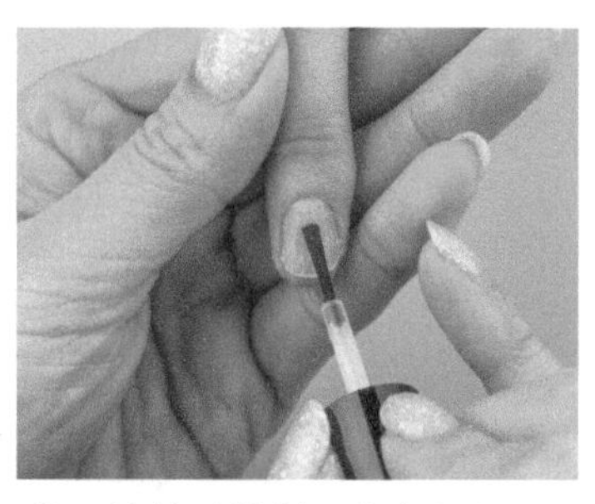

2　涂抹干燥剂，注意切勿让干燥剂接触皮肤

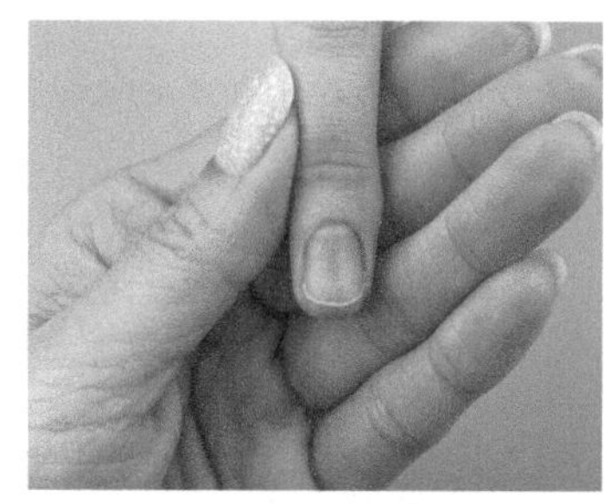

3　确保甲面处于干净状态

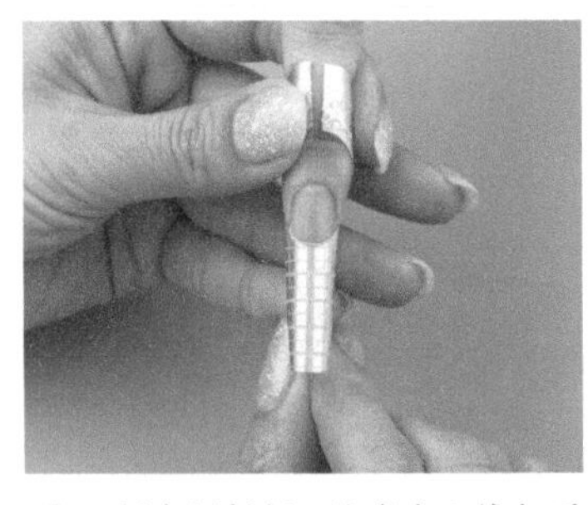

4 固定纸托板，注意中心线与手指中心对齐，指甲前缘与纸托间不能有缝隙

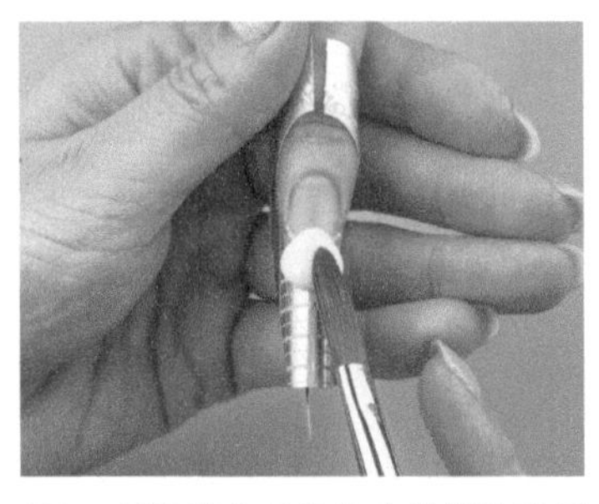

5 用沾满水晶液的水晶笔沾取适量白色珠光水晶粉，形成水晶酯并放置在结合处

6 往前缘轻拍做出渐变延长，拍出甲形并调整水晶酯的厚度

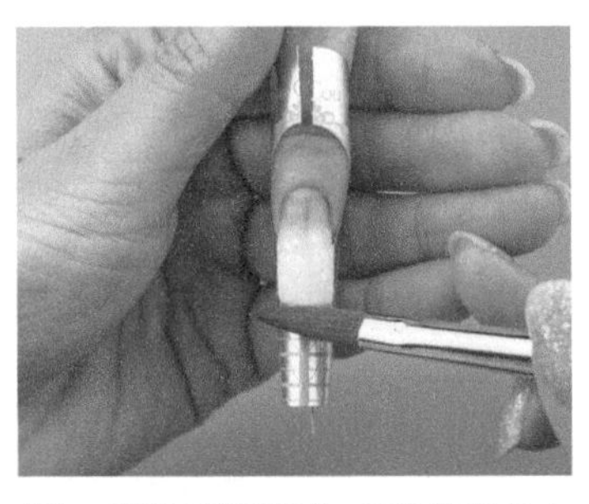

7 调整前端甲形，保持前端呈水平直线

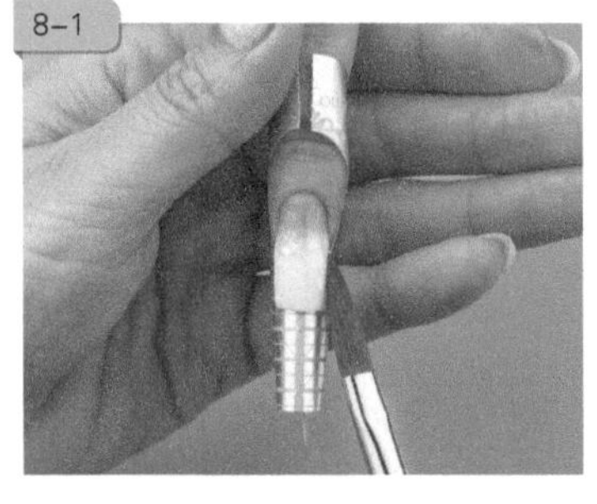

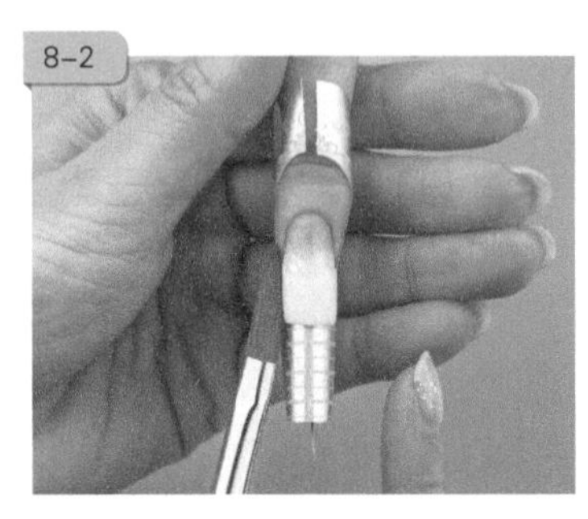

8 调整两侧甲形，保持两侧平行

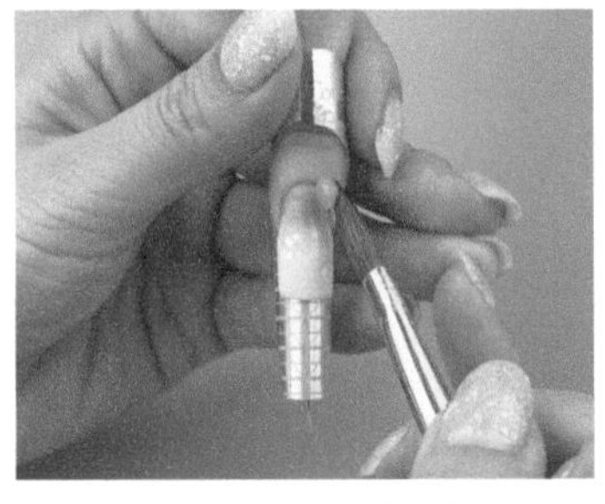

9 用沾满水晶液的水晶笔沾取适量透明水晶粉形成水晶酯并放置在甲面后缘1毫米处

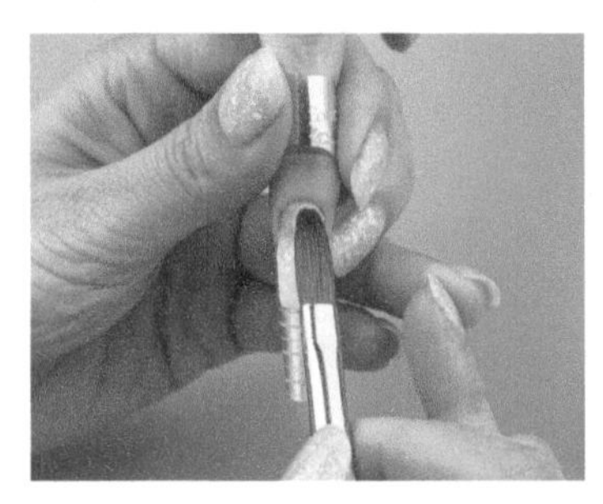

10 用笔向前缘方向轻拍，使指甲表面尽量光滑平整

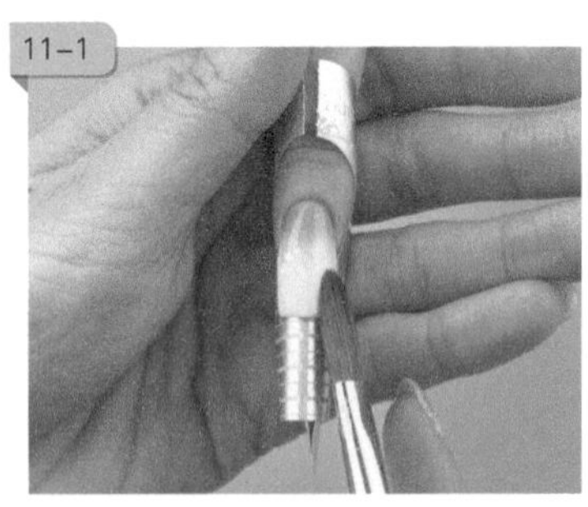

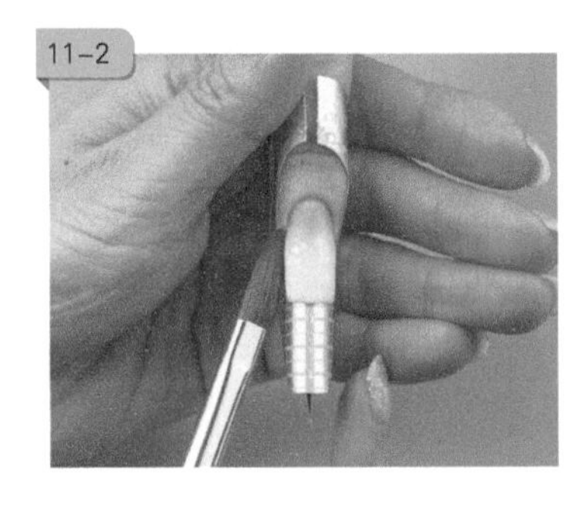

11 调整甲形并制作出自然的弧度

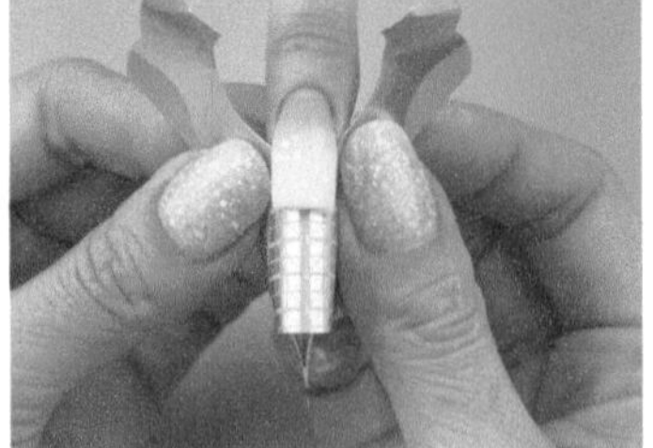

12 待水晶渐变甲半干后，取下纸托

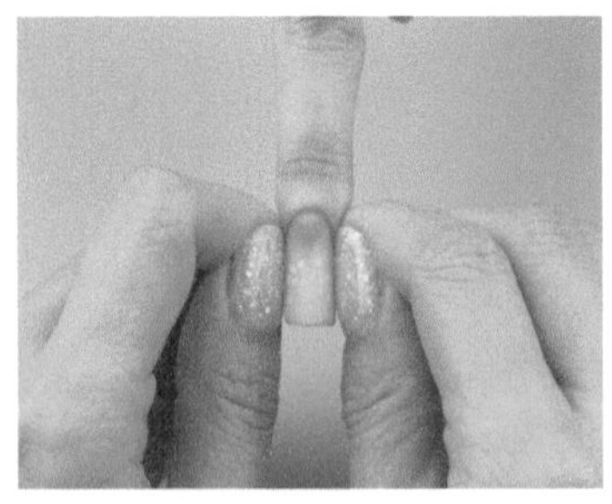

13 用双手拇指侧按在甲面两侧A、B点位置，均匀用力向中间挤压，使指甲形成自然C弧拱度

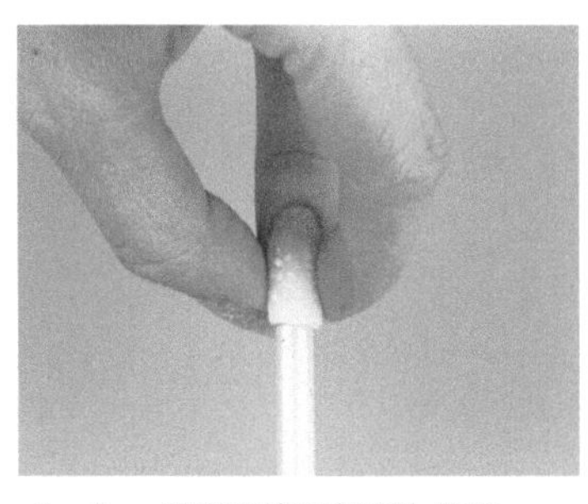

14 用塑型棒进行再次塑型

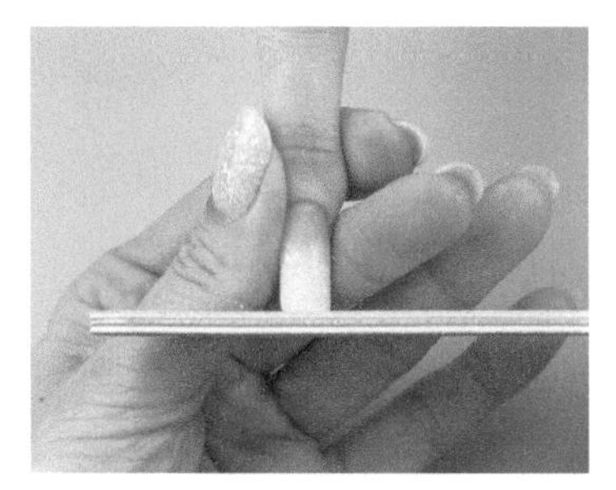

15 待渐变水晶甲完全干透后，用砂条修磨甲形，注意指甲前端要横向修磨成直线

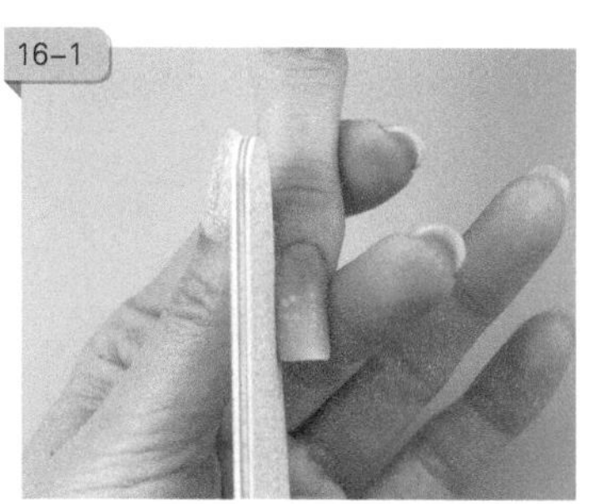

16 两侧应修磨至平行且侧面多余部分修磨至与本甲在同一直线上

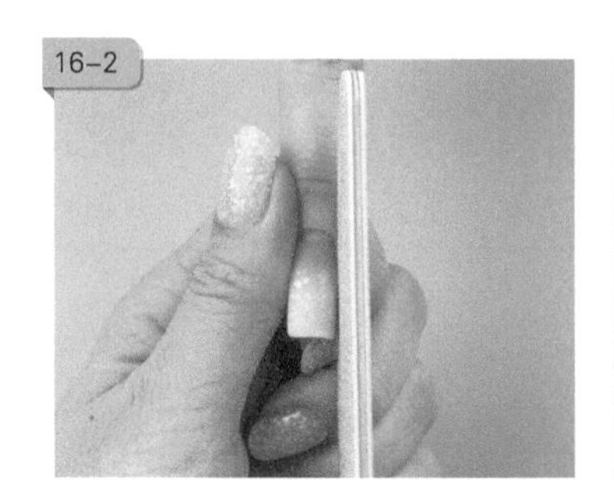

17 用砂条打磨甲面，使甲面平整并达到适宜的弧度、厚度

18 用清洁刷刷去甲沟粉尘

19 用粉尘刷扫除多余粉屑

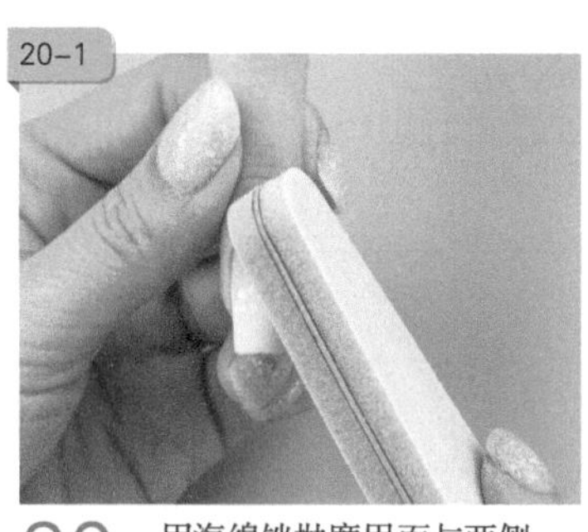

20 用海绵锉抛磨甲面与两侧

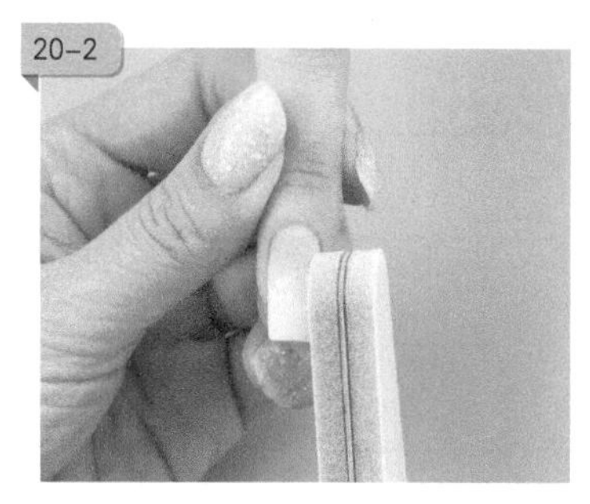

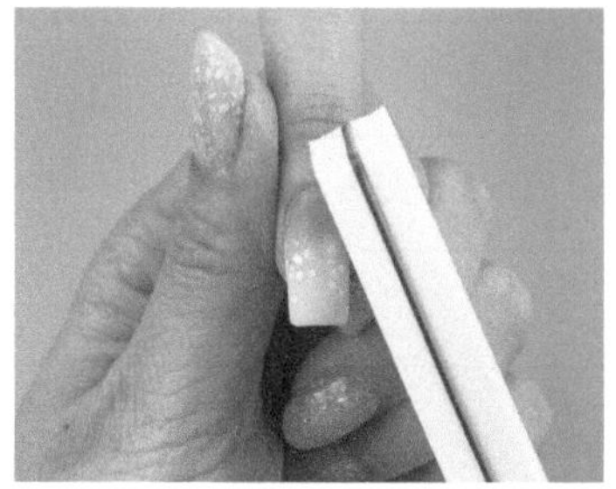

21 用抛光条抛光甲面，也可以直接上封层照灯固化

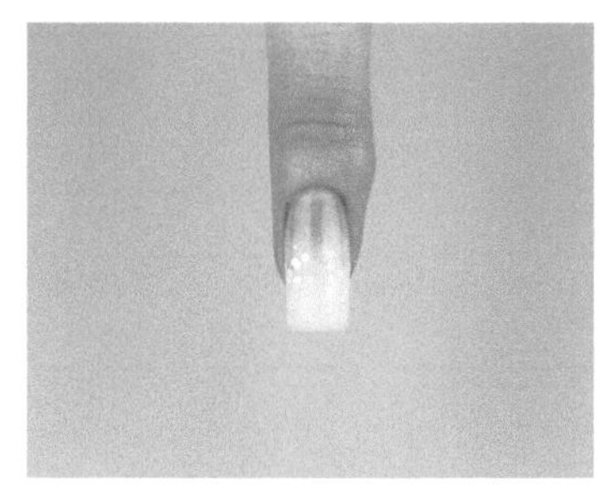

完成，两侧甲缘平行

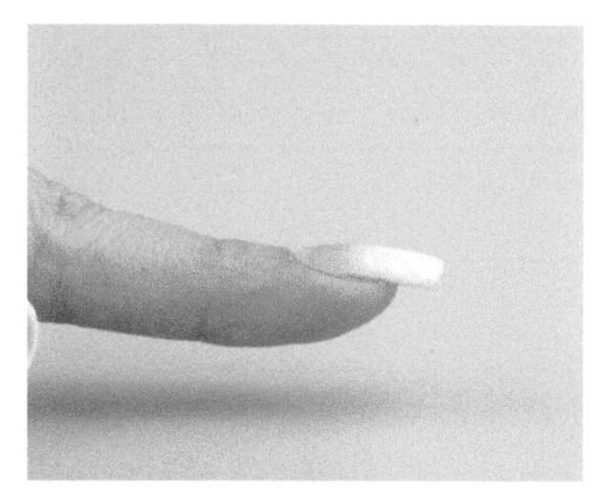

甲面弧度平滑、饱满

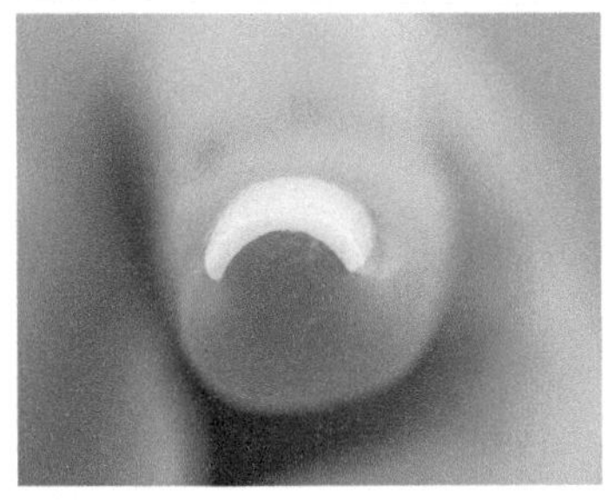

指尖弧形自然饱满，两边对称，甲面厚度适中

知识便签

3.5 修复水晶甲

3.5.1 工具和材料

砂条、打磨机、75 度酒精、粉尘刷、死皮推、水晶笔、水晶液、水晶粉、干燥剂、抛光条。

3.5.2 制作步骤

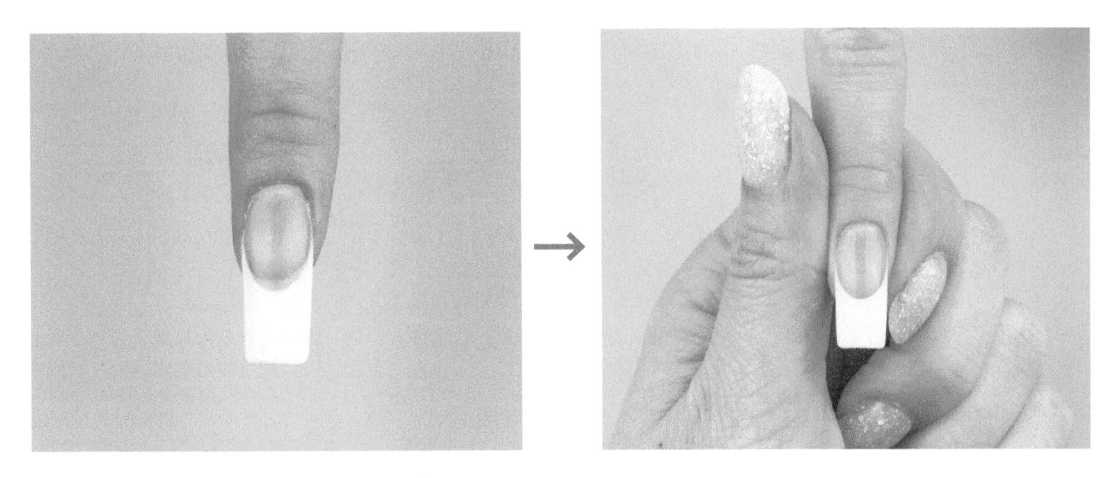

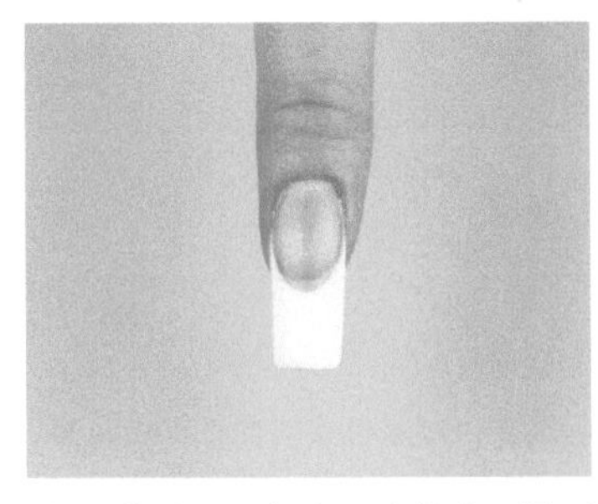

1　指甲已经长出一定长度，甲面后缘有起翘状况且能看到游离缘，前缘过长

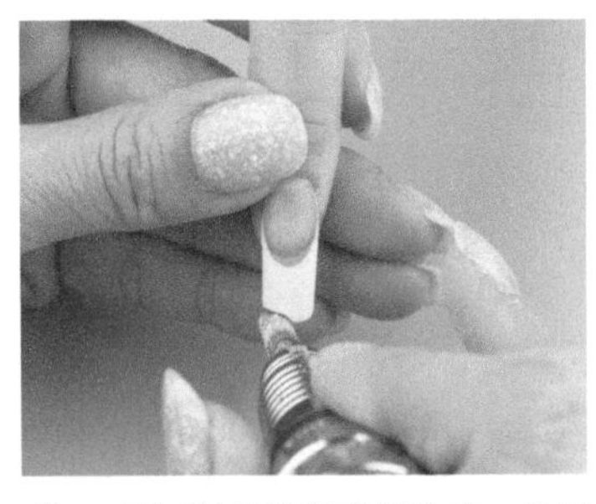

2　用打磨机修磨指甲前缘，将指甲修磨到理想长度

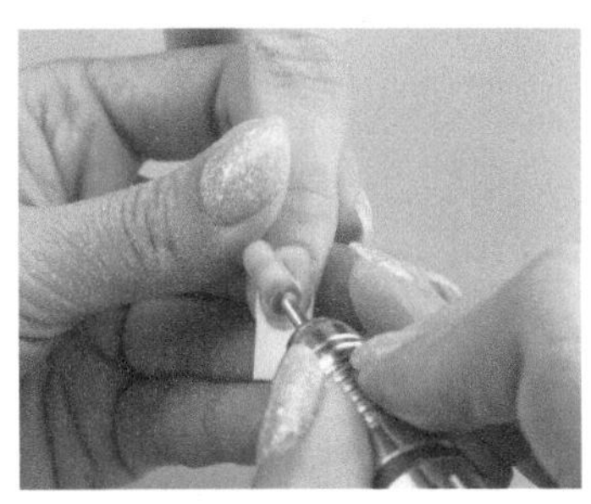

3　用打磨机轻轻打磨甲面后缘起翘部分

4-1

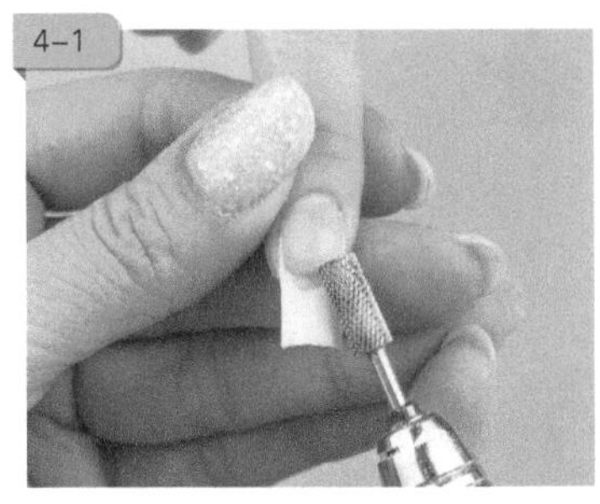

4-2

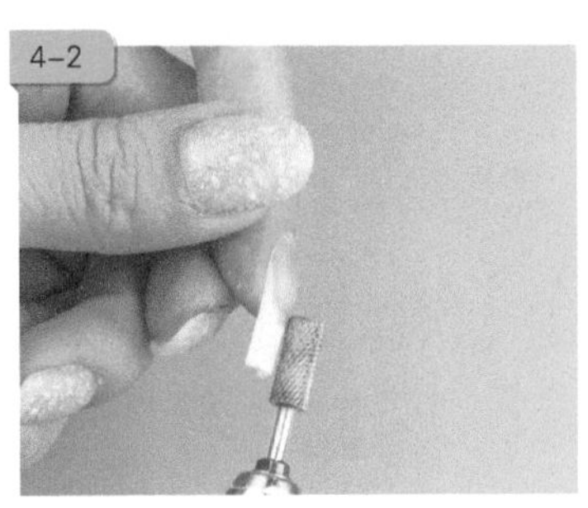

4　用打磨机轻轻打磨整个甲面

5　用死皮推圆头一端将甲面后缘的指皮往上轻推

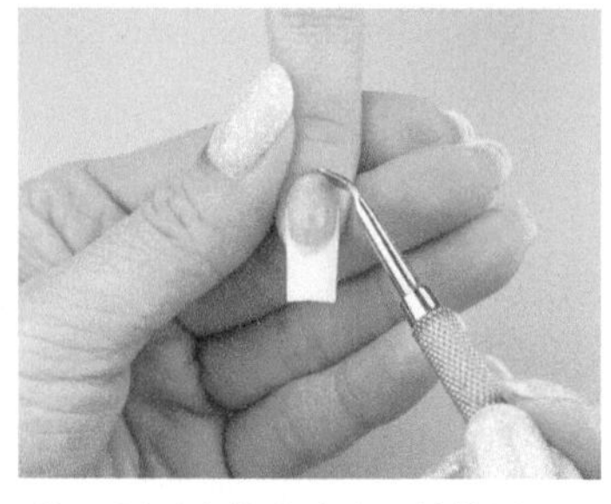

6 用死皮推的尖头一端将甲面后缘起翘的水晶甲去除

7 用砂条打磨整甲使甲面平整

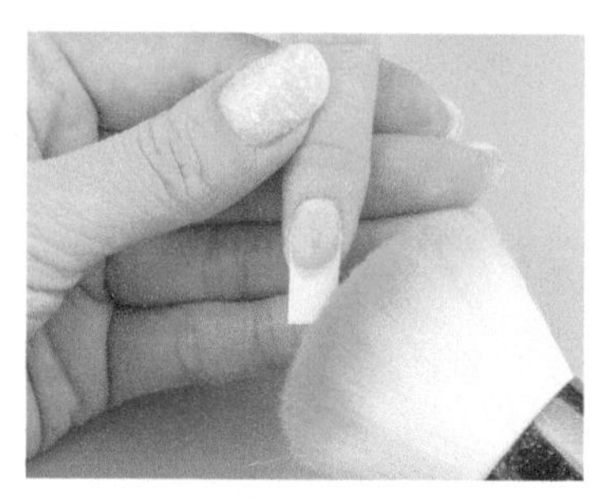

8 用粉尘刷扫除多余粉屑并用75度酒精清洁甲面

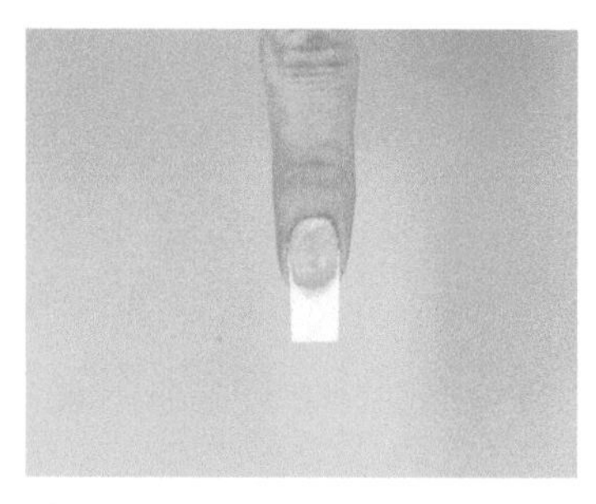

9 除去起翘部分，打磨清洁后的效果

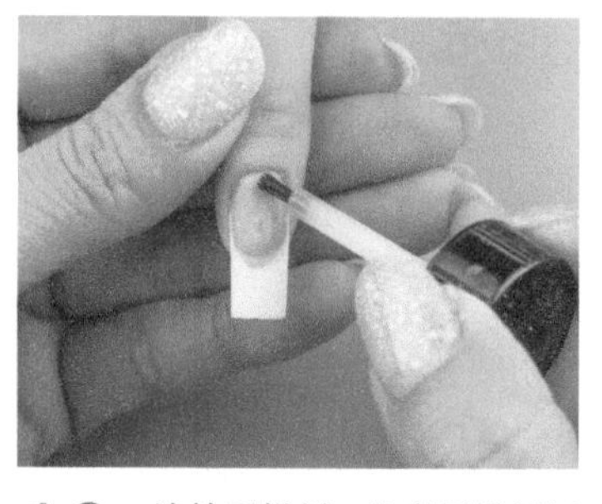

10 涂抹干燥剂，注意干燥剂切勿接触皮肤

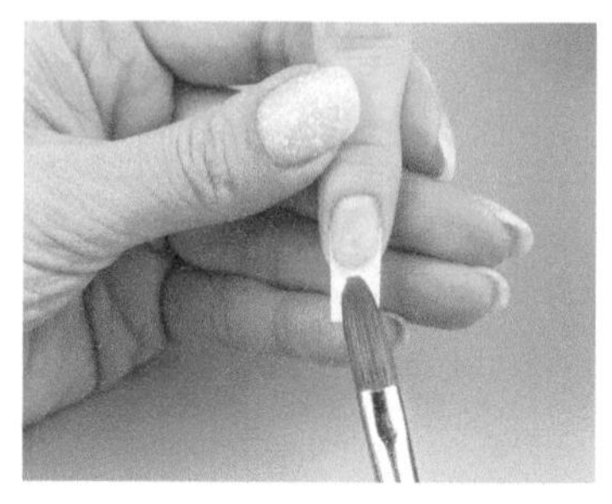

11 用沾满水晶液的水晶笔沾取适量的白色水晶粉，形成水晶酯放置在甲面前端

12 用水晶笔轻拍白色水晶酯，调整法式形状与厚度，并做出微笑线

13-1

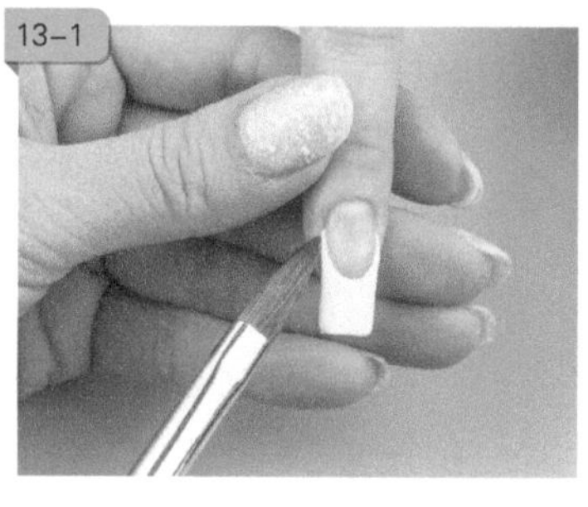

13-2

13 调整法式微笑线两侧 A、B 点的高度，注意法式线的弧度要圆润、自然

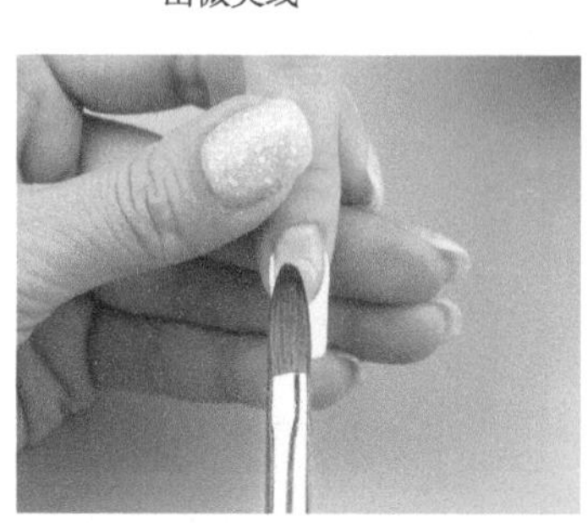

14 再用沾满水晶液的水晶笔沾取适量透明水晶粉，形成水晶酯放置在结合处

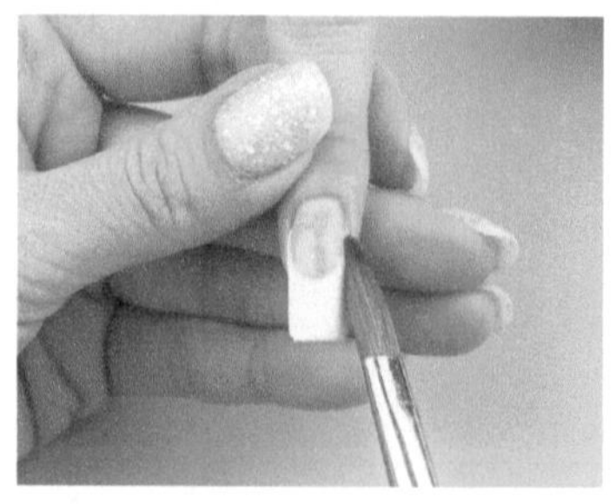

15 用笔身轻拍，调整厚度使甲面平滑自然

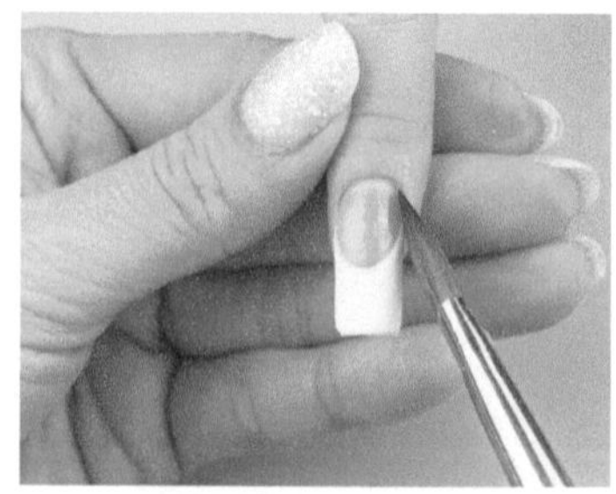

16 用沾满水晶液的水晶笔沾取少量的透明水晶粉，形成水晶酯放在离后缘1毫米处，用笔轻拍开

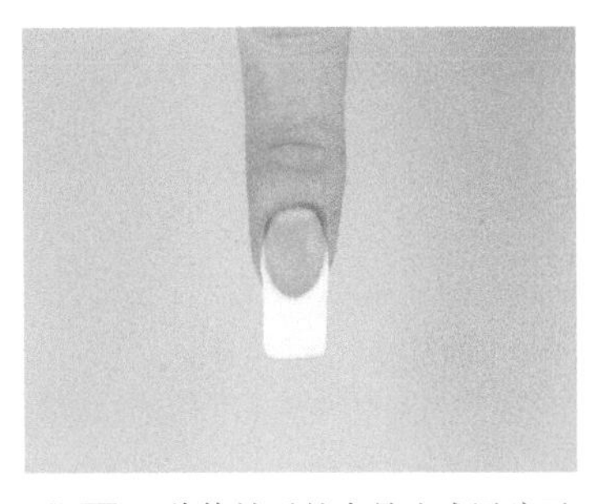

17　待修补后的水晶法式甲晾干

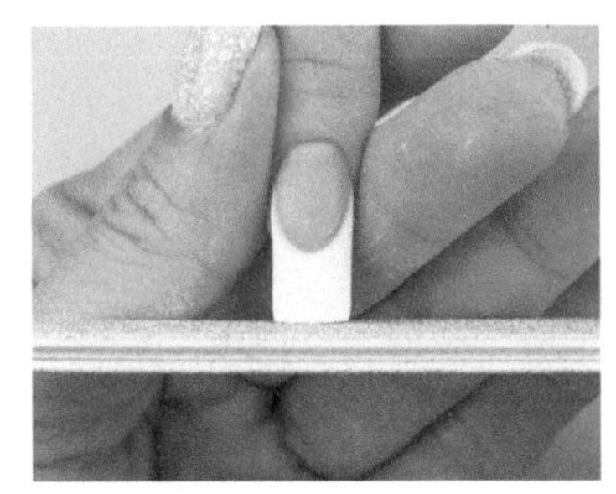

18　晾干后用砂条修磨甲形，注意指甲前端用砂条横向修磨成直线

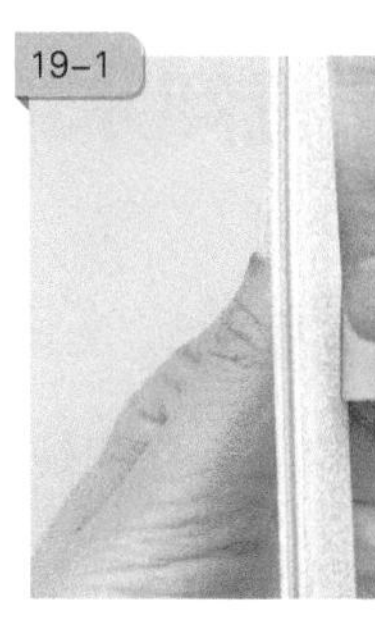

19　指甲两侧应修磨至平行

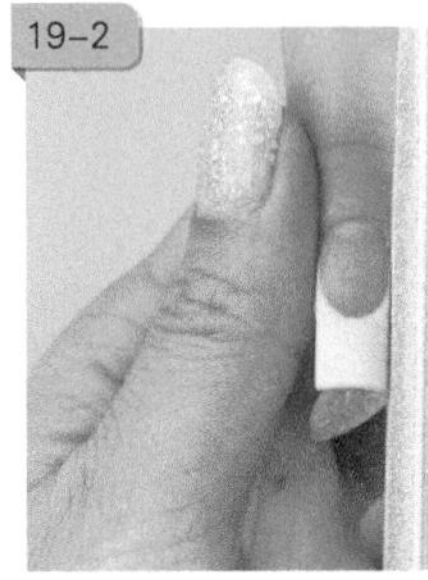

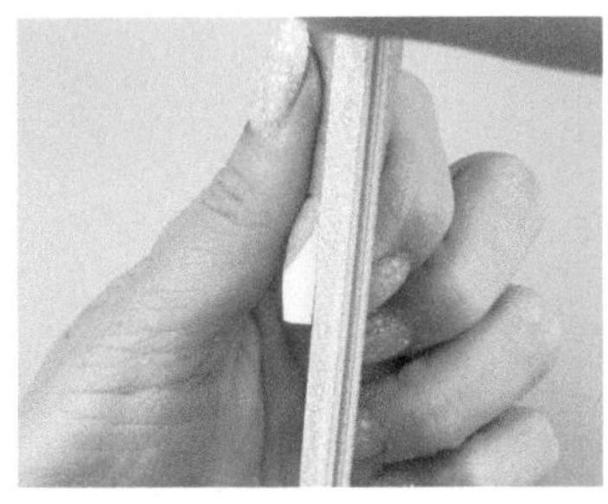

20　将左右侧面多余部分打磨至与本甲在同一直线上

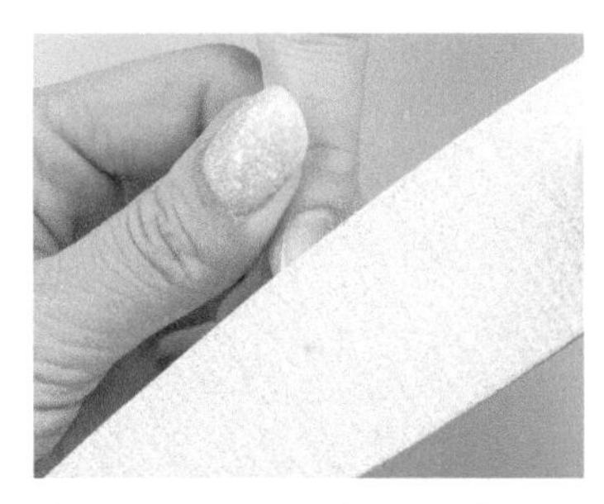

21　用砂条打磨甲面，使甲面平整，并达到适宜的弧度、厚度

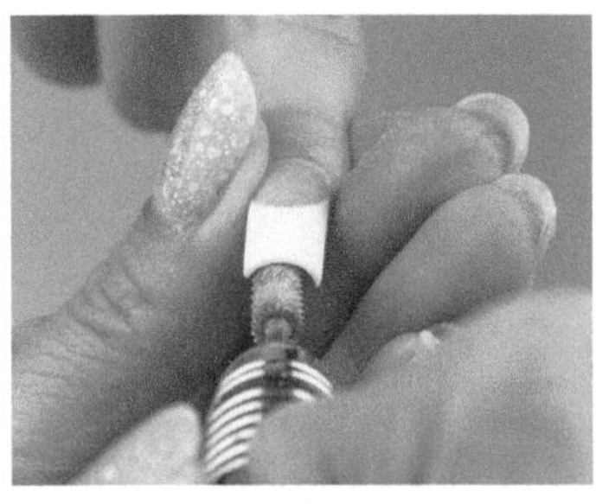

22　用打磨机轻轻打磨指甲内侧，注意按压指甲微笑线两侧，打磨出合适厚度

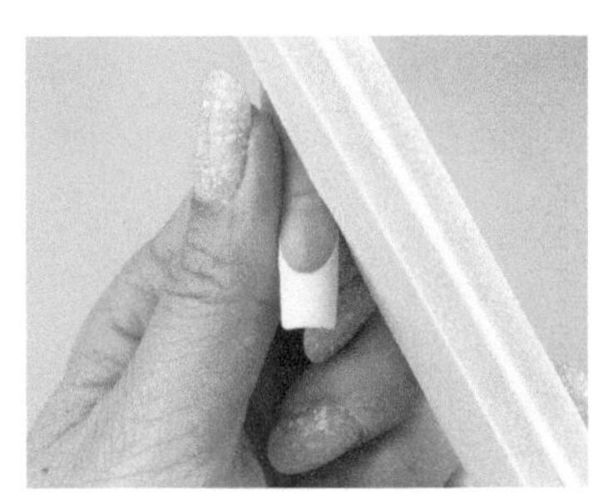

23　用海绵锉抛磨甲面

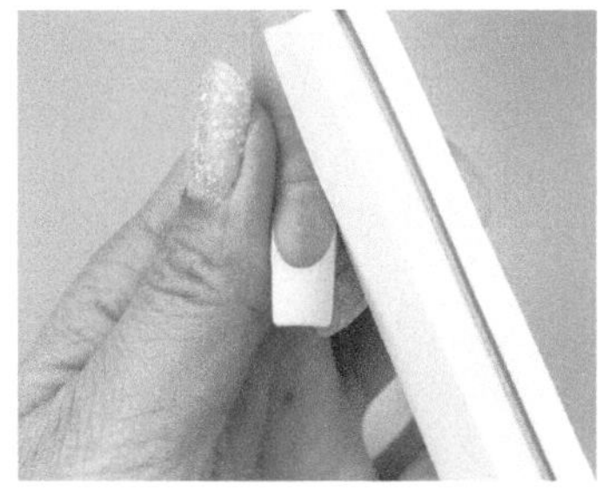

24　用抛光条抛光甲面，也可以直接上封层照灯固化

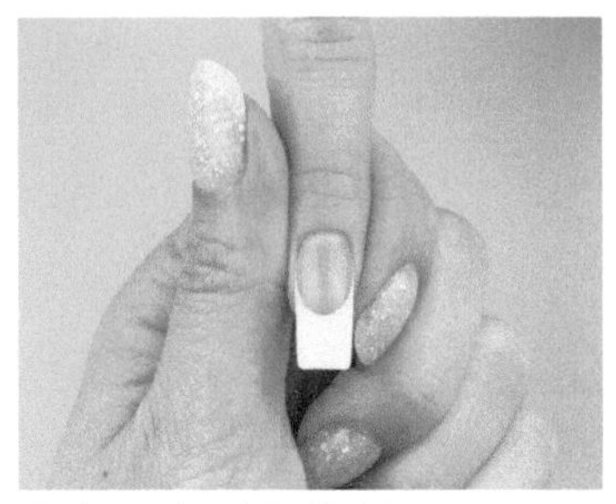

完成，注意两侧甲缘平行

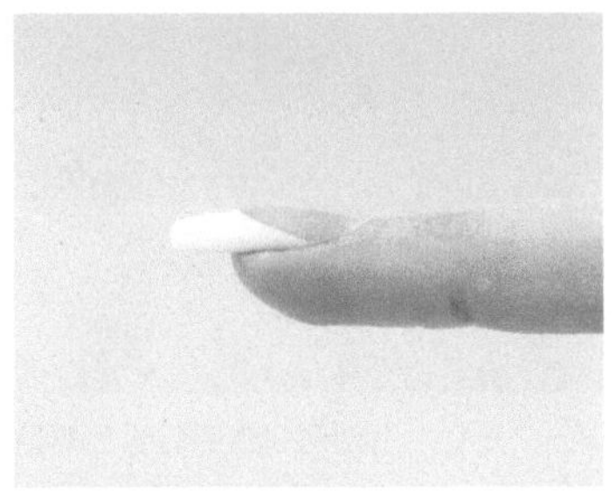

甲面弧度平滑、饱满

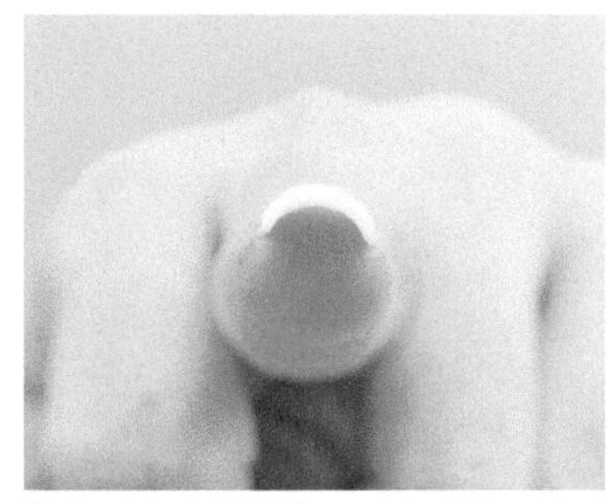

指尖弧度自然饱满，两边对称，甲面厚度适宜

3.6 打磨机卸水晶甲的方法

3.6.1 工具和材料

平口钳、打磨机、死皮推、锡纸、卸甲水、棉花、砂条、镊子、海绵锉、粉尘刷。

3.6.2 制作步骤

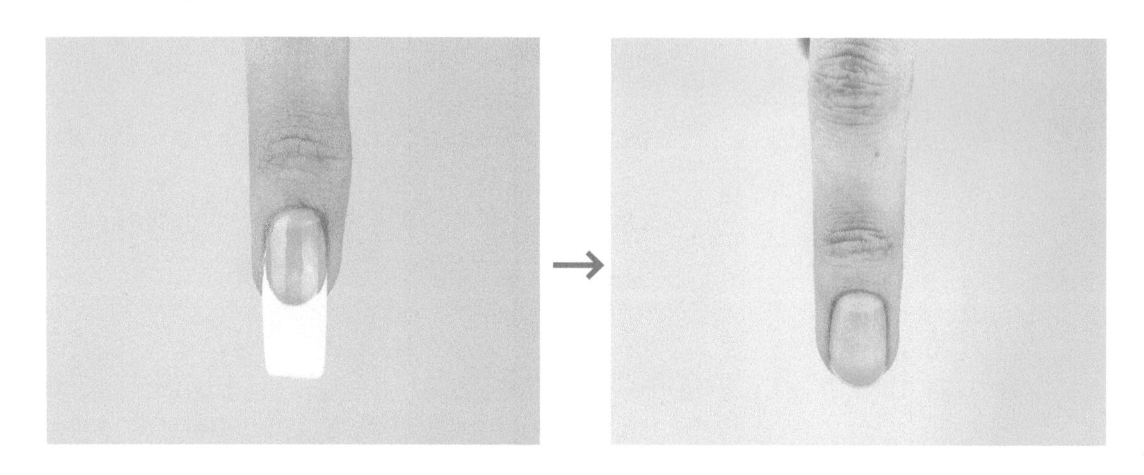

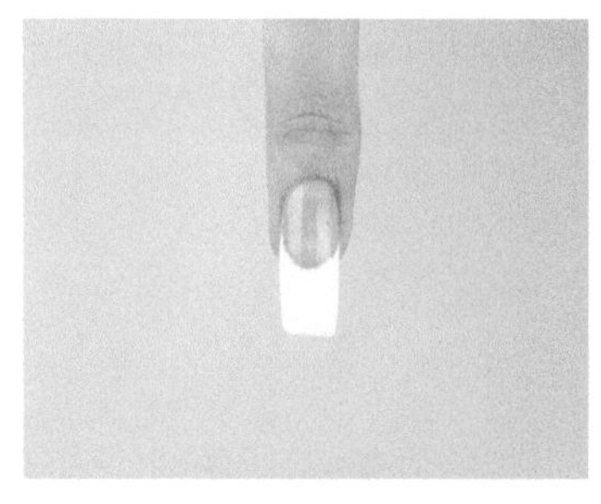

1 还未卸除的水晶甲

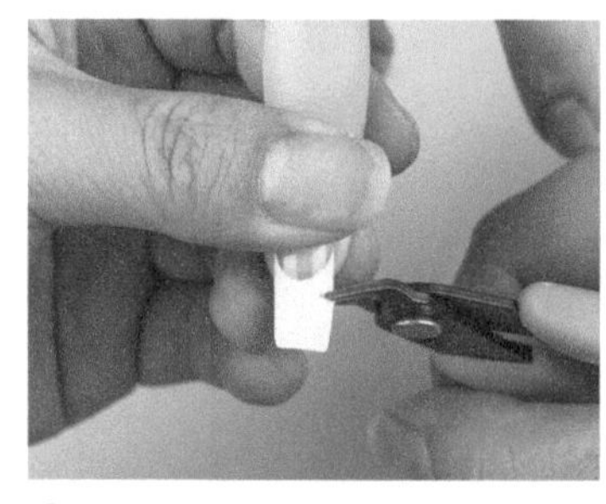

2 先用平口钳将过长的水晶甲剪掉

3 修剪时要注意相对平整且不要剪得太靠近指尖

4 用打磨机轻轻打磨甲面，要把握好打磨力度、角度，切勿伤及本甲

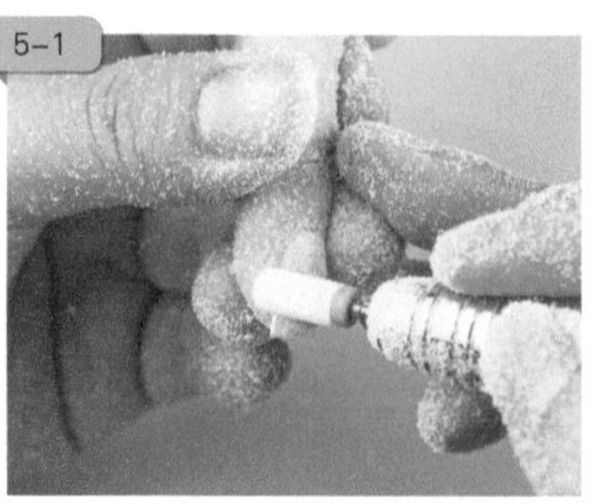

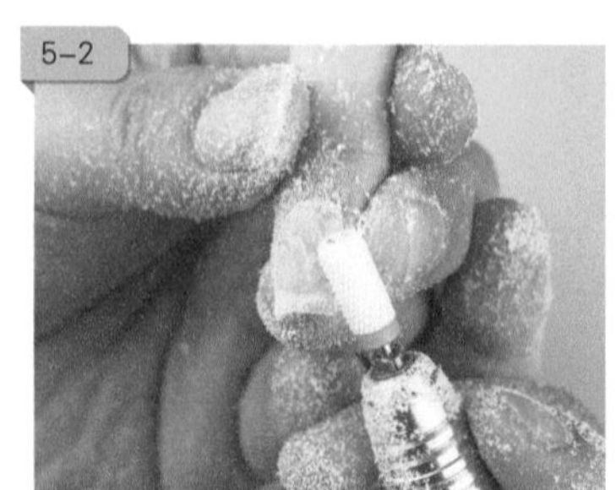

5 注意左右两侧与指甲后缘都要适当打磨

5-3

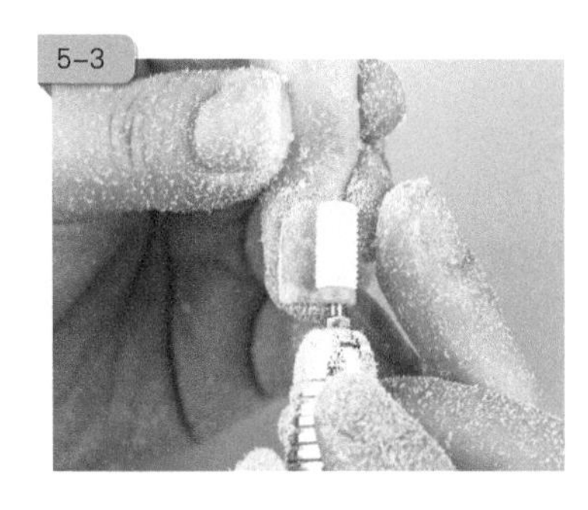

6　适当修磨指甲前端水晶甲部分

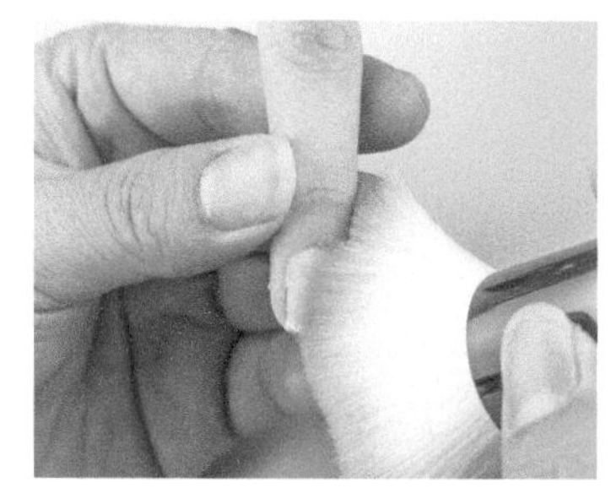

7　用粉尘刷扫除多余粉屑

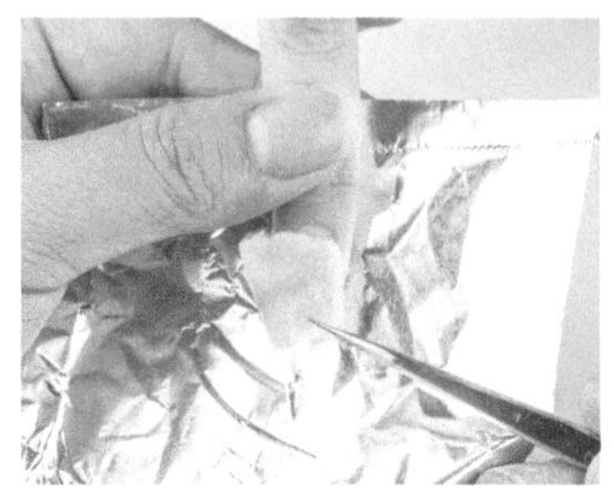

8　用镊子把沾有足量卸甲水的棉花放在甲面上，注意棉花要完全覆盖甲面

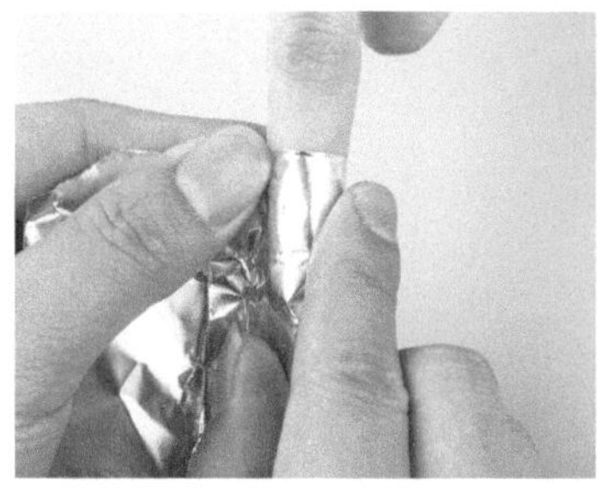

9　用锡纸将棉花包裹起来，注意密封好

10　等待 10 ~ 15 分钟

11　用镊子将棉花取出

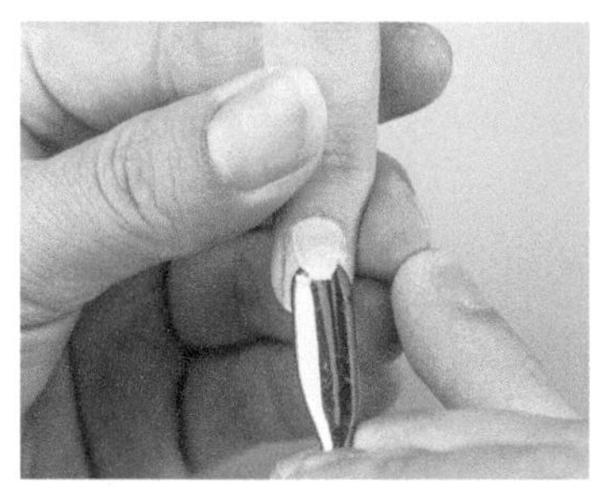

12　用死皮推轻轻推除已软化的水晶甲

13-1

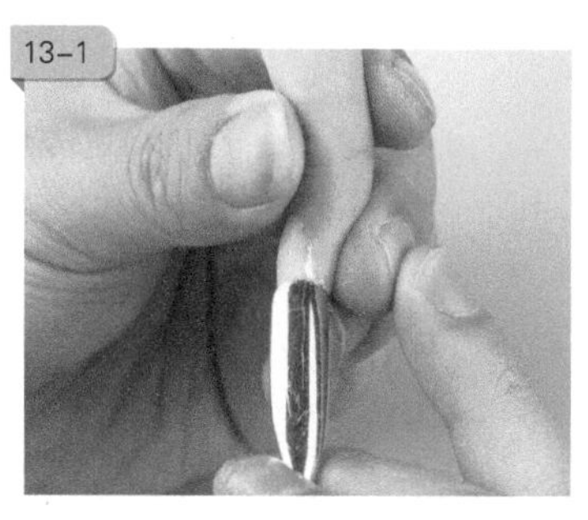

13　注意指甲两侧也要推除到位，再往前缘处推剩下的部分

13-2

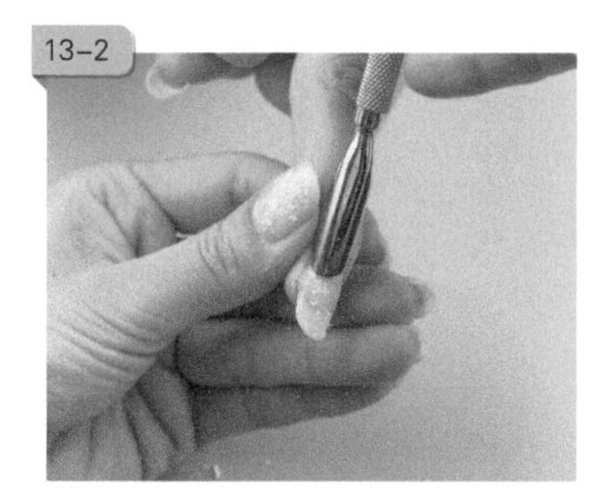

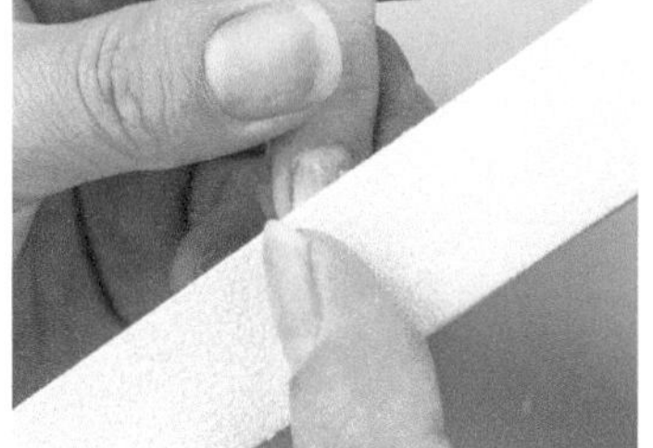

14　用海绵锉轻轻抛磨甲面上残余的水晶甲

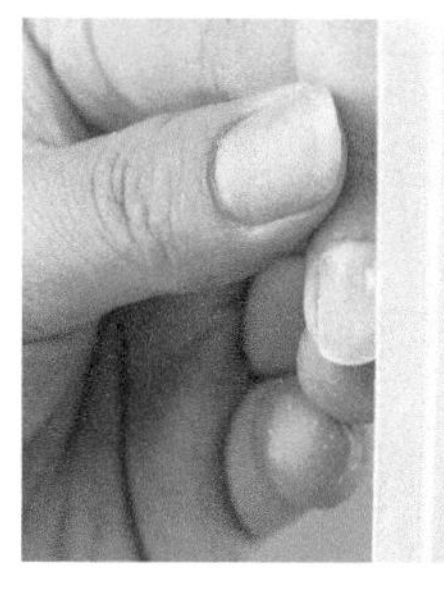

15　左右两侧的残余水晶甲要打磨到位

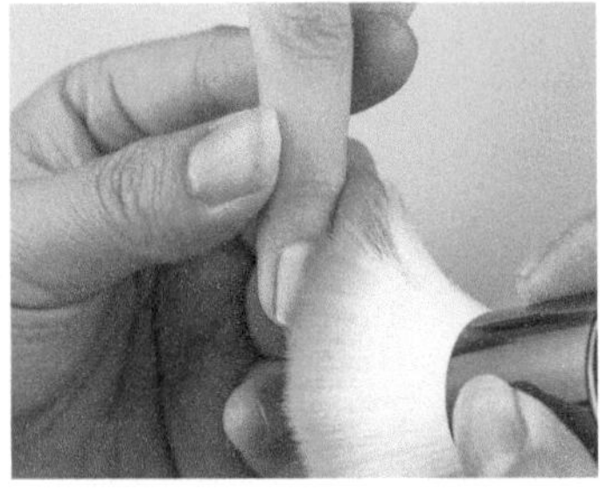
16 用粉尘刷扫除多余粉屑

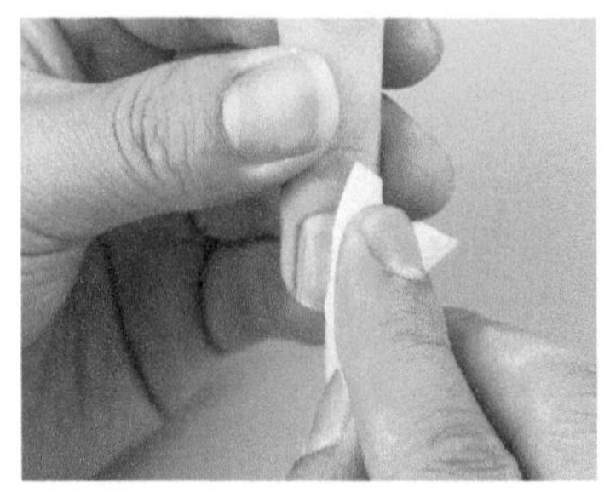
17 用 75 度酒精清洁甲面

18 用砂条修磨甲形

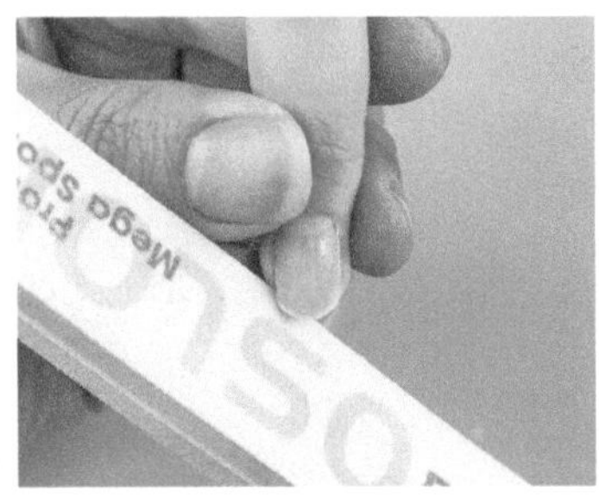
19 用海绵锉修磨指甲前端

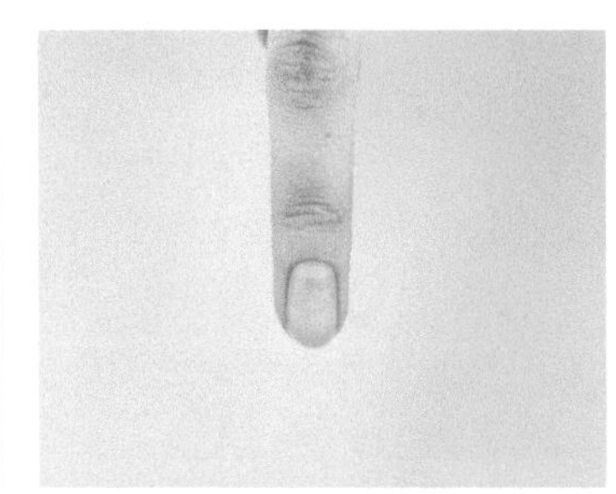
完成

Tips:

- 卸除水晶甲后，指甲表层会有刻痕，此时可直接做款式，亦可用海绵锉与抛光条抛光甲面。

知识便签

3.7 畸形指甲矫正

3.7.1 工具和材料

平口钳、砂条、水晶笔、水晶液、水晶粉、粉尘刷、75 度酒精、干燥剂、纸托、免洗封层、塑型棒、海绵锉。

3.7.2 制作步骤

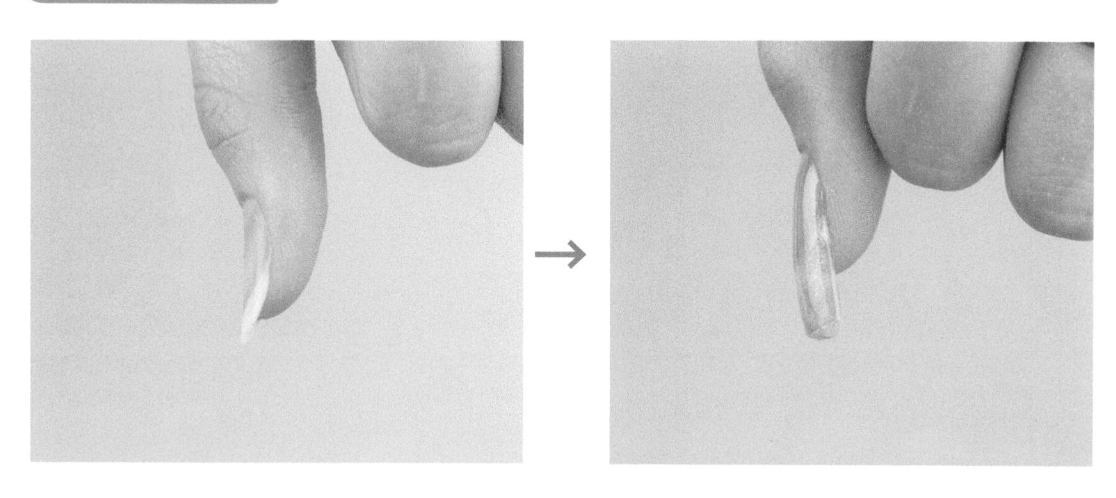

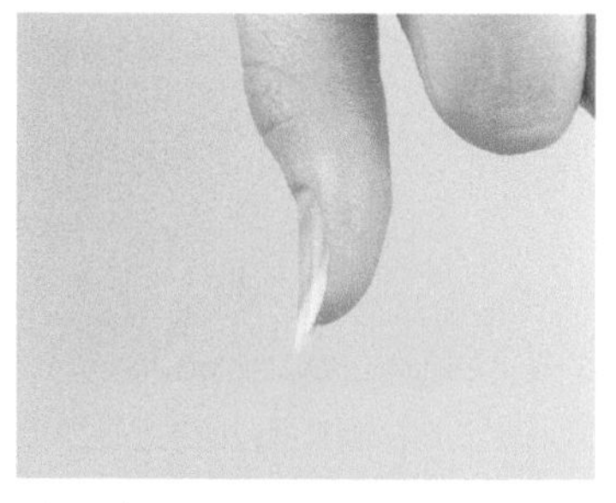

1 勺形指甲，甲面延长至顶端肉际时向上翘起，形如汤匙，医学上又称“反甲”

2 先用平口钳剪除留长部分

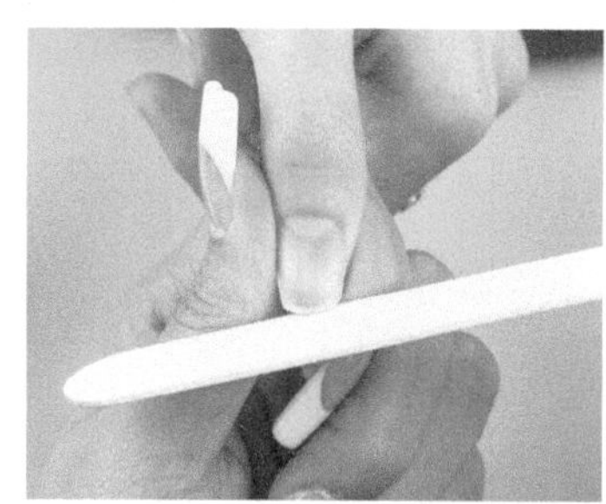

3 用砂条修磨甲形

4-1

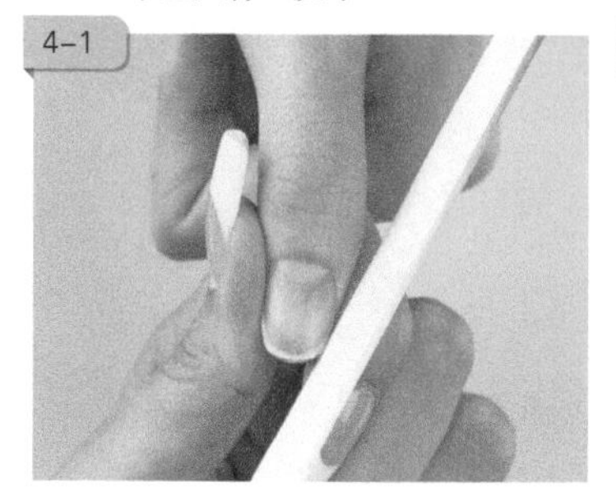

4-2

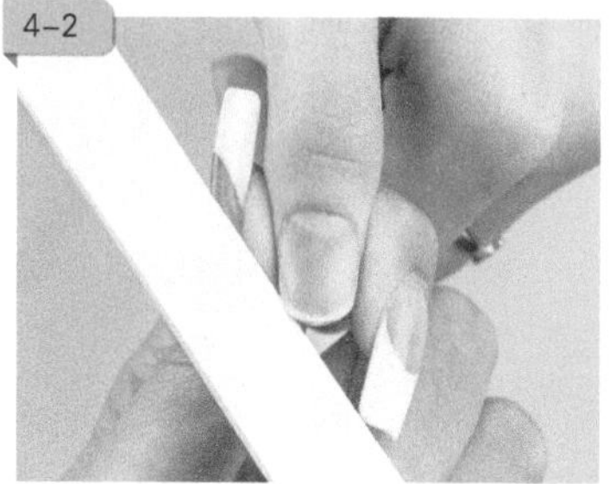

4 注意指甲两侧也要修磨到位

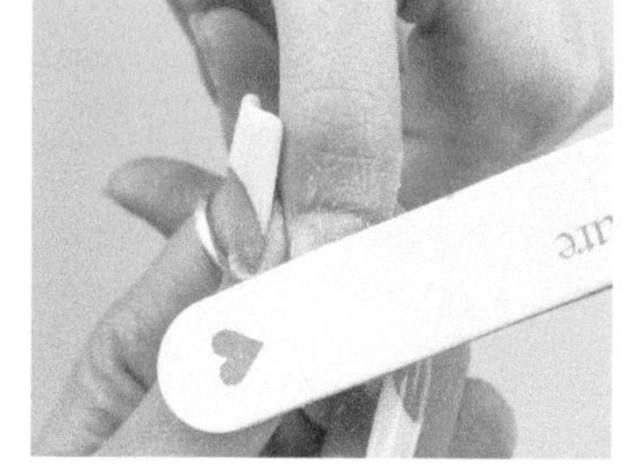

5 用砂条刻磨甲面至不光滑

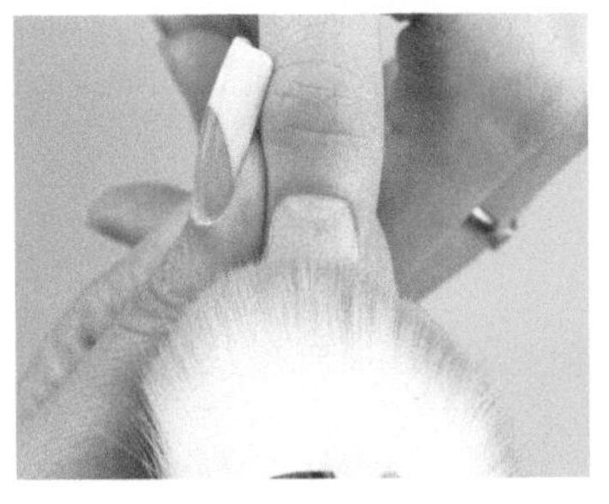

6 用粉尘刷扫除多余粉屑

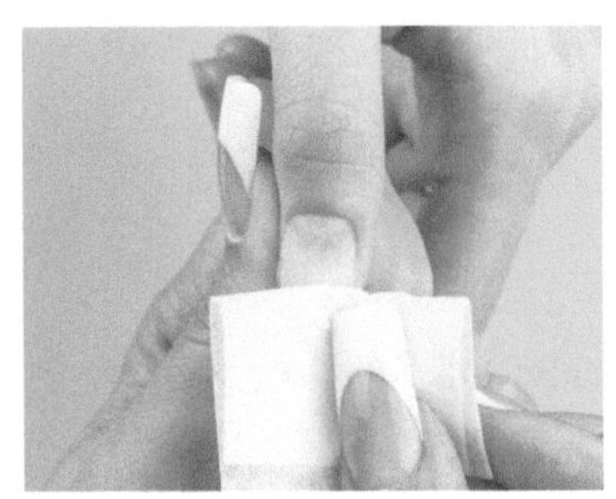

7 用 75 度酒精清洁甲面

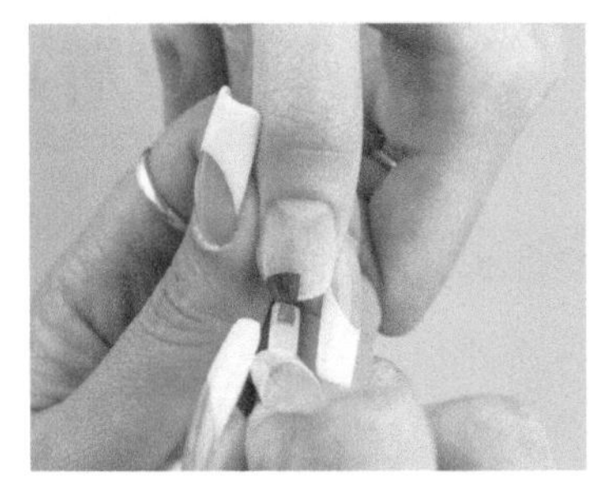

8 涂抹干燥剂，注意切勿让干燥剂接触皮肤

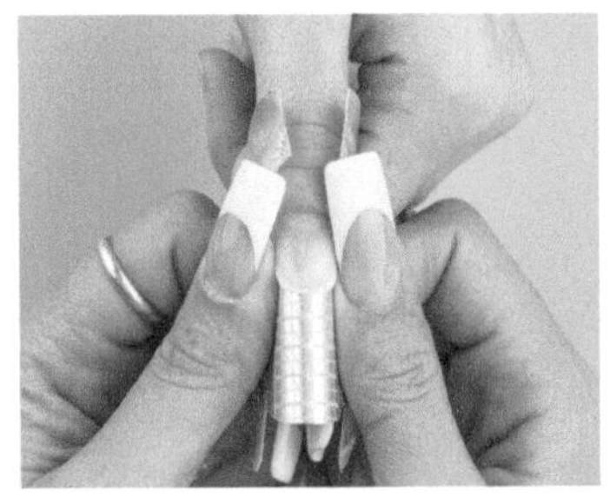

9 将纸托卡在指甲前缘下端，用两指于 A、B 点处向下压弯两端使其黏合

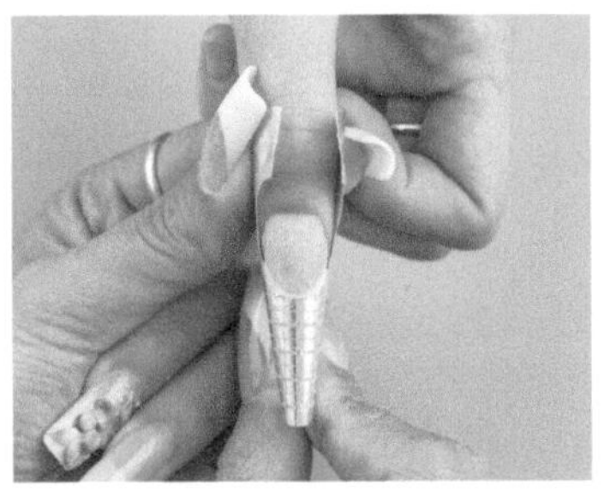

10 注意纸托中心线与手指中心对齐，指甲前缘与纸托间不能有缝隙

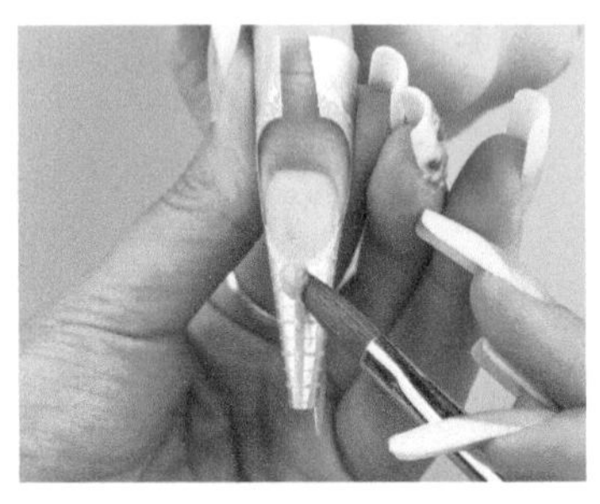

11 用沾满水晶液的水晶笔沾取适量透明水晶粉，形成水晶酯

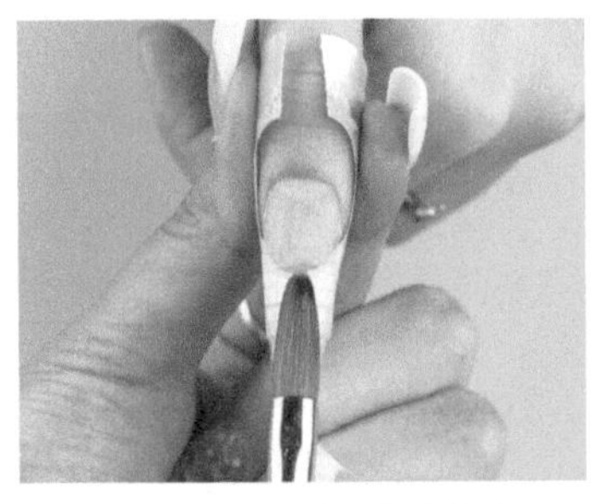

12 将水晶酯放置在结合处，往前缘轻拍做出甲床延长

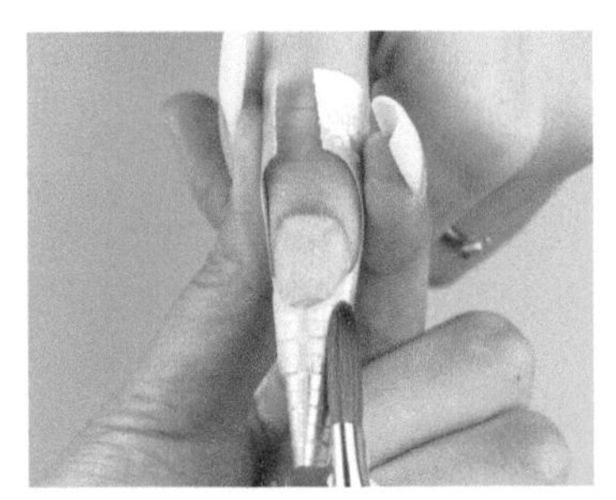

13 轻拍出甲形，调整弧度

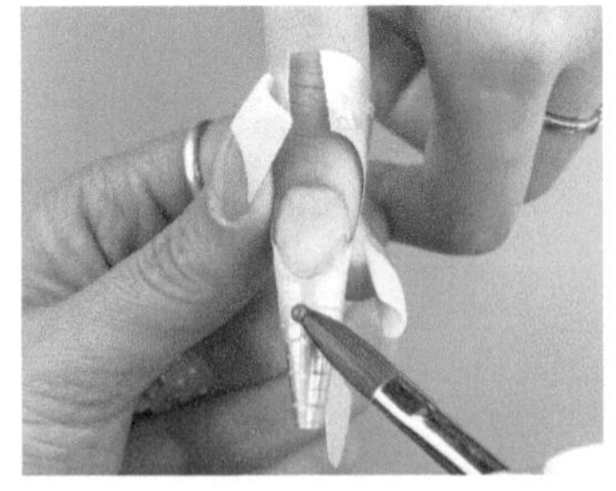

14 用沾满水晶液的水晶笔沾取少量珠光紫色水晶粉，形成水晶酯放置于前端

15-1

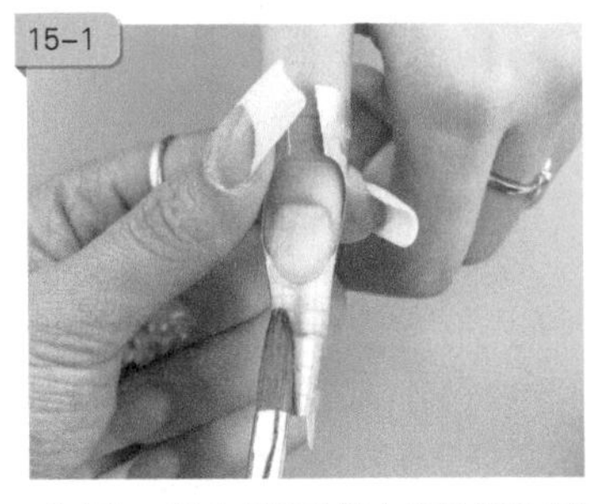

15-2

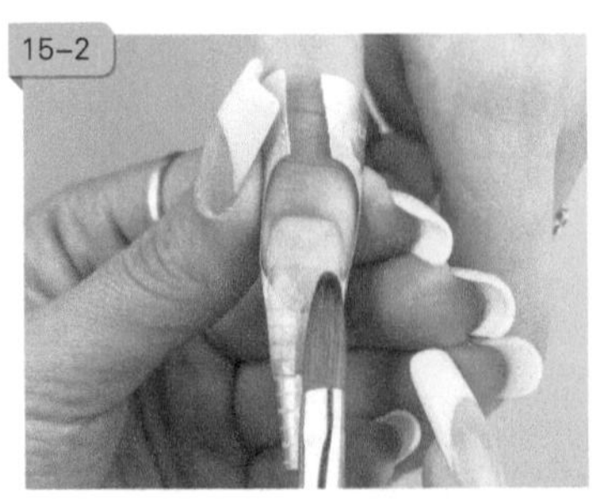

15 把水晶酯往结合处轻拍形成渐变效果

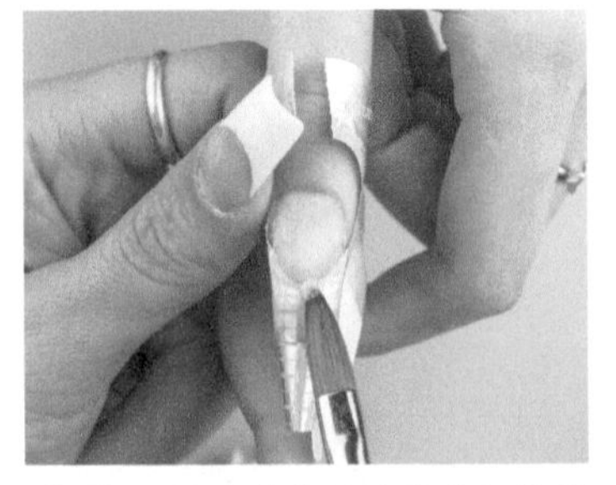

16 用沾满水晶液的水晶笔沾取少量黄色闪粉水晶粉，形成水晶酯

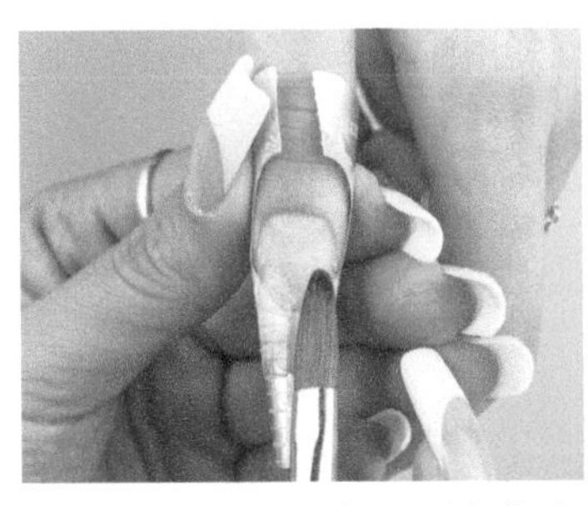

17　放置在甲面中间，均匀拍开

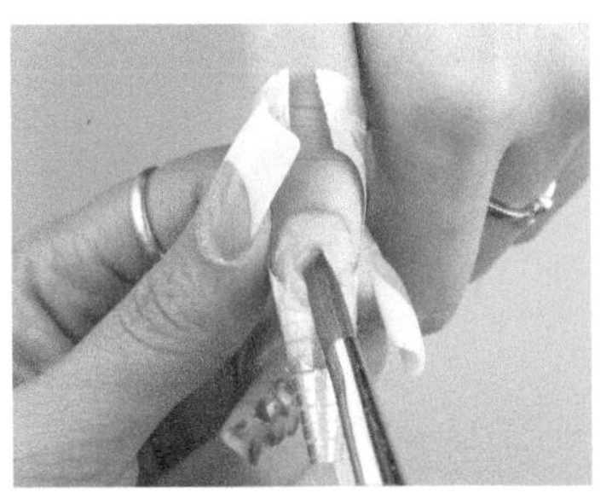

18　用沾满水晶液的水晶笔沾取适量的透明水晶粉，形成水晶酯放置在距离指甲后缘 1 毫米处，用笔向前缘方向轻拍，使指甲表面尽量光滑平整

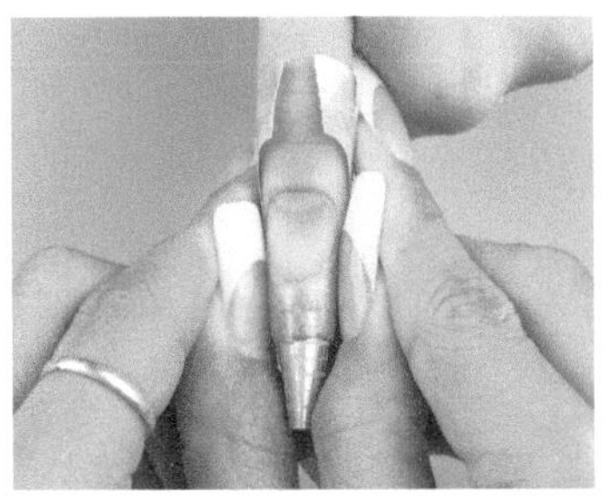

19　待水晶甲半干后，用双手拇指侧按在 A、B 两点处，均匀用力向中间挤压，使指甲形成自然 C 弧拱度

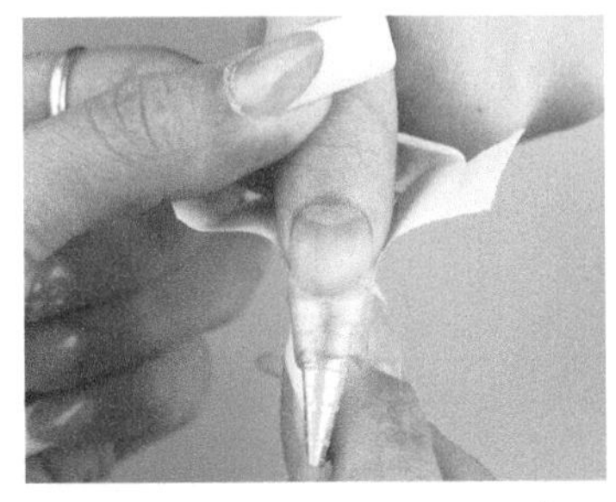

20　撕开纸托后缘，然后捏住纸托向下取出

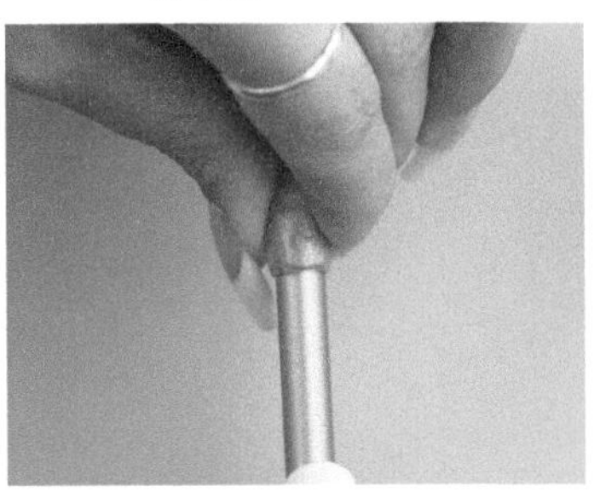

21　将塑型棒卡在指甲前缘下端并固定，用手指按住微笑线两侧，均匀用力向内捏，再次塑型与定型

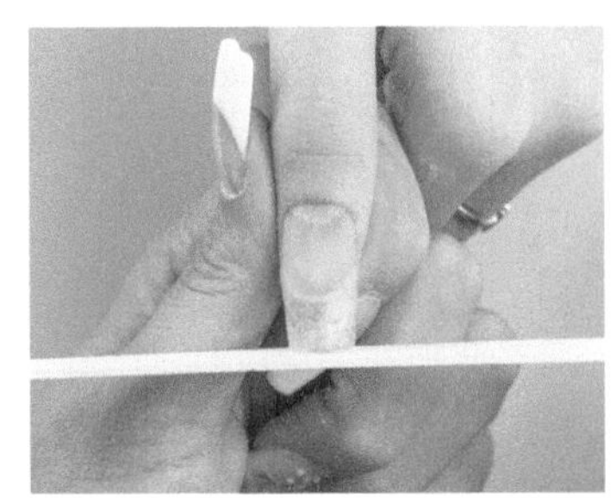

22　待水晶甲完全晾干后，用砂条修磨甲形，前端应横向修磨至直线

23-1

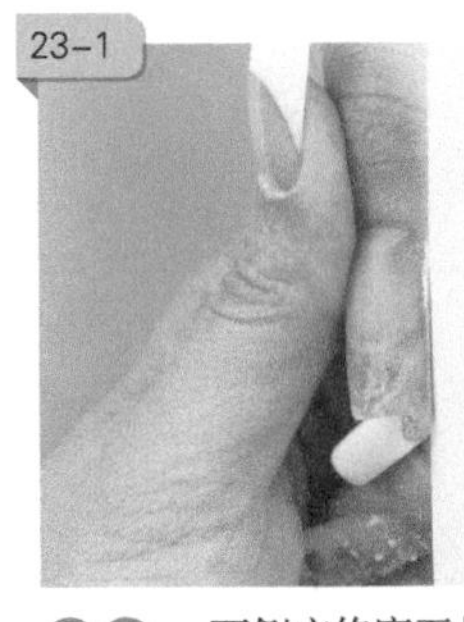

23-2

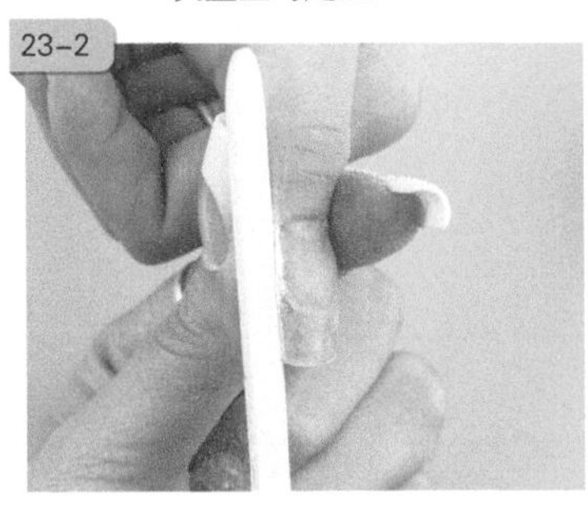

23　两侧应修磨至与本甲在同一直线上

24　用砂条打磨甲面，使表面平整并达到适宜的弧度、厚度

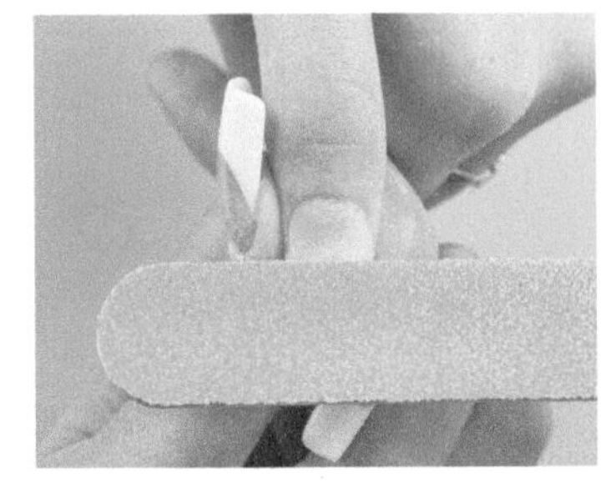

25　用海绵锉抛磨甲面，使甲面平整、光滑

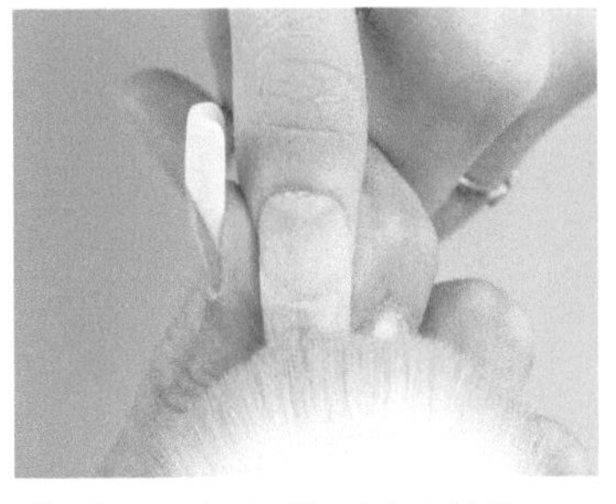

26　用粉尘刷扫除多余粉屑

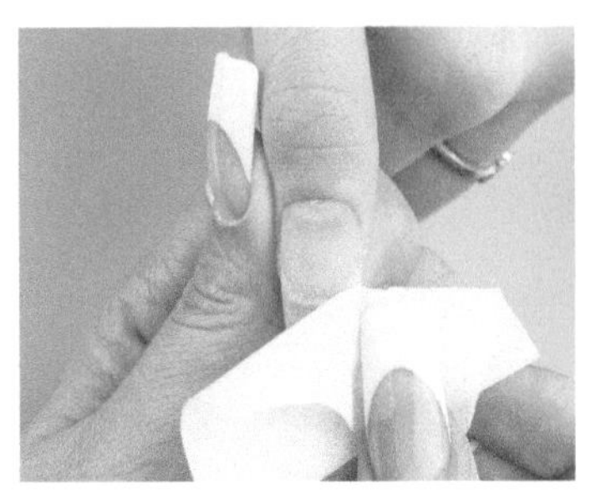

27　再用 75 度酒精清洁甲面

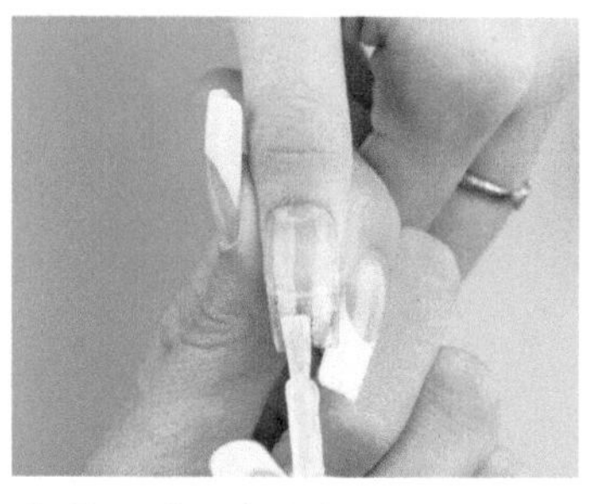

28 涂上免洗封层，照灯固化 90 秒

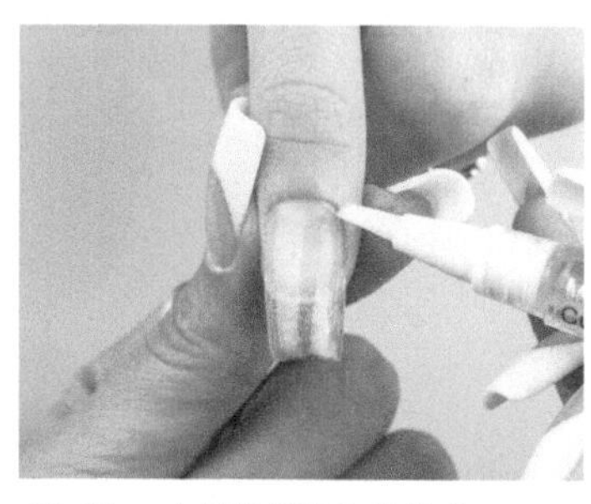

29 在甲缘处涂上营养油

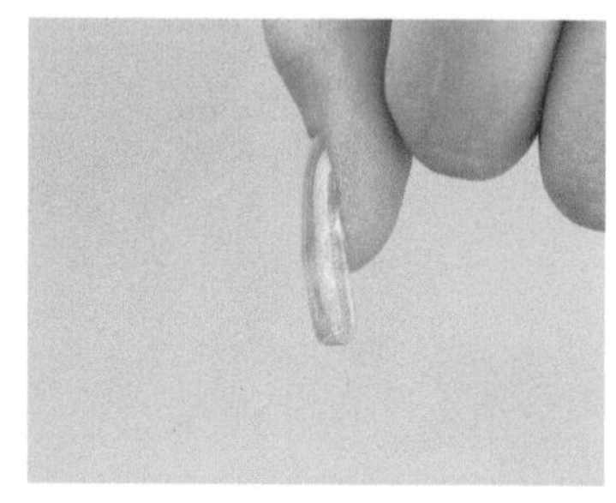

通过矫正后，甲面弧度自然，看上去更加美观

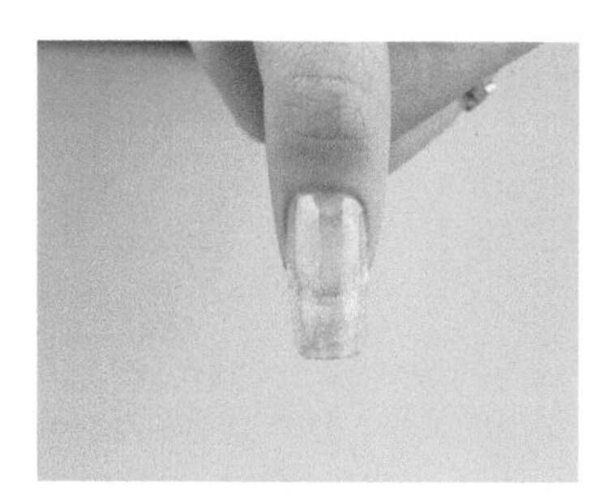

完成

知识便签

第 4 章
光疗甲

4.1 光疗延长的产品、工具
4.2 方形光疗延长
4.3 花式琉璃光疗延长甲
4.4 打磨机卸光疗甲的方法

一直以来，光疗甲深受大家喜爱。光疗甲的天然树脂材料健康无刺激，既不会损害指甲，更能有效矫正甲形，使指甲更加纤细动人。作为仿真延长甲，光疗甲相对水晶甲操作稍简单一些，在照灯前美甲师有充分的操作时间。而光疗甲与自然指甲一样有韧性，不易断裂，光泽度佳，是美甲师需要掌握的重要技术。光疗凝胶的主要原料是天然树脂，无毒无刺激而且有持久耐用、质感剔透的特点。通过紫外光线的照射引发固化反应，可以促使光疗凝胶凝固。

4.1 光疗延长的产品、工具

（1）纸托

纸托是延长、固定以及定型指甲时的辅助工具，如图 4–1 所示。

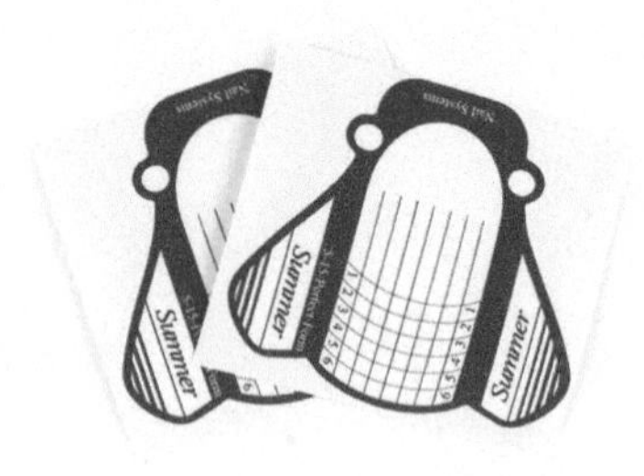

图 4–1 纸托

（2）光疗胶

光疗胶用于加固、延长、矫正甲形，如图 4–2 所示。

图 4–2 光疗胶

（3）光疗笔

光疗笔用于取光疗胶，并涂抹至甲面上，如图 4–3 所示。

图 4–3 光疗笔

图 4–4　光疗彩胶

（4）光疗彩胶

光疗彩胶用于做款式，需结合光疗胶使用，如图 4–4 所示。

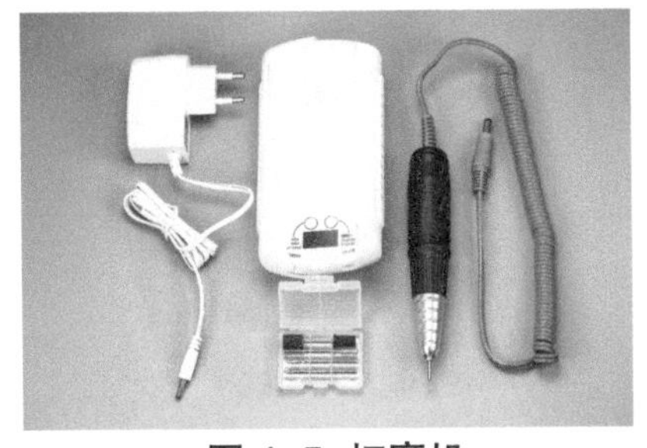

图 4–5　打磨机

（5）打磨机

打磨机需插电使用，用于卸除光疗甲，如图 4–5 所示。

知识便签

4.2 方形光疗延长甲

4.2.1 工具和材料

砂条、平口钳、纸托、光疗胶、海绵锉、底胶、75 度酒精、95 度酒精、光疗笔、粉尘刷、免洗封层。

4.2.2 制作步骤

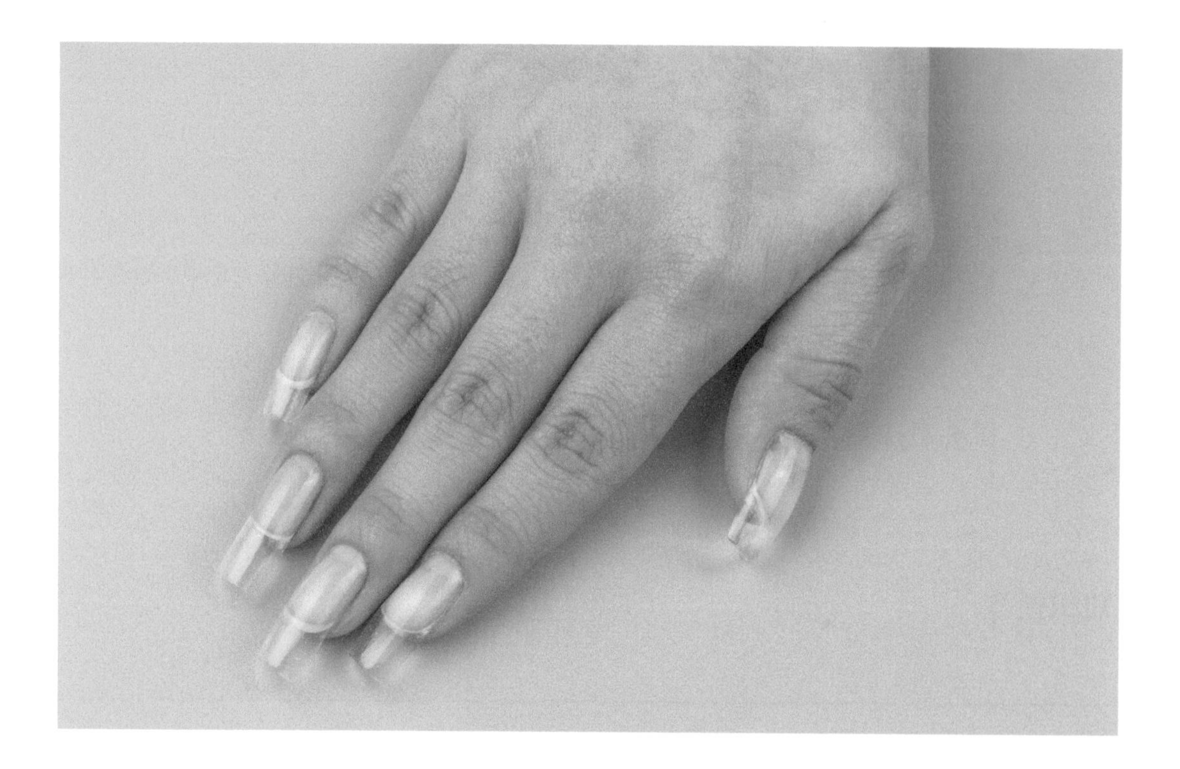

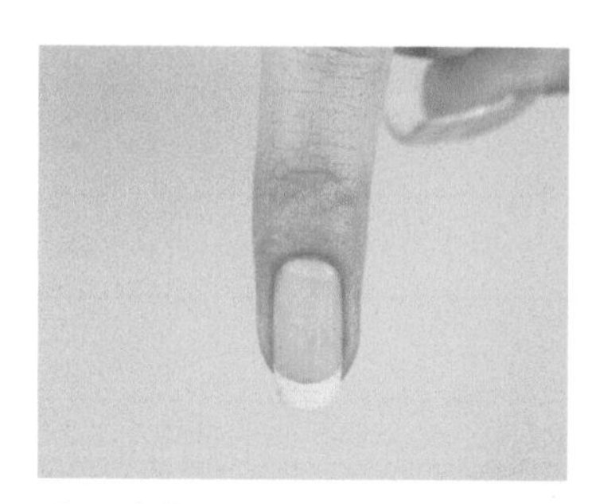

1 自然甲

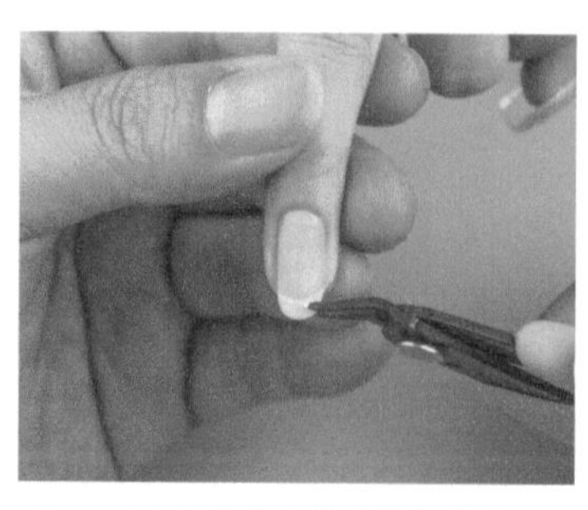

2 用平口钳剪去前端过长指甲

3 用薄款砂条修磨甲形

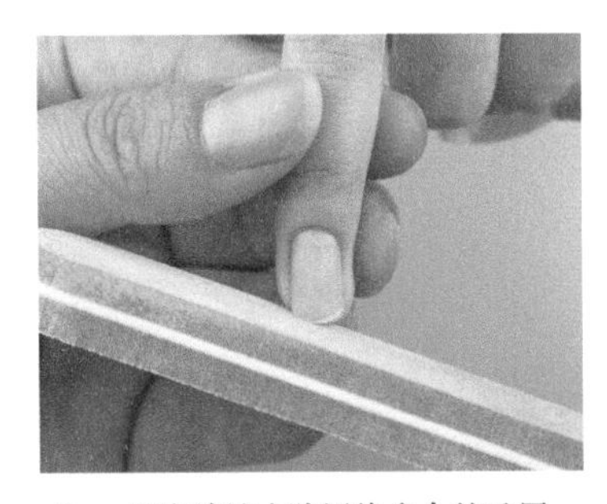

4　用海绵锉去除甲缘多余的毛屑

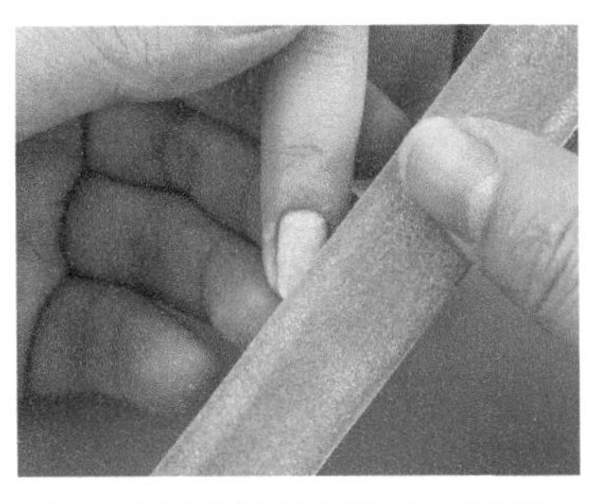

5　用砂条刻磨整个甲面至不光滑

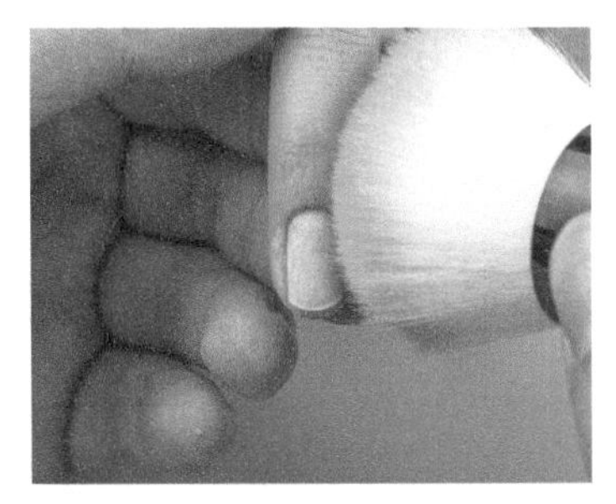

6　用粉尘刷扫除多余粉屑

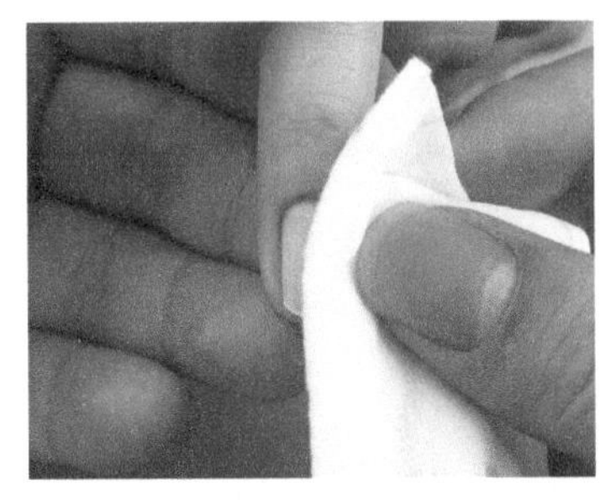

7　用 75 度酒精清洁甲面

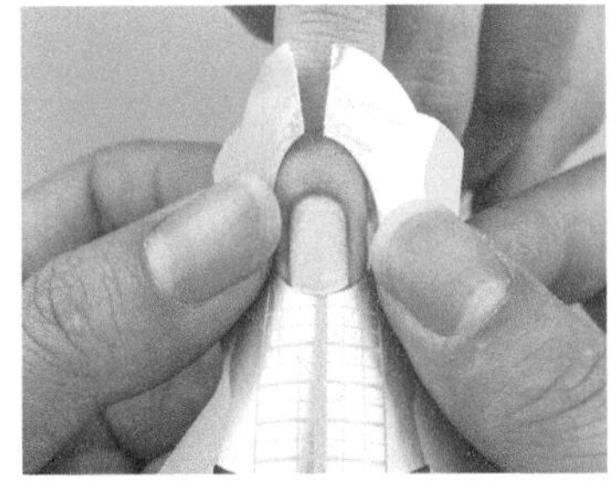

8　上纸托

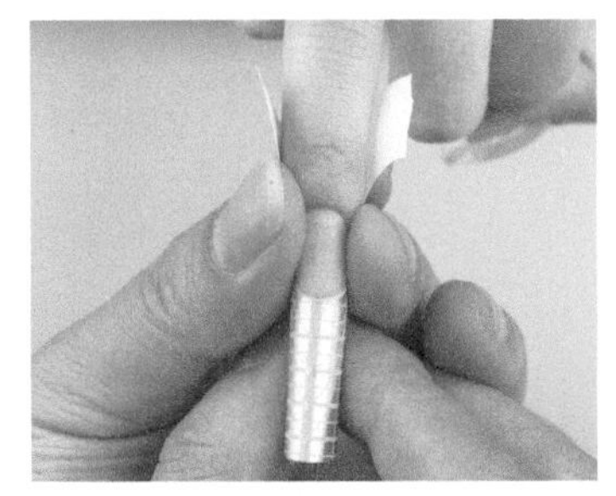

9　将纸托卡在指甲前缘下端，用两指于 A、B 点处向下压弯两端使其黏合

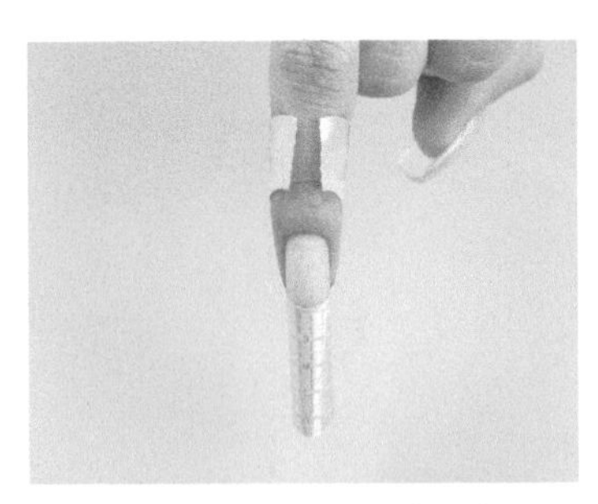

10　注意中心线与手指中心对齐，指甲前缘与纸托间不能有缝隙

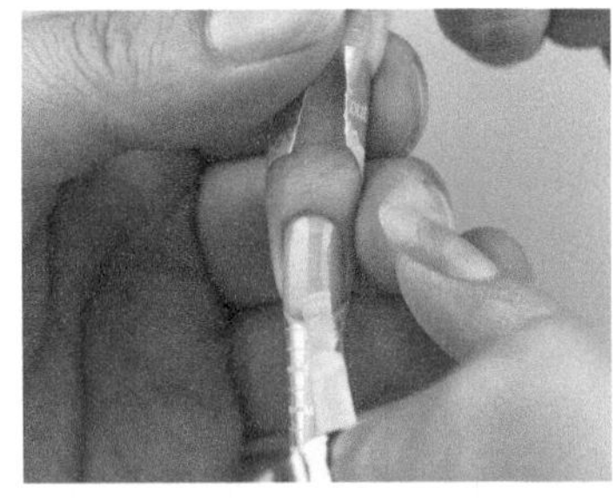

11　涂抹底胶，照灯固化 60 秒

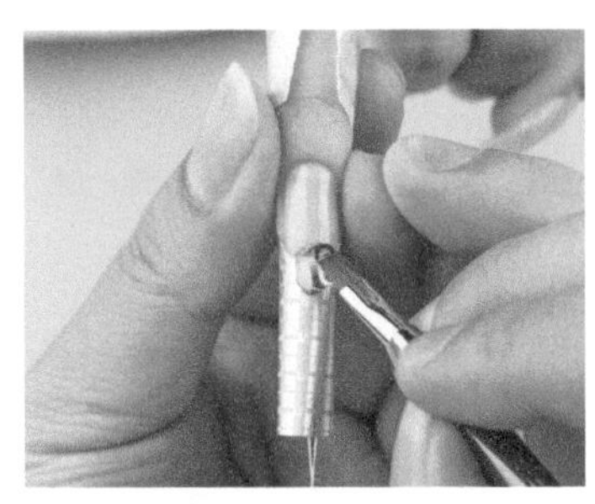

12　用光疗笔取适量的光疗胶

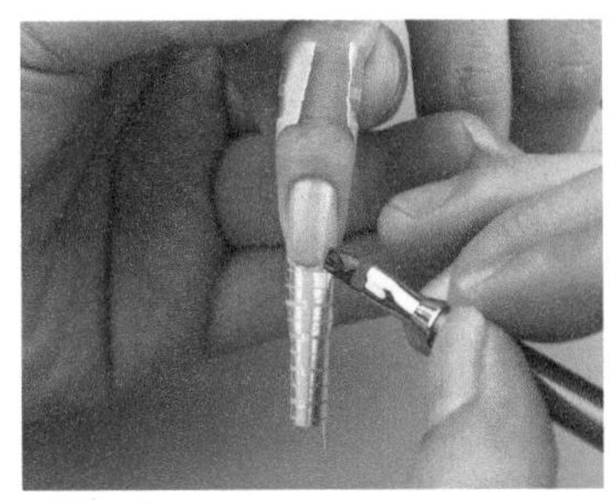

13　从指甲和纸托交界处开始，向延长方向以打圈的方式带动光疗胶，做出前缘甲形，照灯固化 60 秒

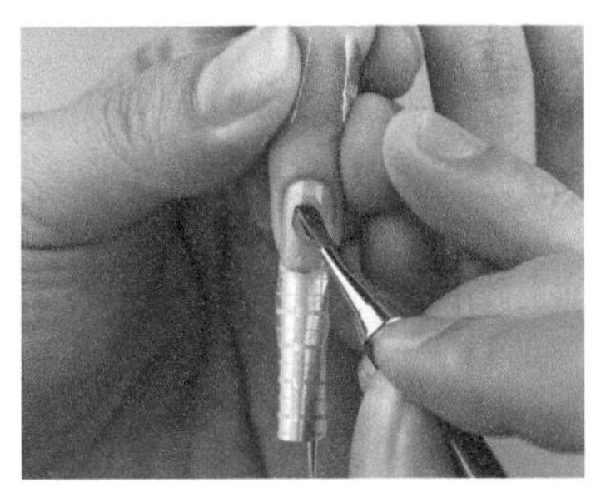

14　再取出适量光疗胶放在离指甲后缘 1 毫米处

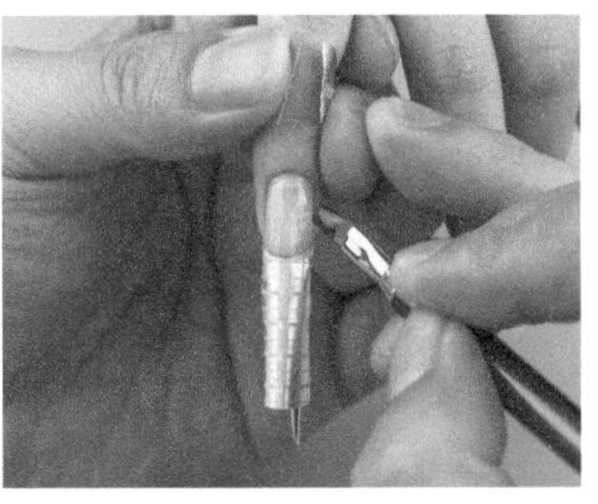

15　往前缘方向带动，照灯 30 秒至半固化状态

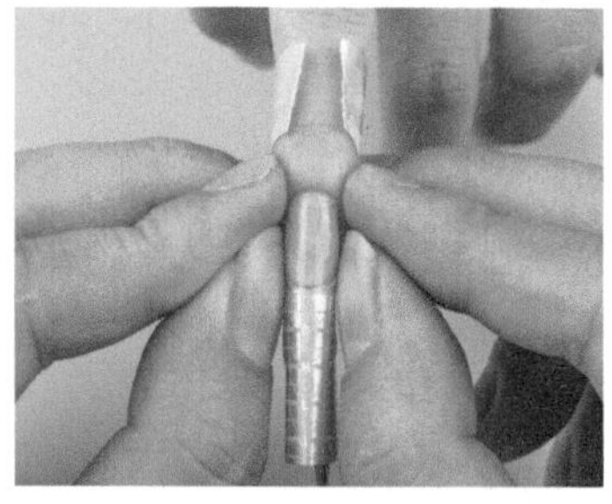

16 用双手拇指稍微挤压 A、B 两点，辅助甲面形成自然的 C 弧拱度，照灯固化 60 秒

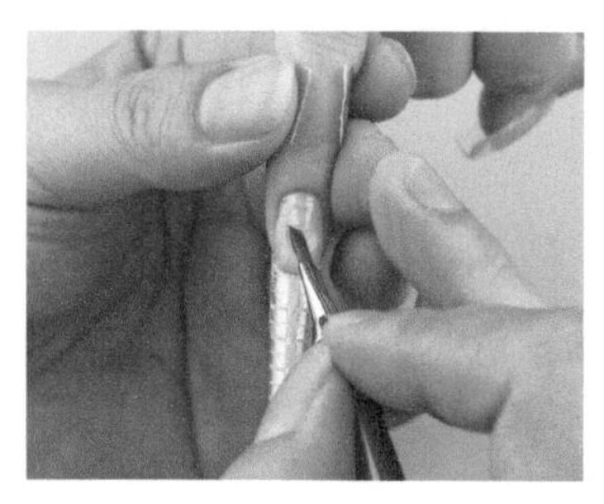

17 涂抹光疗胶，做出合适的厚度与弧形，照灯固化 60 秒

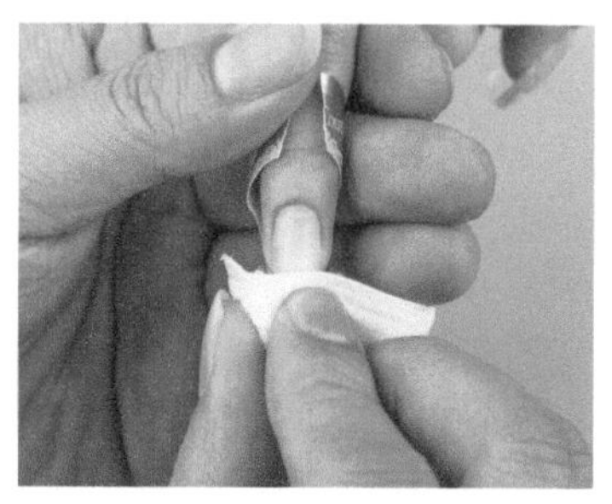

18 用 95 度酒精擦拭甲面浮胶

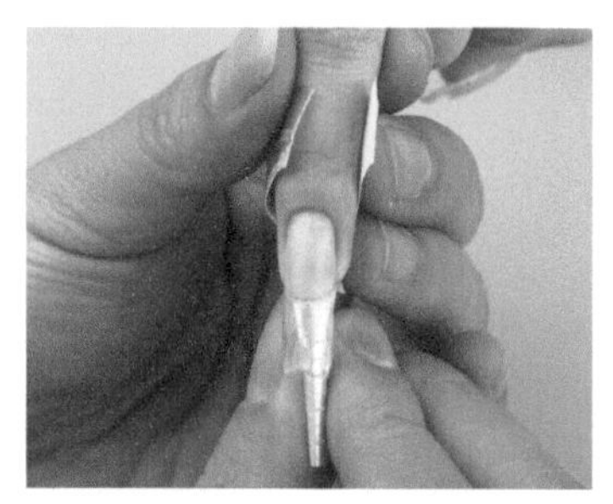

19 撕下纸托后缘，然后捏住纸托向下取出

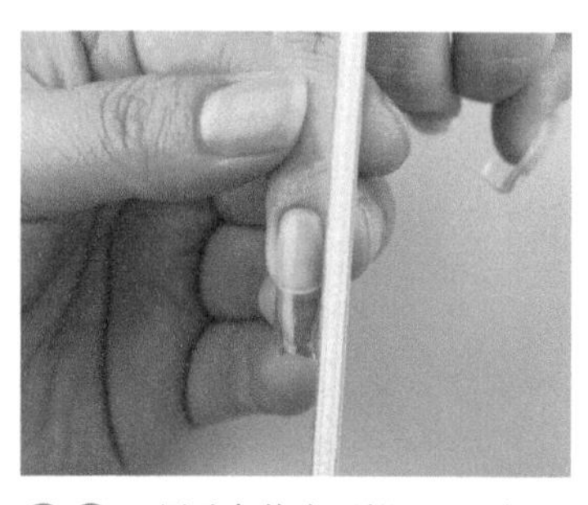

20 用砂条修磨两侧，至两侧甲形平行

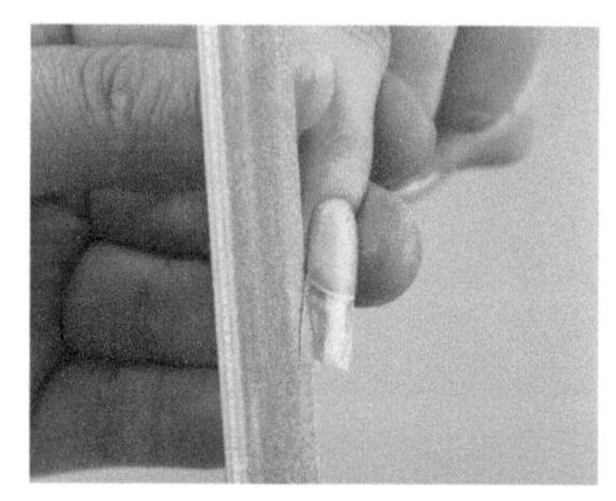

21 将侧面多余部分修磨至与本甲在同一直线上

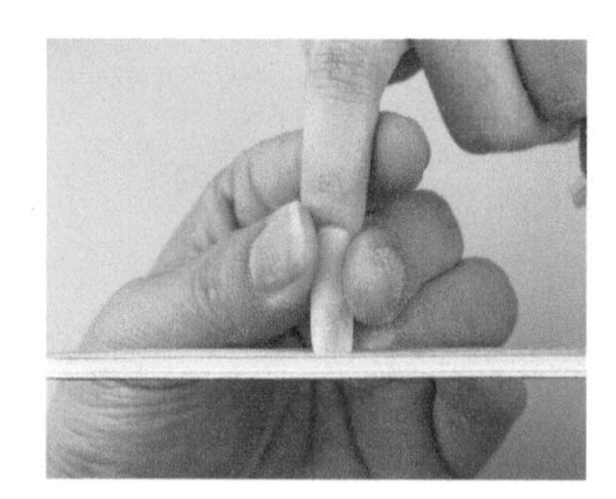

22 用砂条横向修磨指甲前端，使前端与两侧垂直

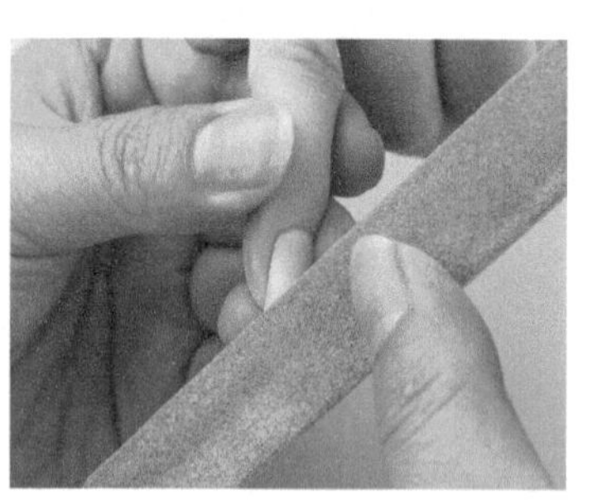

23 打磨整个甲面，使甲面平整且达到合适薄度与弧度

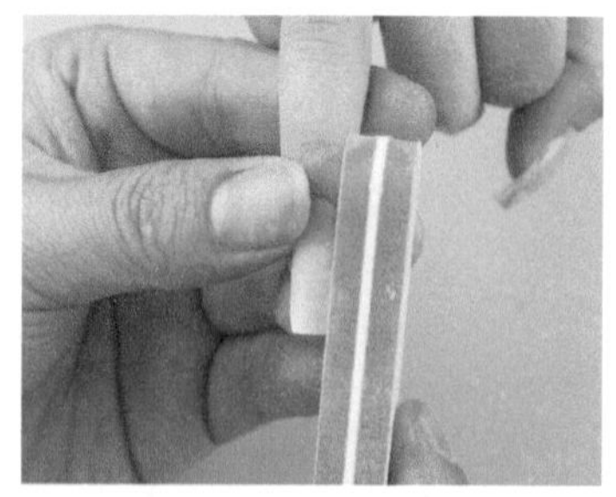

24 用海绵锉轻轻抛磨甲面

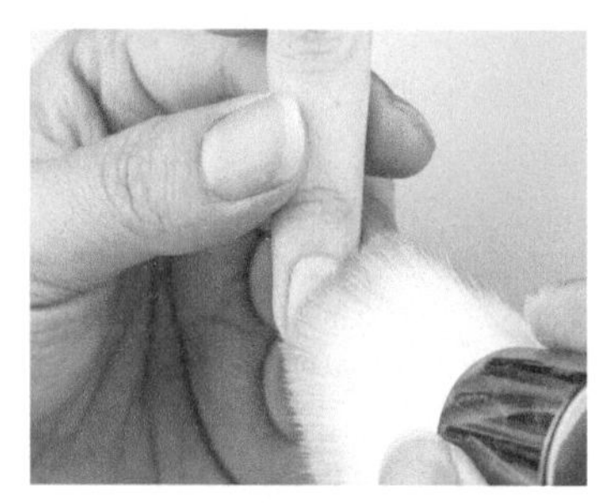

25 用粉尘刷扫除多余粉屑

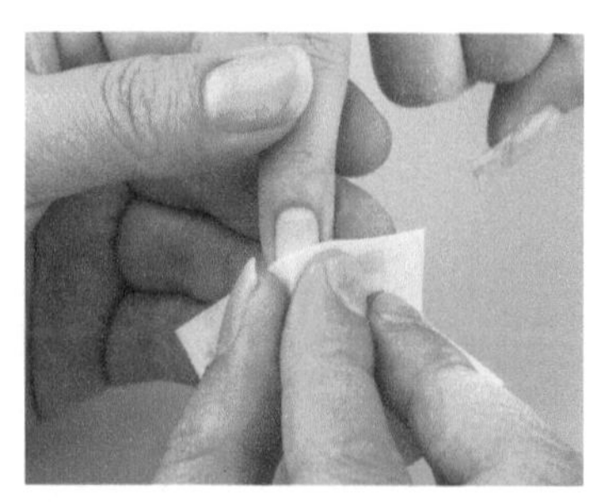

26 用 75 度酒精清洁甲面

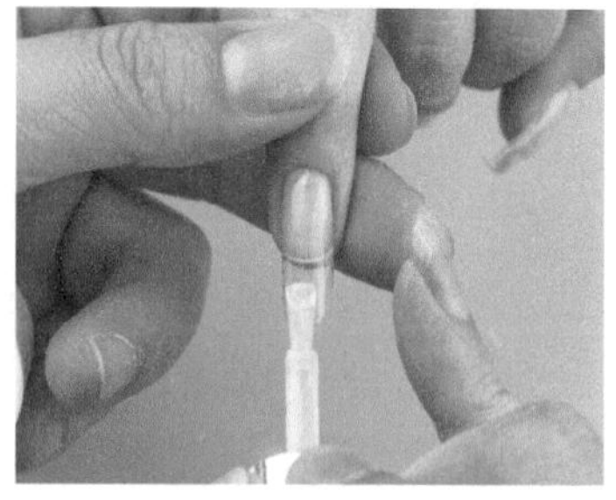

27 涂抹免洗封层，照灯固化 90 秒，完成

4.3 花式琉璃光疗延长甲

4.3.1 工具和材料

砂条、底胶、锡纸、双面胶、粉尘刷、蓝色琉璃胶、黄色琉璃胶、玫红色琉璃胶、免洗封层、75 度酒精、95 度酒精、纸托、光疗笔、海绵锉。

4.3.2 制作步骤

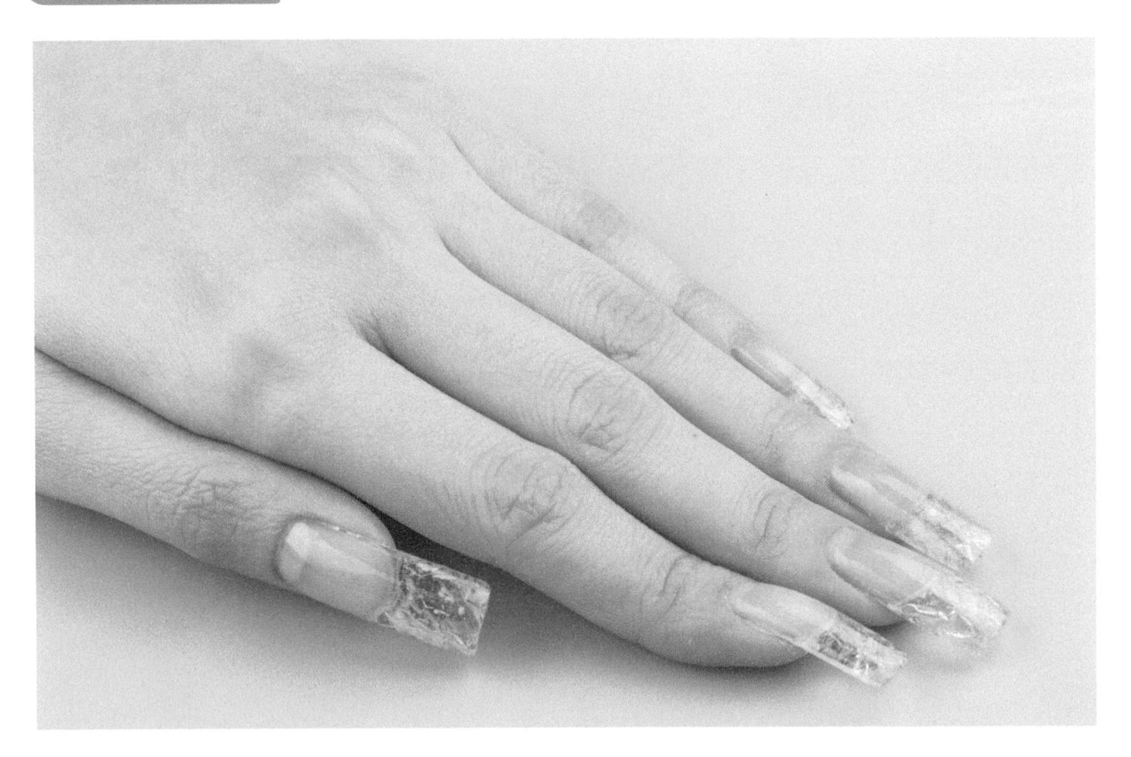

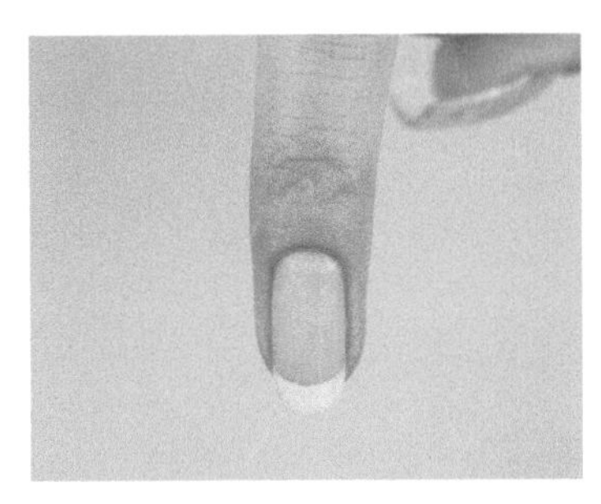

1　自然甲

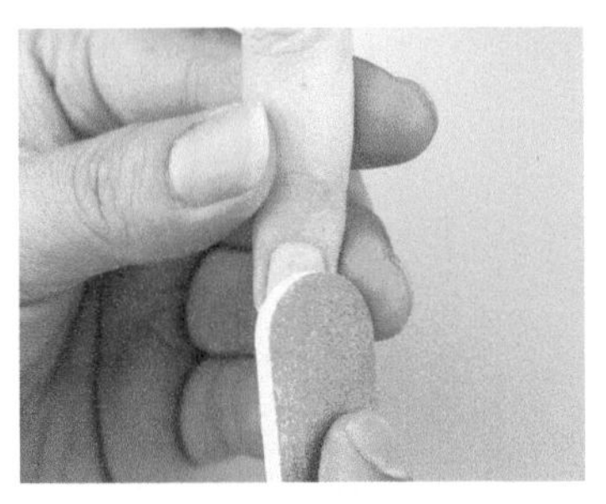

2　用砂条刻磨甲面至不光滑

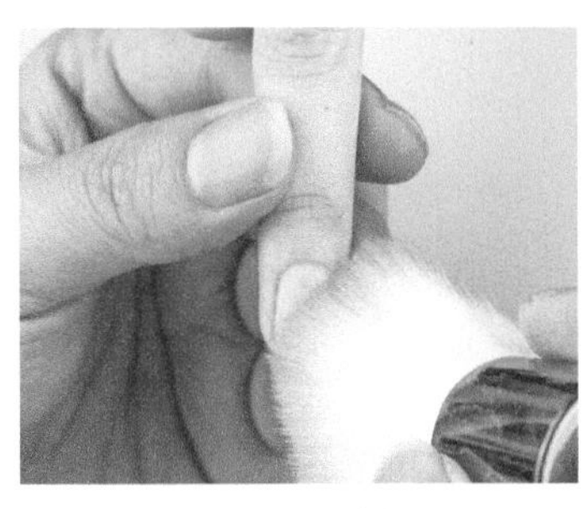

3　用粉尘刷扫除多余粉屑

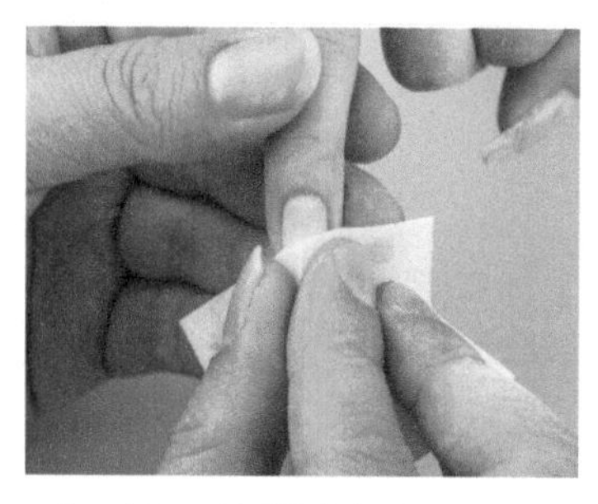

4　用 75 度酒精清洁甲面

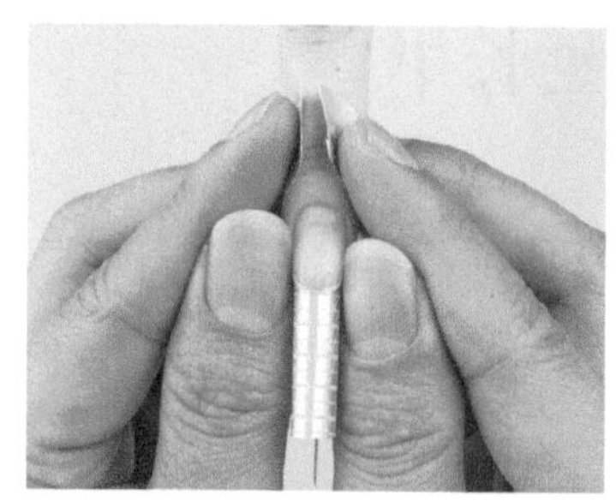

5　将纸托卡在指甲前缘下端，用两指于 A、B 两点处向下压弯两端使其黏合

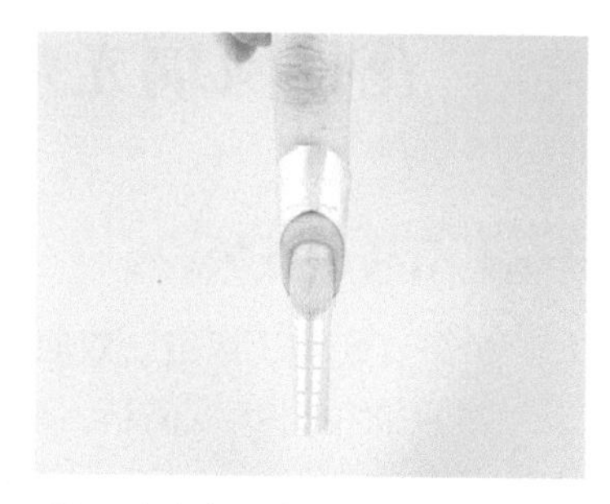

6　注意中心线要与手指中心对齐，指甲前缘与纸托间不能有缝隙

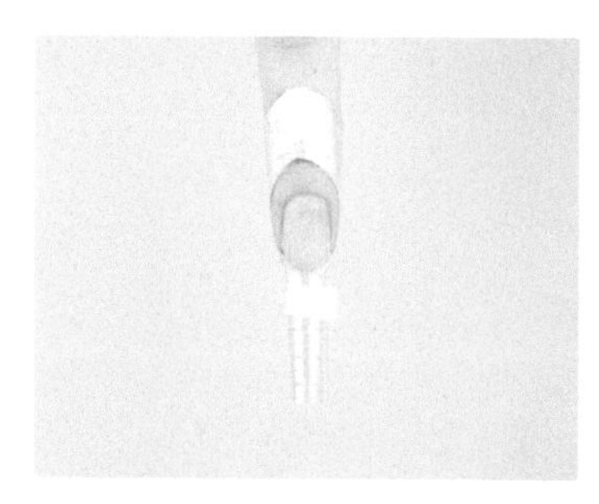

7　在纸托上贴双面胶

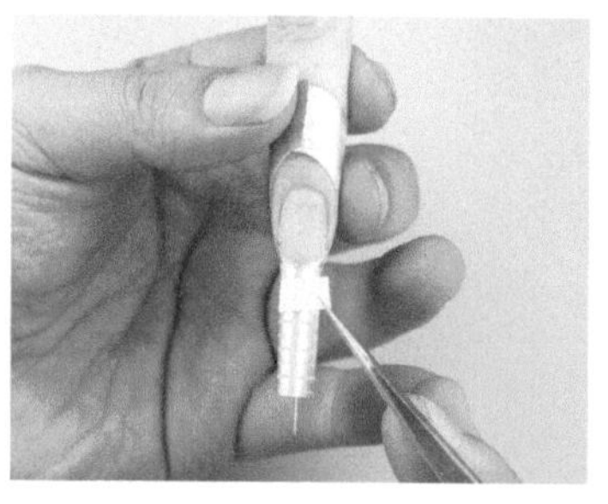

8　用镊子调整双面胶于延长的位置

9　取出适量锡纸，揉皱

10　将锡纸贴在纸托上方并卡在指甲前缘下端

11　均匀涂上底胶，照灯固化 60 秒

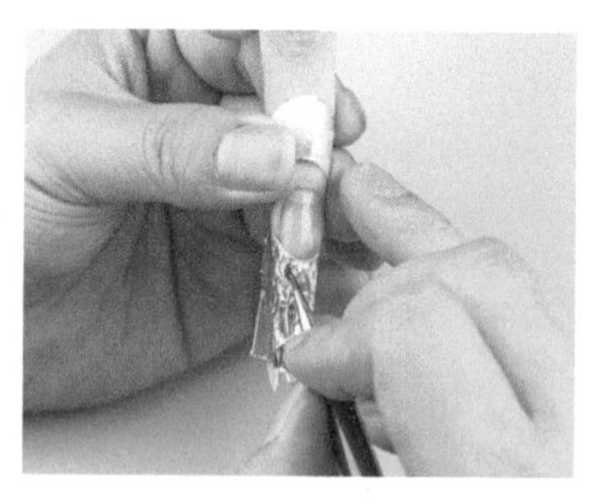

12　用光疗笔取适量蓝色琉璃胶，涂抹在指甲前端并进行适当的延伸

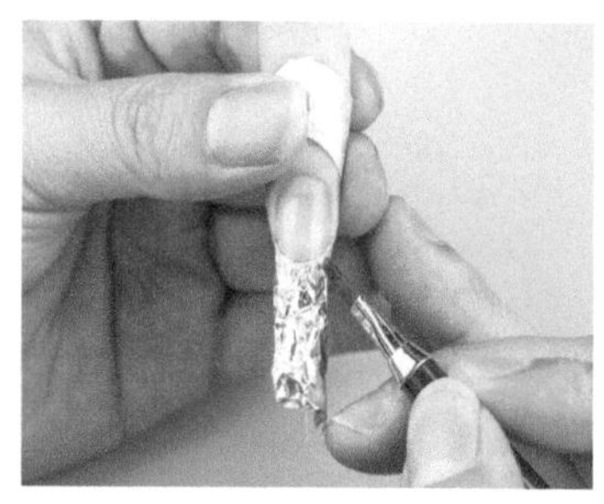

13　清洁光疗笔后再取适量玫红色琉璃胶，涂抹在指甲前端

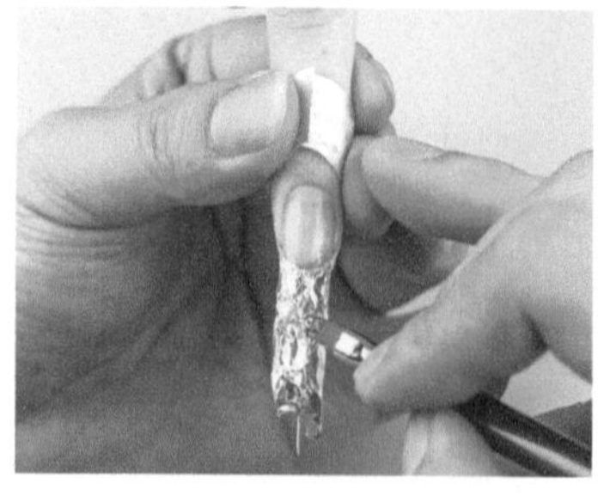

14　再用黄色琉璃胶涂抹在指甲前端，三种颜色交接处要稍稍融合，照灯固化 60 秒

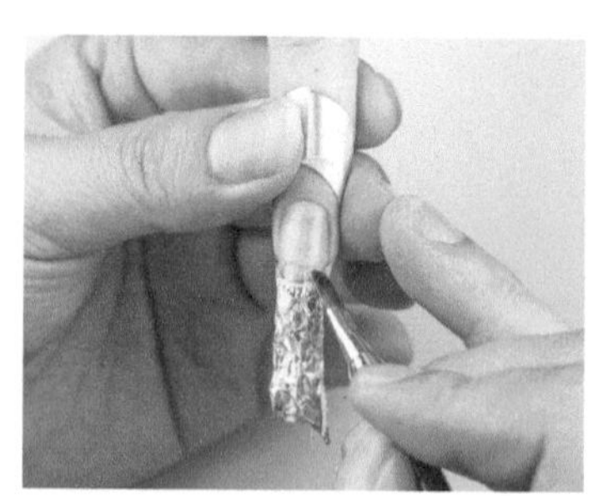

15　取适量光疗胶，涂抹在结合处，使本甲与延长部分连接，照灯 30 秒至半固化

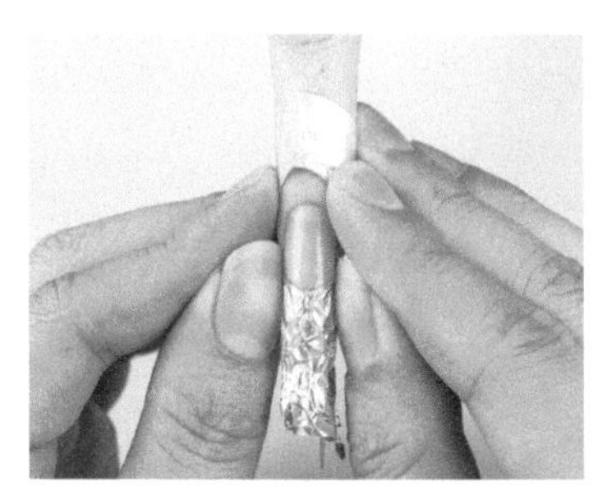

16 用双手拇指侧按在甲面两侧的A、B点上，均匀用力向内挤压，使指甲形成自然C弧，照灯固化60秒

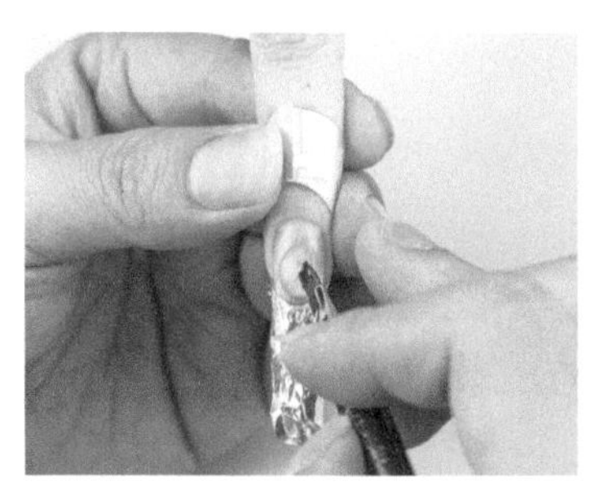

17 再取适量光疗胶放在甲面上，均匀涂抹出合适的甲面弧度与厚度，照灯固化60秒

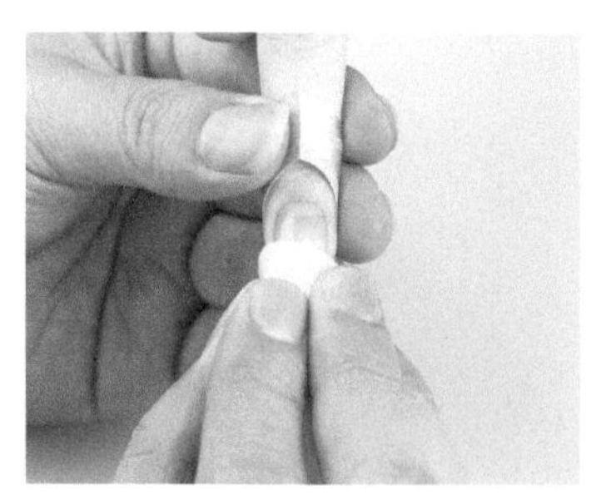

18 用95度酒精擦拭甲面浮胶

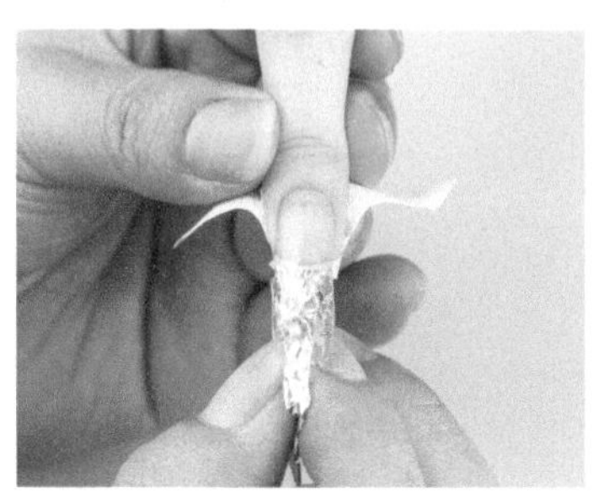

19 撕下纸托后缘，然后捏住纸托向下取出

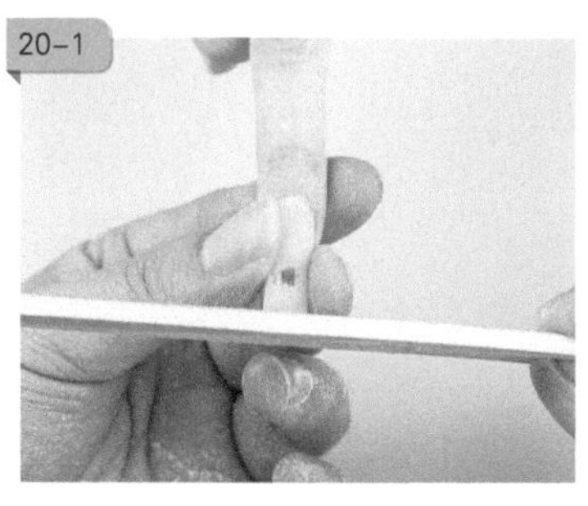

20-2

20 修磨甲形，用砂条将指甲前端横向修磨至直线、两侧修磨至平行

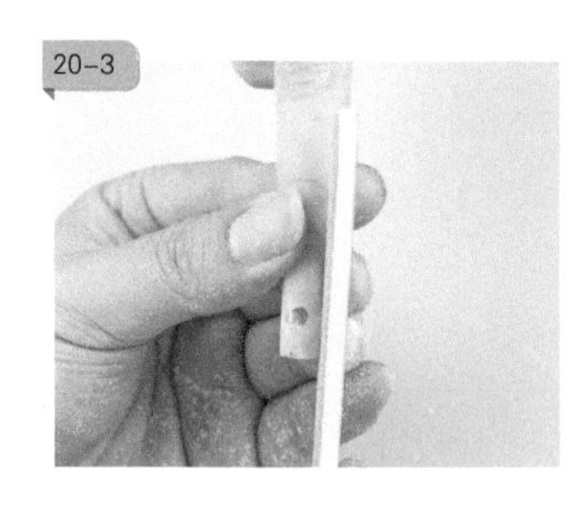

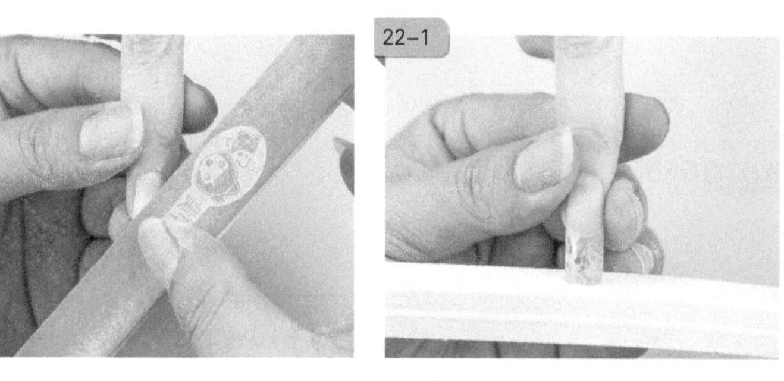

21 用砂条打磨甲面使甲面平整，并达到适宜的弧度、厚度

22 用海绵锉修磨指甲前端与两侧

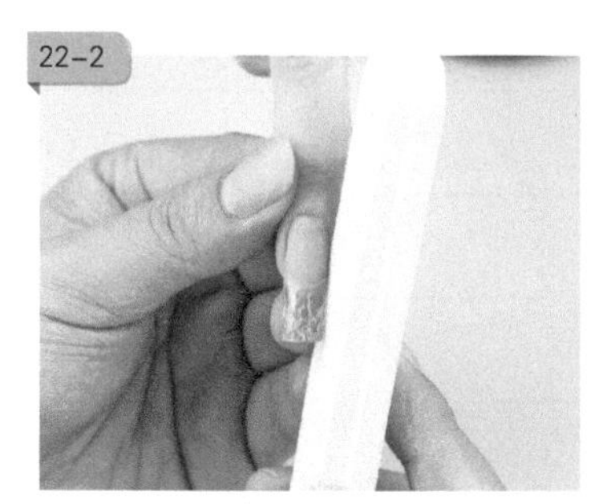

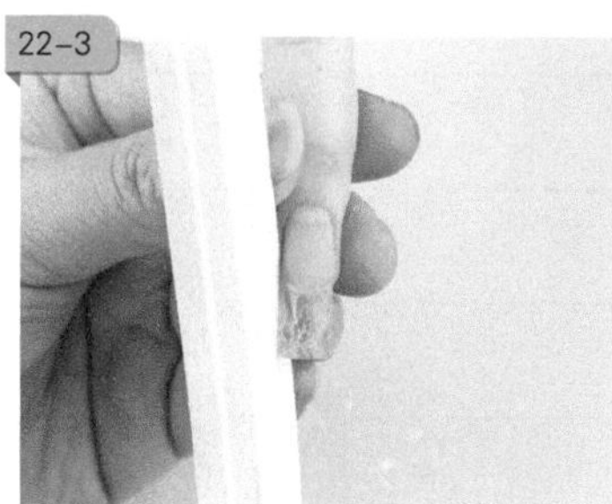

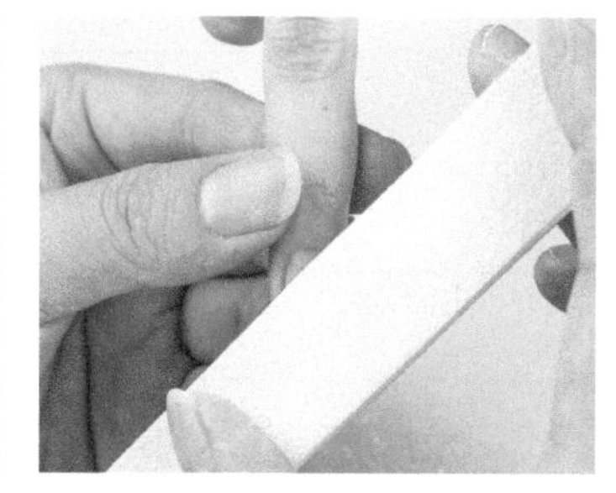

23 用海绵挫打磨甲面，使甲面平整、光滑

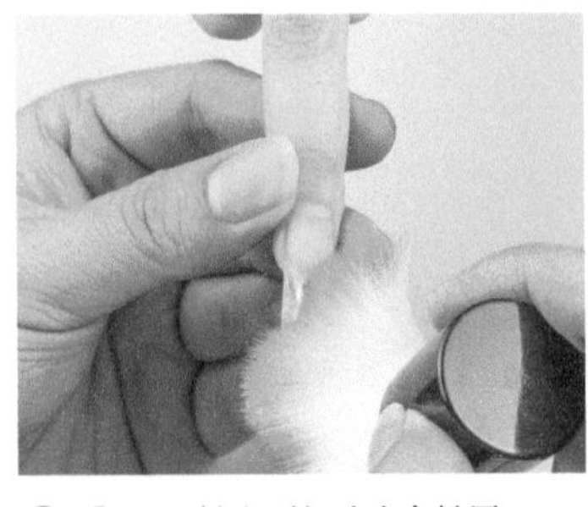

24 用粉尘刷扫除多余粉屑

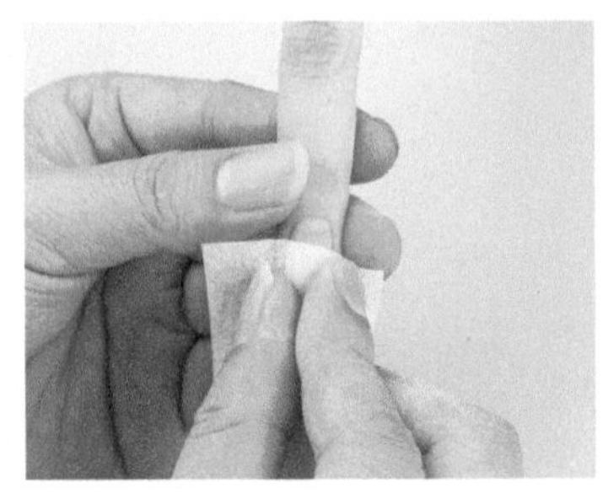

25 用75度酒精清洁甲面

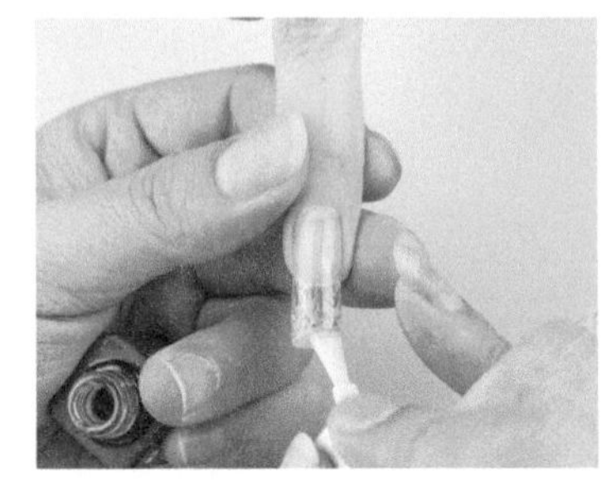

26 涂抹免洗封层，照灯固化90秒

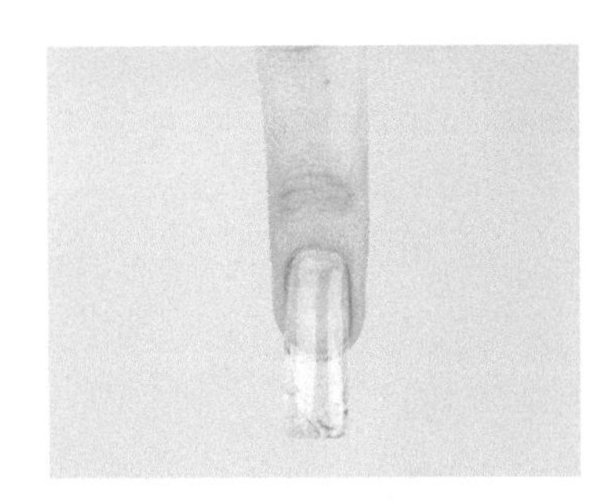

完成

知识便签

4.4 打磨机卸光疗甲的方法

4.4.1 工具和材料

死皮推、打磨机、砂条、粉尘刷、锡纸、卸甲水、棉花。

4.4.2 制作步骤

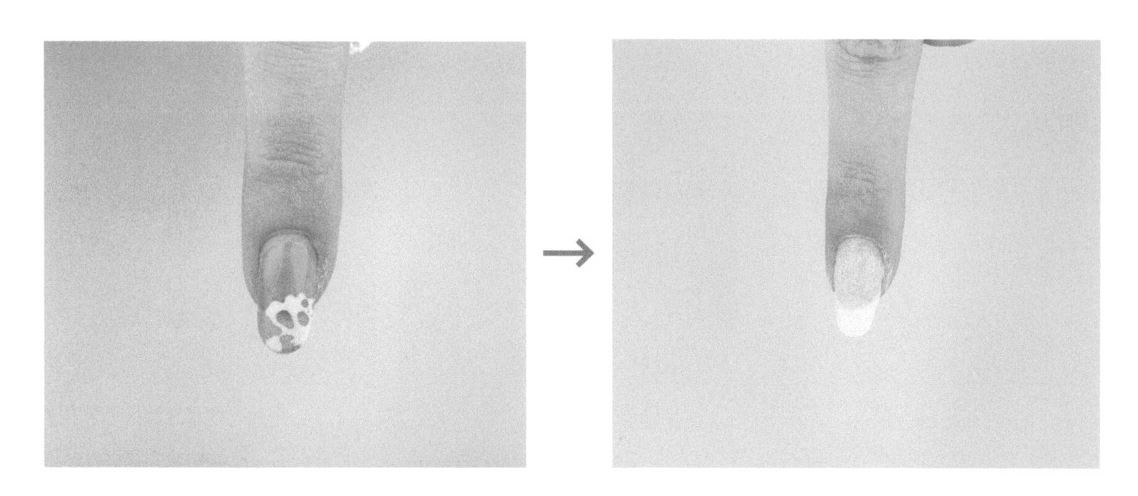

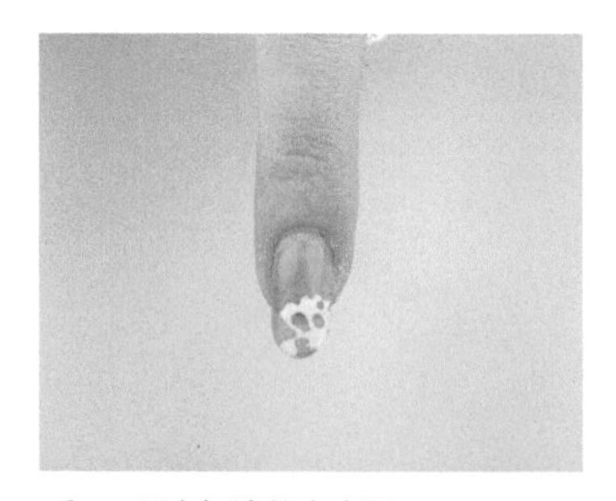

1 还未卸除的光疗甲

2 用打磨机轻轻打磨甲面光疗胶，控制打磨的力度与角度，避免伤及本甲

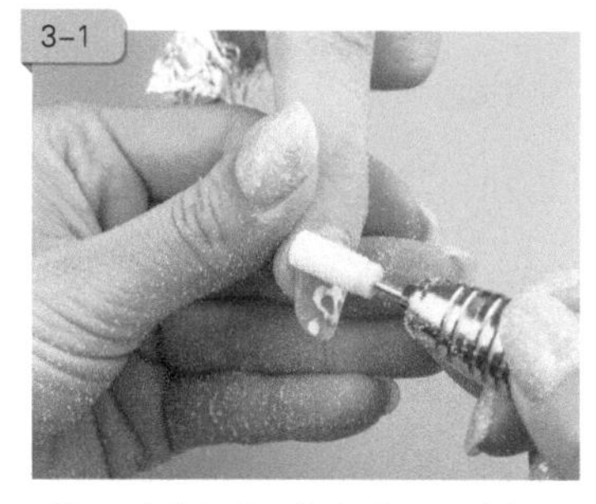

3 注意左右两侧与指甲后缘都应适当打磨

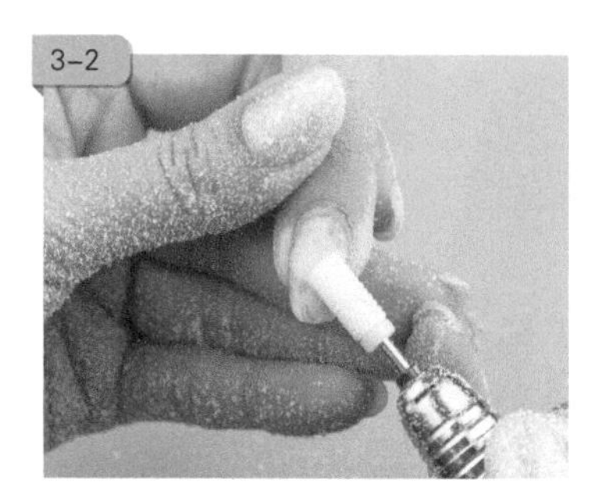

4 用砂条轻轻打磨残余光疗胶，至甲面上无明显色块

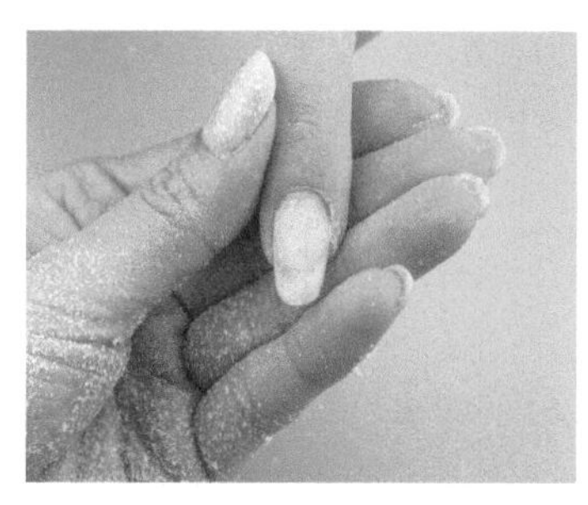

5 打磨后甲面上还残余一层薄薄的光疗胶

6 用粉尘刷扫除多余粉屑

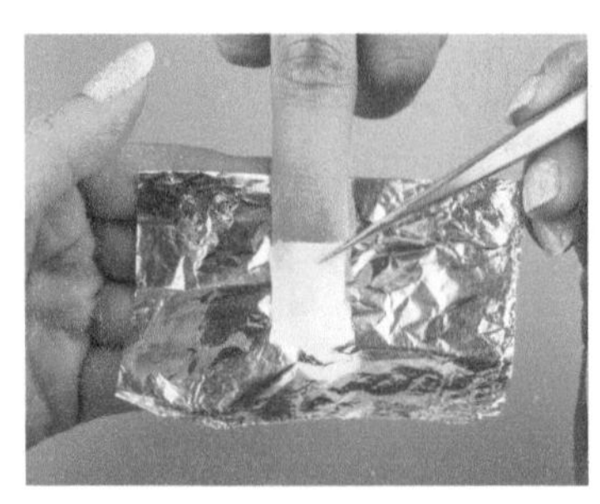

7 用镊子把沾有足量卸甲水的棉花放在甲面上，注意棉花要完全覆盖甲面

8–1

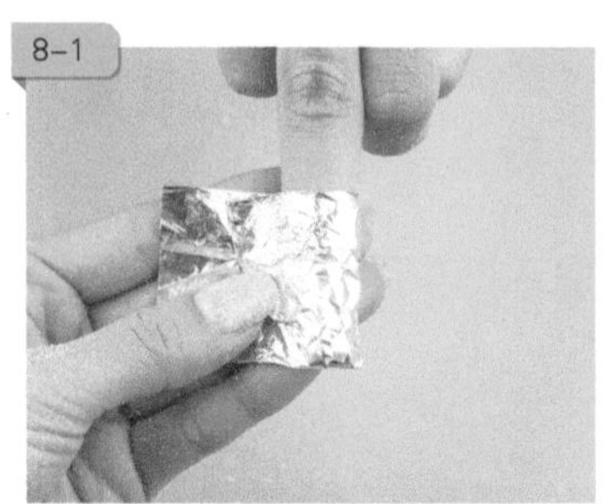

8 用锡纸将棉花包裹起来，注意密封好，等待 10~15 分钟

8–2

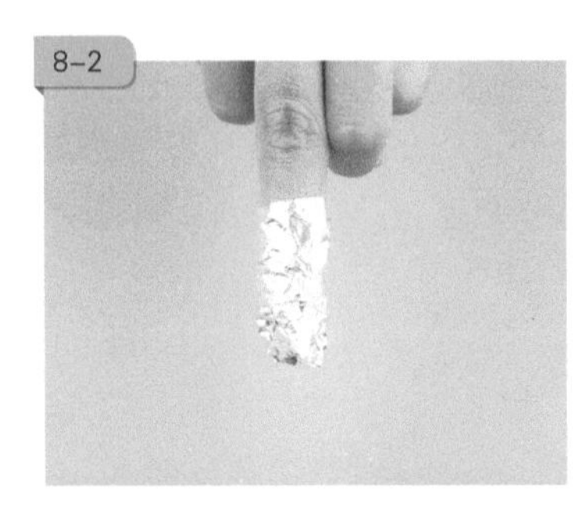

9 用镊子将棉花取出

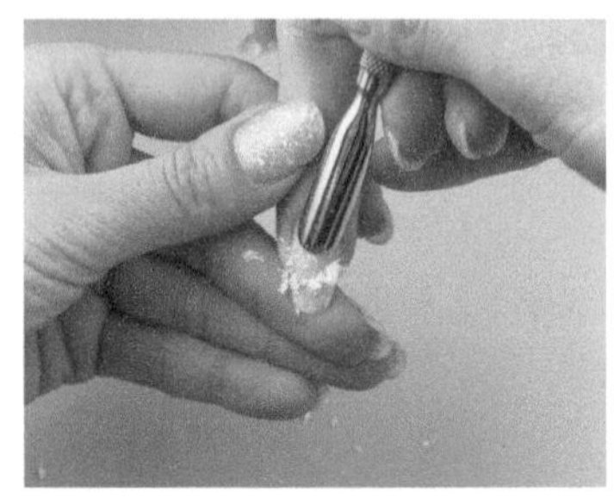

10 用死皮推轻轻推除已软化的光疗胶

11–1

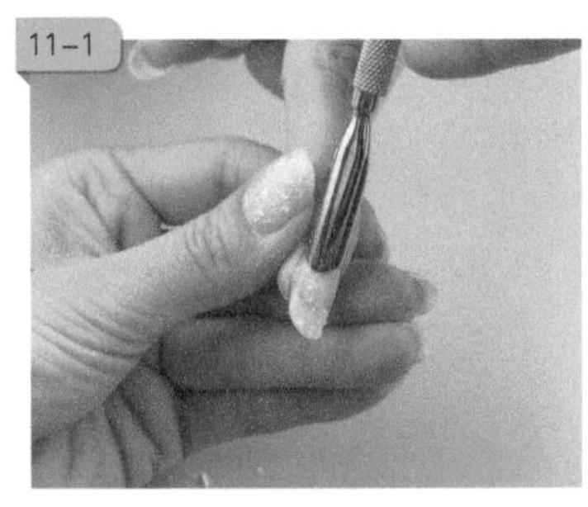

11–2

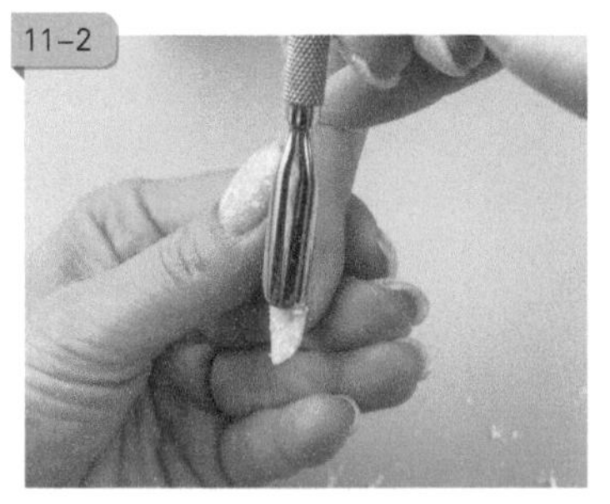

11 注意指甲两侧也要推除到位

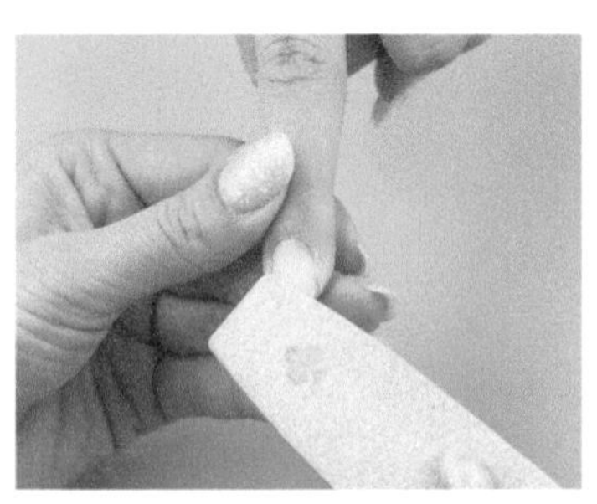

12 用砂条细面轻轻打磨甲面残余的少量光疗胶

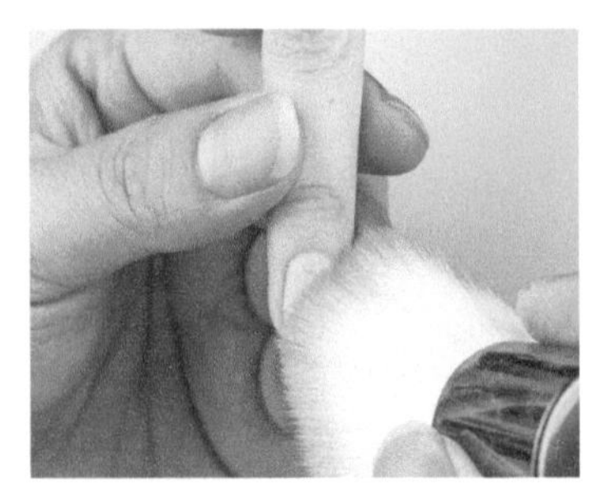

13 用粉尘刷扫除多余粉屑

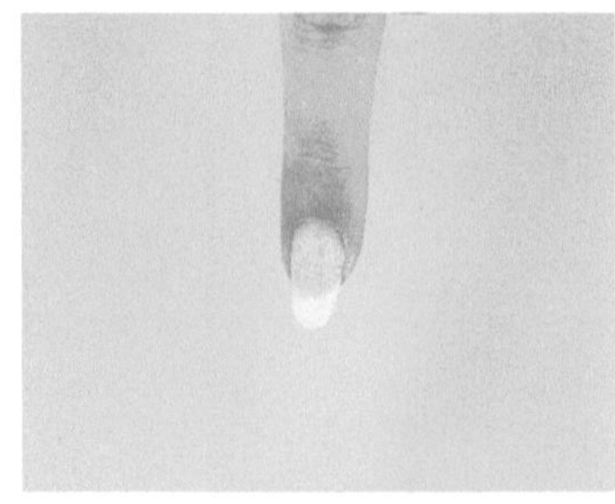

完成

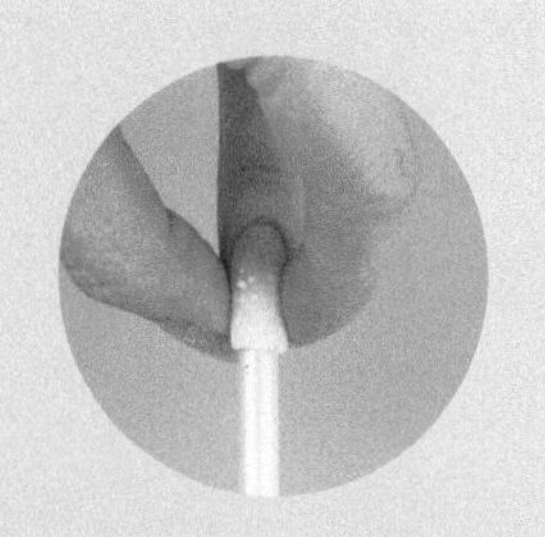

第5章 光疗甲与水晶甲的区别

5.1 光疗甲与水晶甲的区别及优劣势
5.2 光疗甲与水晶甲的保养

水晶甲与光疗甲常常被人混淆，到底什么是水晶甲，什么是光疗甲，它们各自的优缺点是什么？作为美甲师应该从顾客的指部健康情况与顾客的爱好出发，选择最适合客人的美甲技法，让顾客更加安心与放心地选择美甲服务。

5.1 光疗甲与水晶甲的区别及优劣势

5.1.1 光疗甲和水晶甲的区别

水晶甲和光疗甲分别如图 5-1 和图 5-2 所示。

图 5-1 水晶甲

图 5-2 光疗甲

水晶甲与光疗甲的区别见表 5-1。

表 5-1 水晶甲与光疗甲的区别

项目	水晶甲	光疗甲
主成分	**水晶树脂** （水晶粉：二氧化硅） （水晶液：甲基丙烯酸酯的单体）	**聚氨酯树脂** **丙烯酸酯聚合物** 交联剂等
固化体系	**以粉液混合为起点的化学性固化反应**（自由基聚合）常温化学聚合	**以光照射为起点的化学性固化反应**（自由基聚合）光聚合
固化物特征	**强韧**（黏性强） 各厂商会添加主要成分以外的材料，来加强柔软性等各项功能 **高持久性** （低吸水性、低黄变性、低着色性）	**柔软**（高弯曲性） **较低持久性**（高吸水性、高黄变性、高着色性） 选择添加主成分以外的水晶聚合物来增强持久性

5.1.2 光疗甲与水晶甲的优劣势

无论光疗甲还是水晶甲，制作前都要进行基础手部护理，如图 5-3 所示。从制作时间上看，光疗甲和水晶甲总的制作时间都差不多，不同的款式所用时间不一，大约一双手在 1 ~ 2 小时之间。

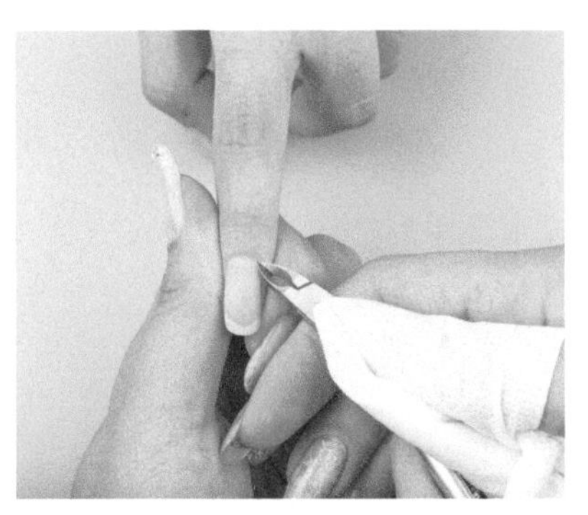

图 5-3 基础手部护理

水晶甲与光疗甲的优劣势见表 5-2。

表 5-2 水晶甲与光疗甲的优劣势

项目	水晶甲	光疗甲
优势	（1）固化时间短 （2）塑形能力强，不反弹，能做出比较完美的 C 弧 （3）可用于部分异形甲重新塑型	（1）维持时间长 （2）耐紫外线照射，不易发黄变脆 （3）流动性强，新手容易掌握 （4）颜色多样，分透明与实色两种类别
劣势	（1）制作时水晶液会有刺激性气味 （2）颜色上不能做出过于透明的效果 （3）做出的甲面不会很平滑，以至于需要打磨与抛光才能提高甲面亮度 （4）空气中的氧分与水分会使水晶甲发生氧化反应，从而变脆	（1）较难塑型且塑型后可能反弹 （2）需要照灯才可固化

5.2 光疗甲和水晶甲的保养

大部分顾客在做完光疗甲或水晶甲后都不大注意指部的保养，更有一部分顾客认为光疗甲或水晶甲在甲面停留的时间越长越好，其实这都是不科学的。因此，作为美甲师应该提醒与建议顾客做好日常的保养工作，让顾客指部保持健康与美丽。

（1）加强指缘的修护保养

美甲师为客人做完光疗甲或水晶甲后，应在客人指缘上涂抹营养油，避免皮肤干裂。此外还应提醒客人多擦指缘油与手霜保养手部，减少角质与倒刺的生长（图5-4）。

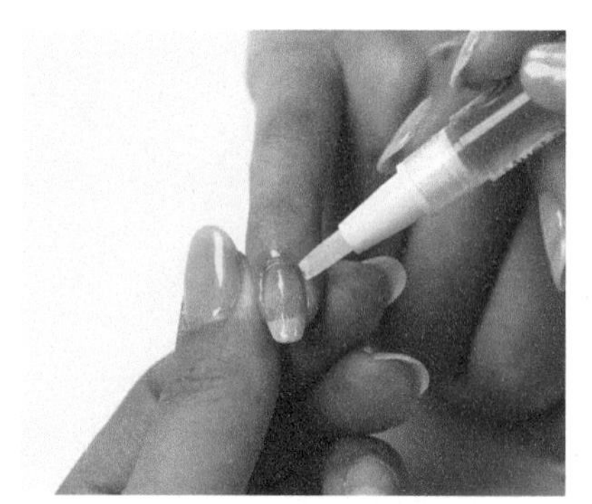

图5-4 保养手部

（2）改变用手习惯

美甲师应鼓励客人养成良好的用手习惯，用指腹代替指尖直接用力，否则新做的水晶甲或光疗甲有可能因外力撞击而出现断裂（图5-5）。

图5-5 爱护指尖

（3）做家务时戴手套

在做完光疗甲或水晶甲后，美甲师应提醒客人日常家务劳动中最好戴上手套，这样不仅能防止指甲断裂，还可避免受生活用品中碱性化学试剂的腐蚀，使光疗甲或水晶甲出现变黄、变脆、褪色等情况（图5-6）。

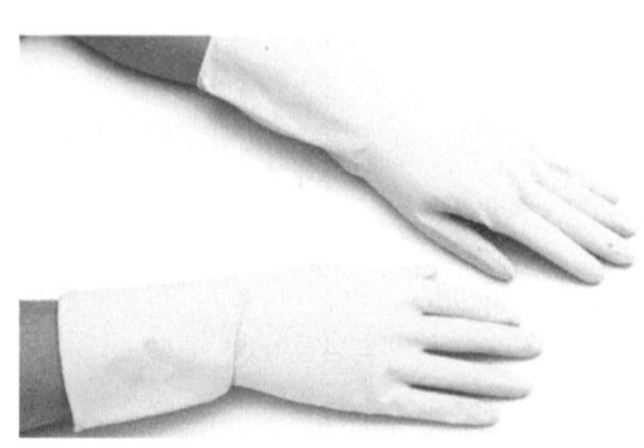

图5-6 常戴手套

图 5–7 勤加清洁

（4）注重指甲的清洁工作

许多客人都会留较长的指甲，而指甲前缘下的指芯处容易藏垢，所以美甲师应提醒客人注重指甲的清洁工作，每晚洗脸时最好用牙刷清洁指芯（图 5–7）。

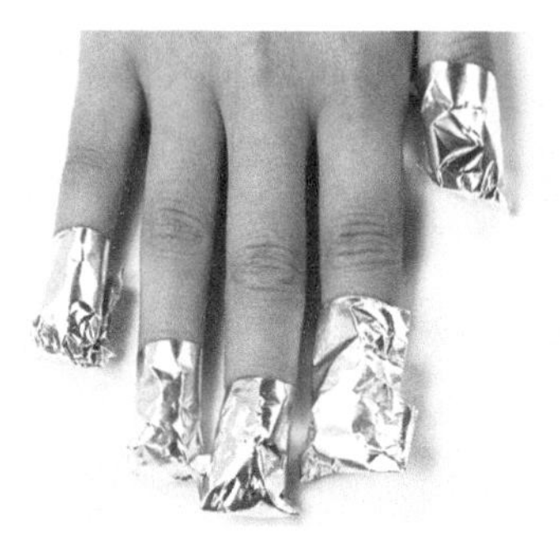

图 5–8 定期卸甲

（5）一段时间后去美甲店卸甲

大部分客人认为光疗甲或水晶甲停留在甲面的时间越长越好，其实，这是不科学的。因此，美甲师应提醒客人美甲后过一段时间，应去专业美甲店卸甲（图 5–8），卸甲后可做基础护理与其他美甲款式，亦可让甲面休息 3~5 天的时间。

知识便签

第6章 美甲彩绘

6.1 美甲彩绘的产品、工具

6.2 排笔彩绘的基本笔法与运用

6.3 排笔双色彩绘

6.4 圆笔双色彩绘

彩绘的技法众多，其中排笔与圆笔技法被美甲师广泛应用。美甲师应注意绘制立体花朵时用笔的力度与角度，学会提转、提收、连笔等彩绘手法。从基础笔法到具体技法的运用，本章都会一一详细解释。

6.1 美甲彩绘的产品、工具

美甲彩绘常用的工具和产品有排笔、圆笔、小笔、美甲灯、丙烯颜料和彩绘胶等。

（1）排笔

排笔有平头与斜头之分（图 6–1），常用于绘画立体渐变花瓣，也就是 3D 彩绘，操作简单。

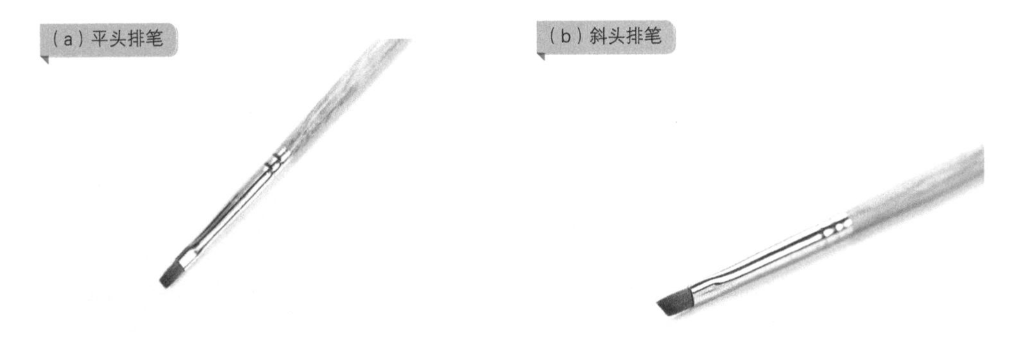

图 6–1 排笔

（2）圆笔

圆笔常用于绘画较圆润的花瓣及叶子，如图 6–2 所示。

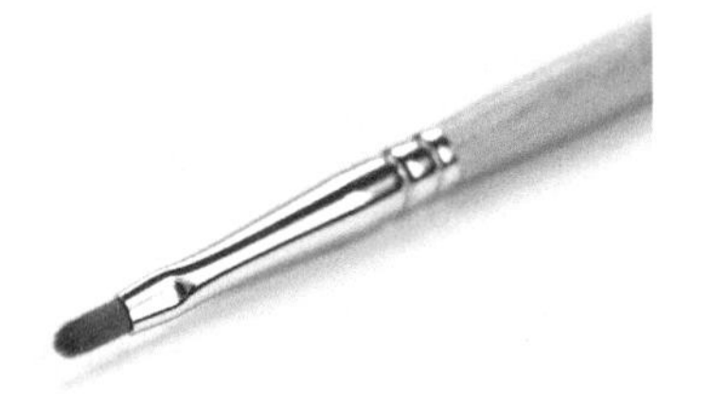

图 6–2 圆笔

（3）小笔

小笔常用于线条的勾勒与精细花朵的彩绘，如图 6–3 所示。

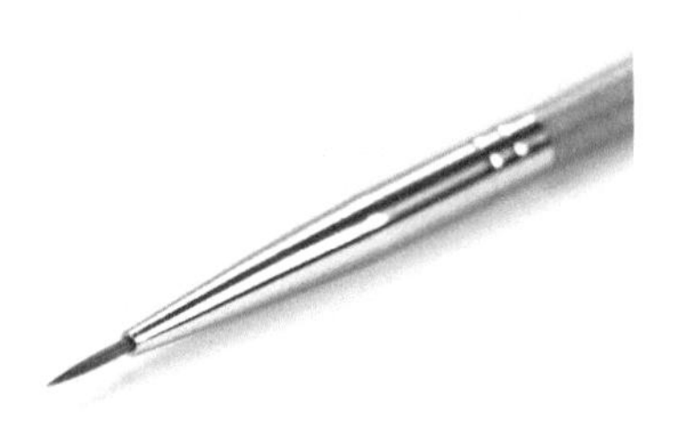

图 6–3 小笔

（4）美甲灯

美甲灯用于固化甲油胶、光疗凝胶类、封层、底层等，如图 6-4 所示。

图 6-4 美甲灯

（5）丙烯颜料

丙烯颜料具有多种颜色，可以绘制不同的彩绘款式，不易掉色且附着力强，如图 6-5 所示。

图 6-5 丙烯颜料

（6）彩绘胶

彩绘胶具有多种颜色，可以绘制不同的彩绘款式，如图 6-6 所示。

图 6-6 彩绘胶

知识便签

6.2 排笔彩绘的基本笔法与运用

彩绘的技法众多，其中，3D 排笔技法被美甲师广泛应用。所谓 3D 技法即在平面二维上绘出如实物般的三维图像，使甲面彩绘立体、自然，画面层次丰富，深受群众喜爱。下面将介绍排笔彩绘的基本笔法及其运用。

6.2.1 排笔晕色法

排笔晕色法的步骤如下。

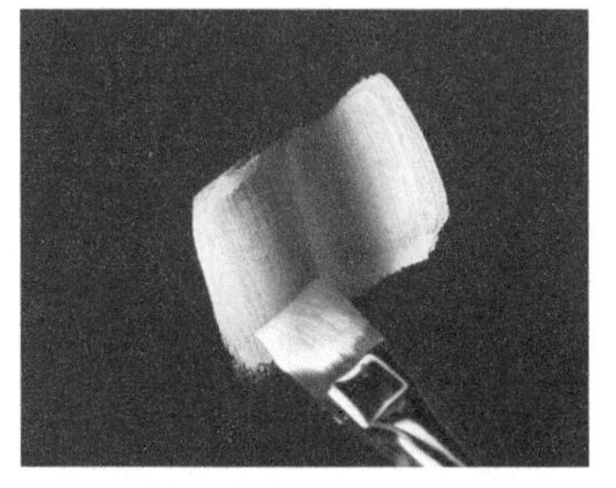

1 调色的方法是，排笔一半沾取白色另一半沾取红色

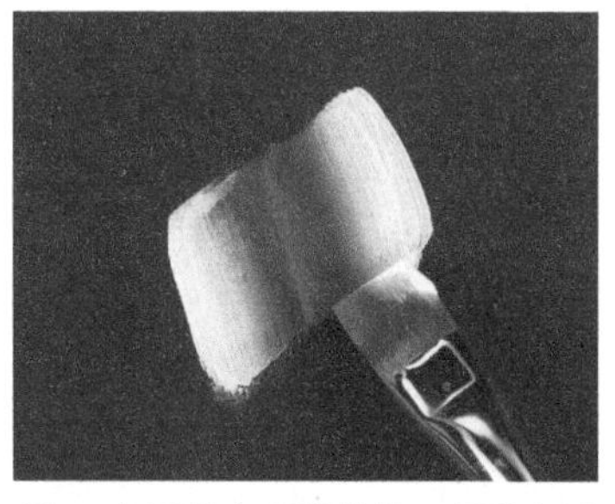

2 在画板上直线排色，直到中间有渐变过渡颜色即可

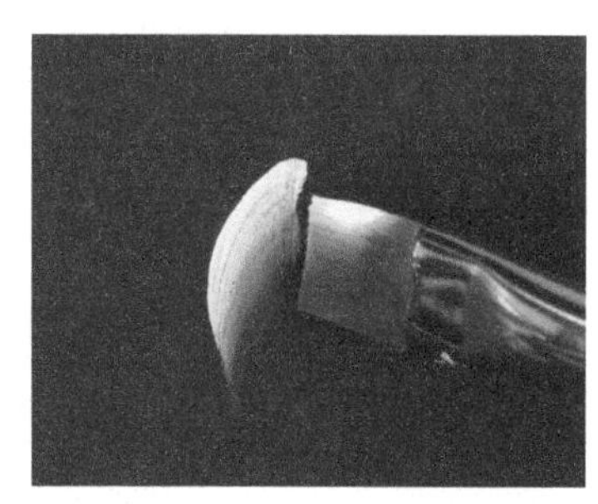

3 下笔要轻，再慢慢向上提转压笔

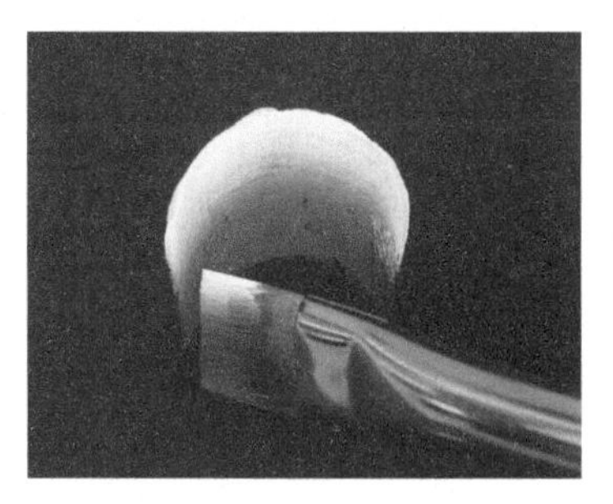

4 向上提画出上拱门，转下收笔

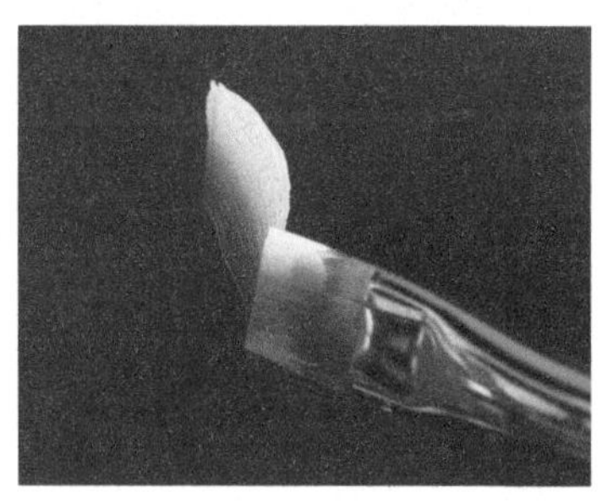

5 下笔要轻，再慢慢向下提收压笔

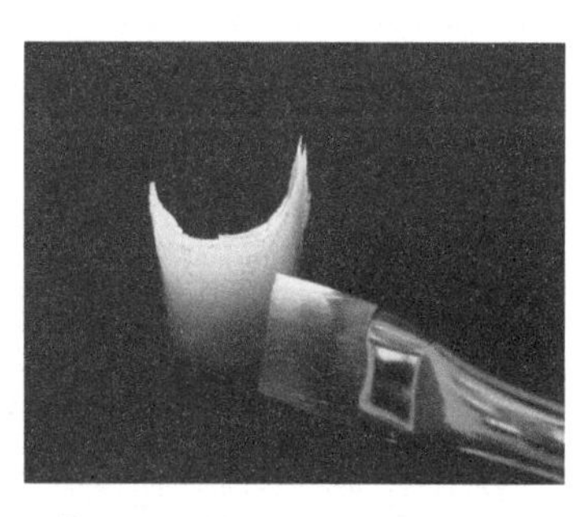

6 画下拱门，向下压笔转动画出微笑弧，向上提收笔

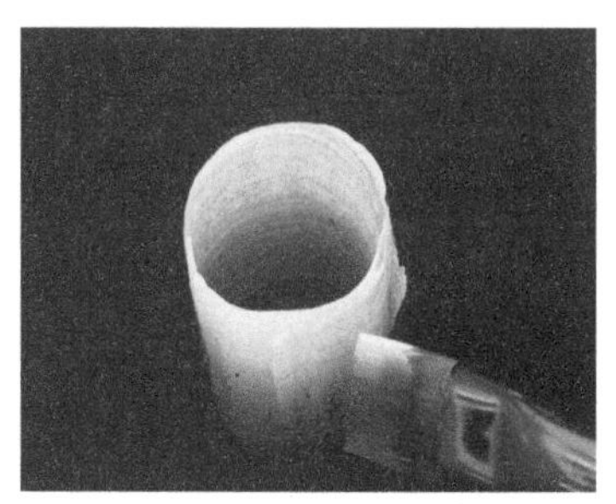

7 上、下拱门结合形成圆桶形效果

6.2.2 玫瑰花画法

绘制玫瑰花的步骤如下。

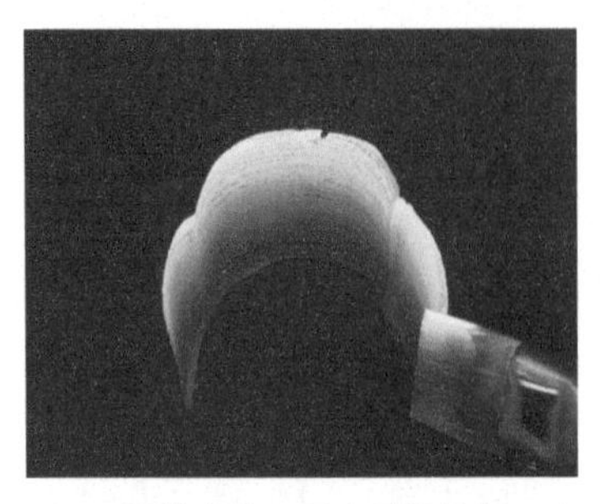

1 提转连笔，画出顶部的第一个花瓣。把笔法连接起来画出外层花瓣

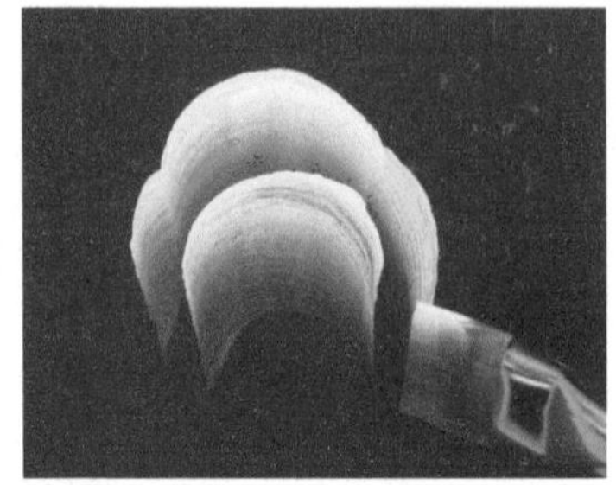

2 画出上拱门作为花朵内层

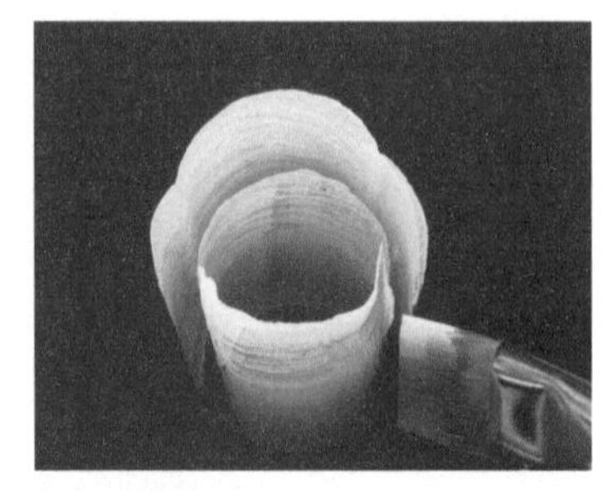

3 画出内层下拱门形成圆桶作为花芯

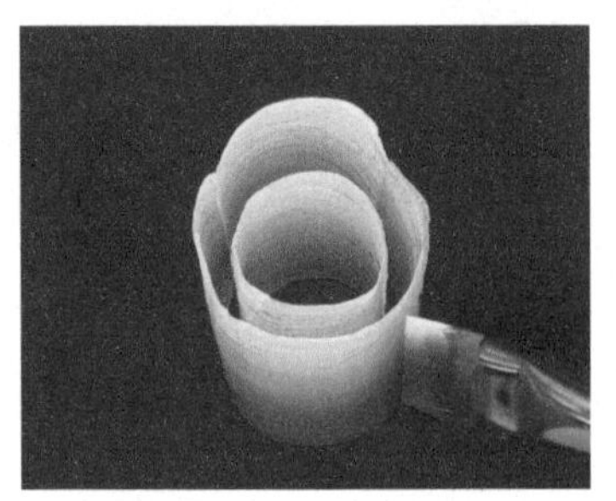

4 画出外层拱门形成花苞

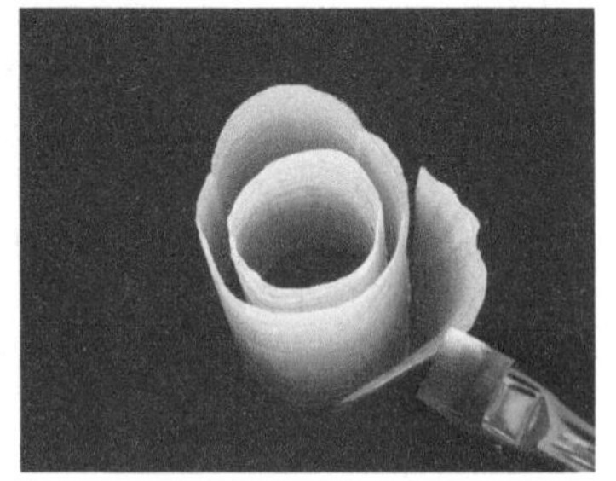

5 向下收笔，画出一侧外花瓣

6 向上提转，用同样手法画出另一侧花瓣

再添加花瓣，完成

知识便签

6.2.3 兰花画法

绘制兰花的步骤如下。

1　使用向上连笔提转的笔法，画出立体的兰花花瓣

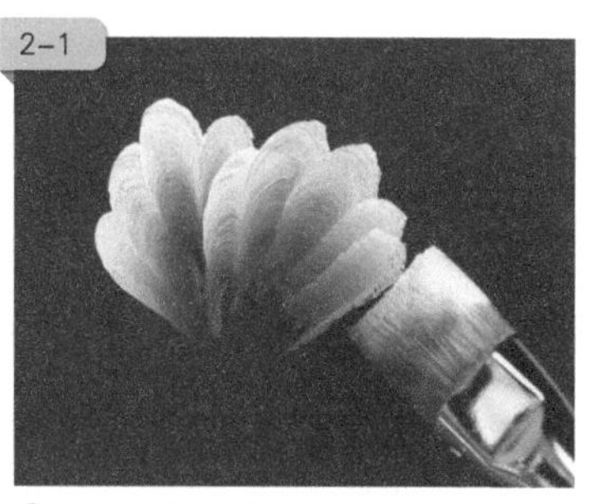

2-1

2-2

2　用同样的方法画出另外几片花瓣

3　用拉线笔沾取白色及黄色丙烯颜料勾画出花芯，完成

知识便签

6.2.4 叶子画法

绘制叶子的步骤如下。

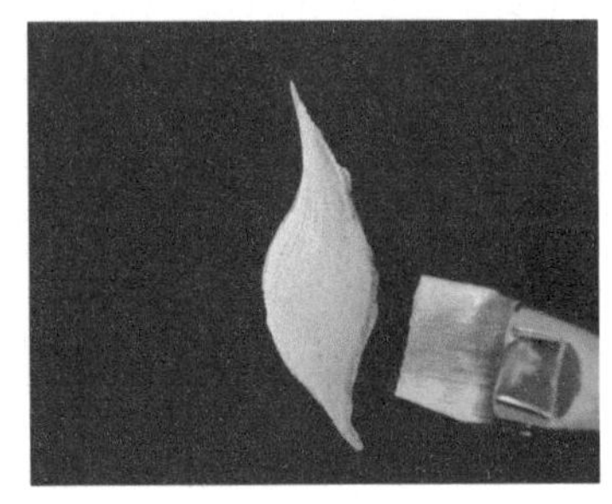

1 向上提收笔

2 向下收笔。一笔向上，一笔向下，就完成一片简单的叶子

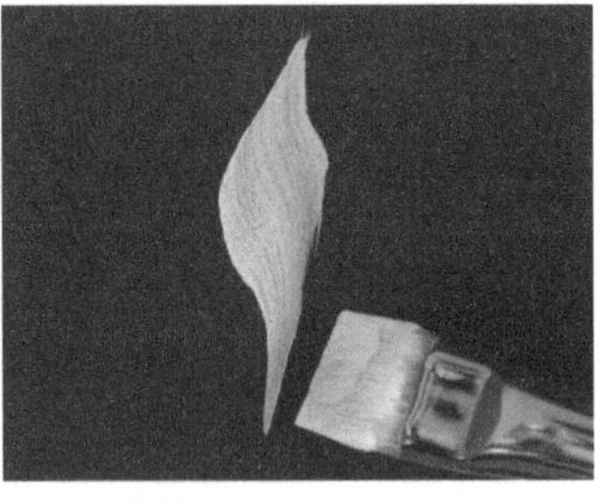

3 叶子的左半部分使用向上提转和向下提收两种笔法结合，右半部分使用向下收笔和转下收笔两种笔法结合，这样就能完成带有立体感的叶子

4 可以使用不同的笔法组合完成各种不同形状的叶子

知识便签

6.2.5 小金鱼画法

绘制小金鱼的步骤如下。

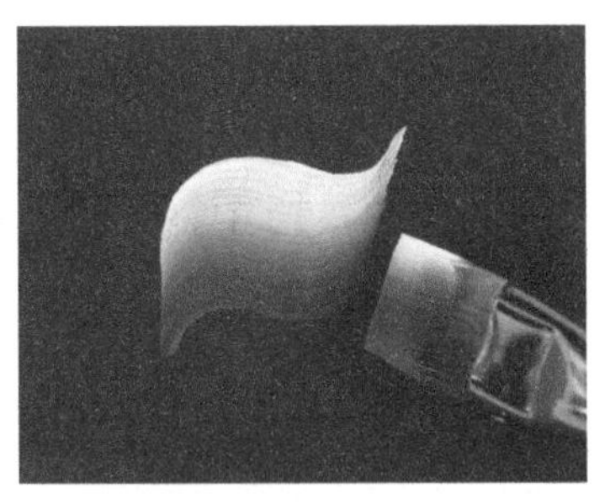

2-1

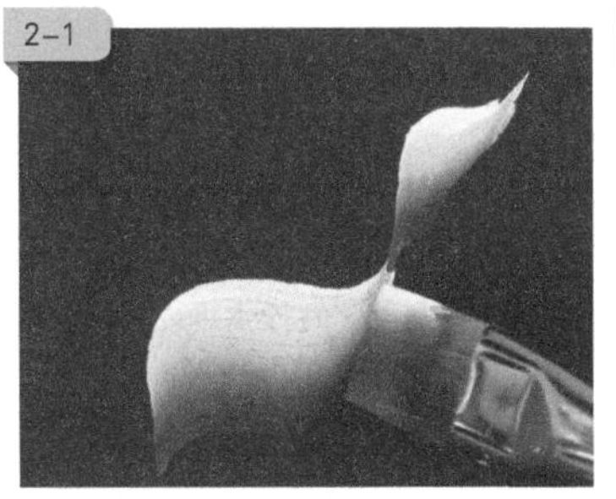

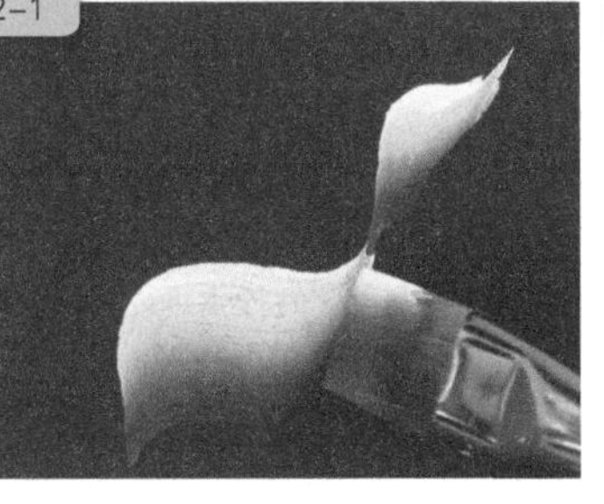

2-2

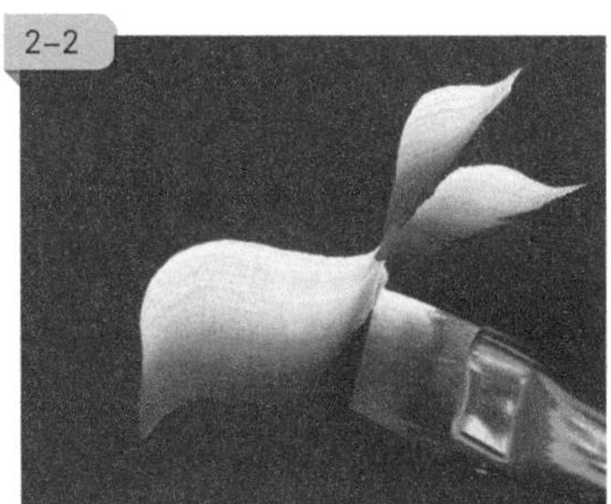

1 用向上提笔的笔法，横向地画出身体

2 用提转笔法画出鱼尾，用转收笔法画出鱼鳍

3 用小笔简单勾画出鱼鳍和眼睛，就能画出一条简单的小金鱼

知识便签

6.3 排笔双色彩绘

6.3.1 浅蓝色小花画法

绘制浅蓝色小花需要用到的工具和材料有：粉紫色甲油胶、免洗封层、海绵锉、75 度酒精、浅蓝色丙烯颜料、白色丙烯颜料、排笔、拉线笔。

绘制步骤如下。

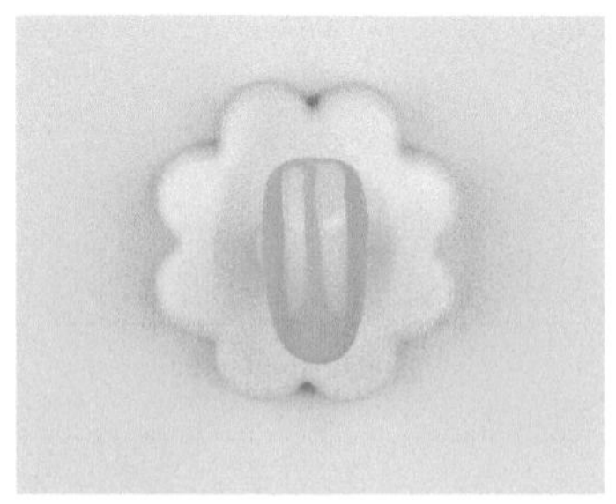

1 用珠光粉紫色甲油胶打底

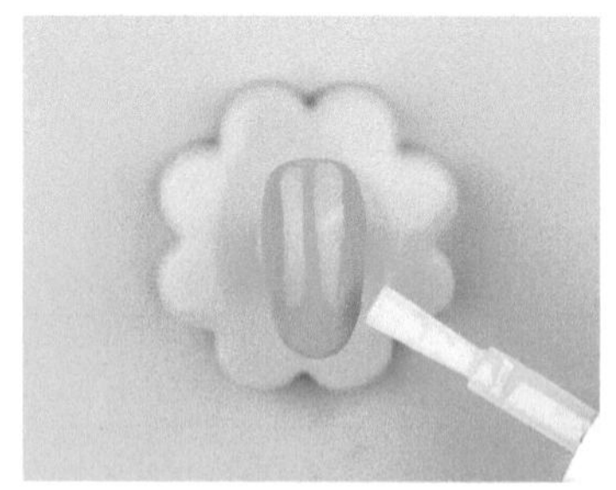

2 涂抹免洗封层，照灯固化 90 秒

3 用 220 号海绵锉进行甲面抛磨，使颜料更易附着于甲面

知识便签

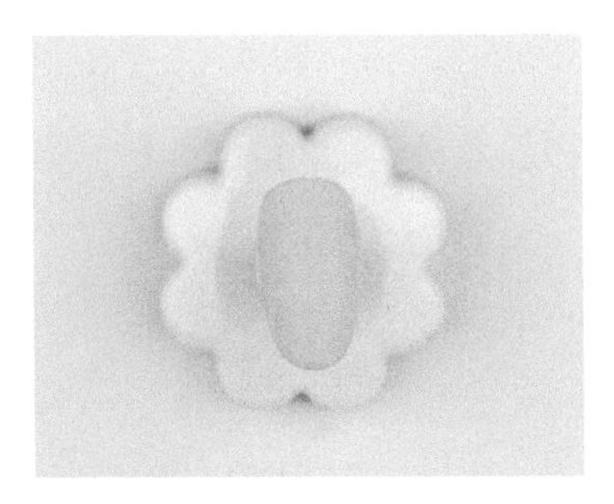

4　抛磨后效果

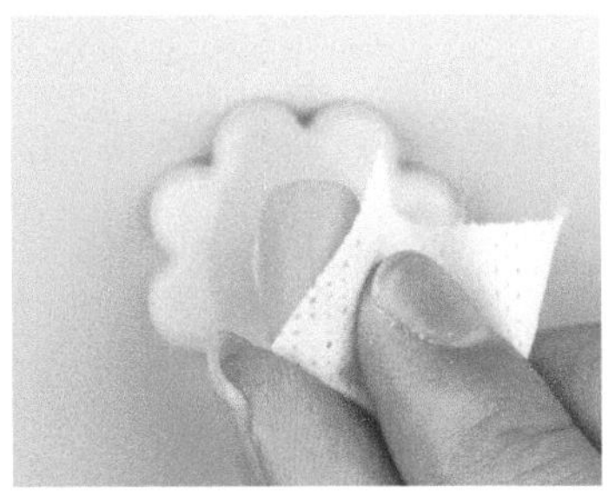

5　用 75 度酒精清洁甲面

6　在笔头两端分别沾取浅蓝色与白色丙烯颜料晕染后，在甲片中部用提转连笔的手法，向下画出花瓣

7　再用同样手法画出其余花瓣

8　调整花朵

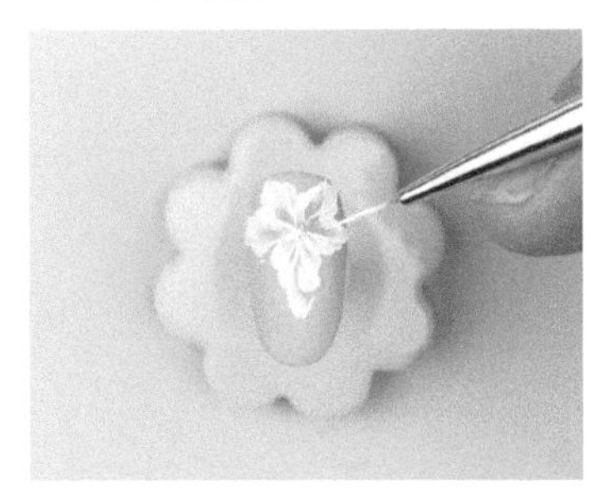

9　用拉线笔沾取白色丙烯颜料勾勒出花朵边缘

10　点上花芯

11-1

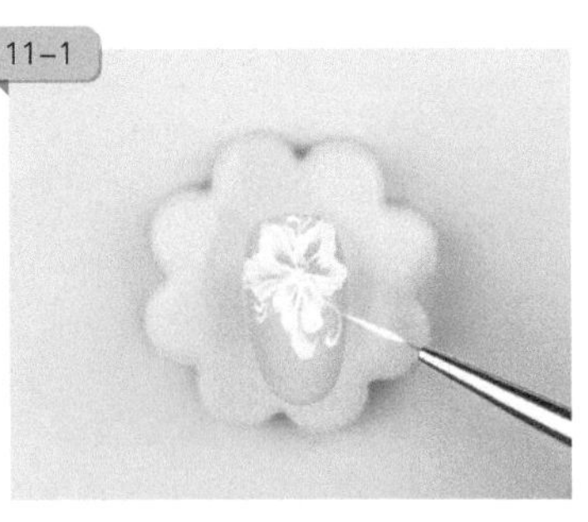

11-2

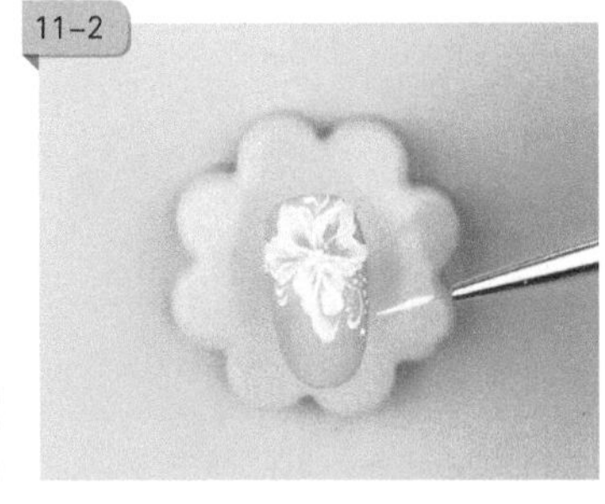

11　画出藤蔓和圆点，等待风干

12　涂抹免洗封层，照灯固化 90 秒

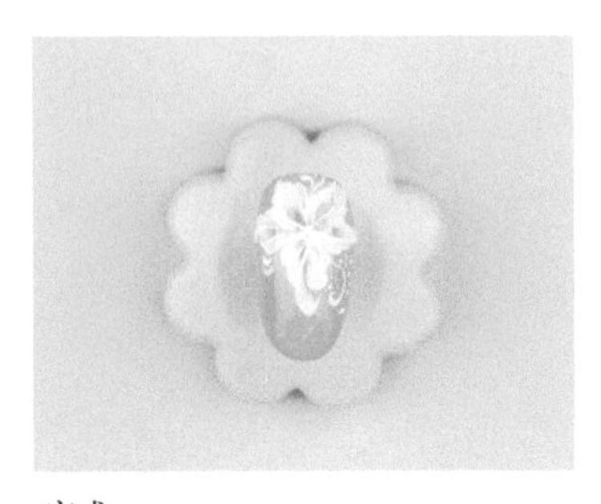

完成

6.3.2 立体玫瑰花画法

绘制立体玫瑰花需要的工具和材料有：排笔、海绵锉、白色丙烯颜料、红色丙烯颜料、绿色丙烯颜料、免洗封层、拉线笔。

绘制步骤如下。

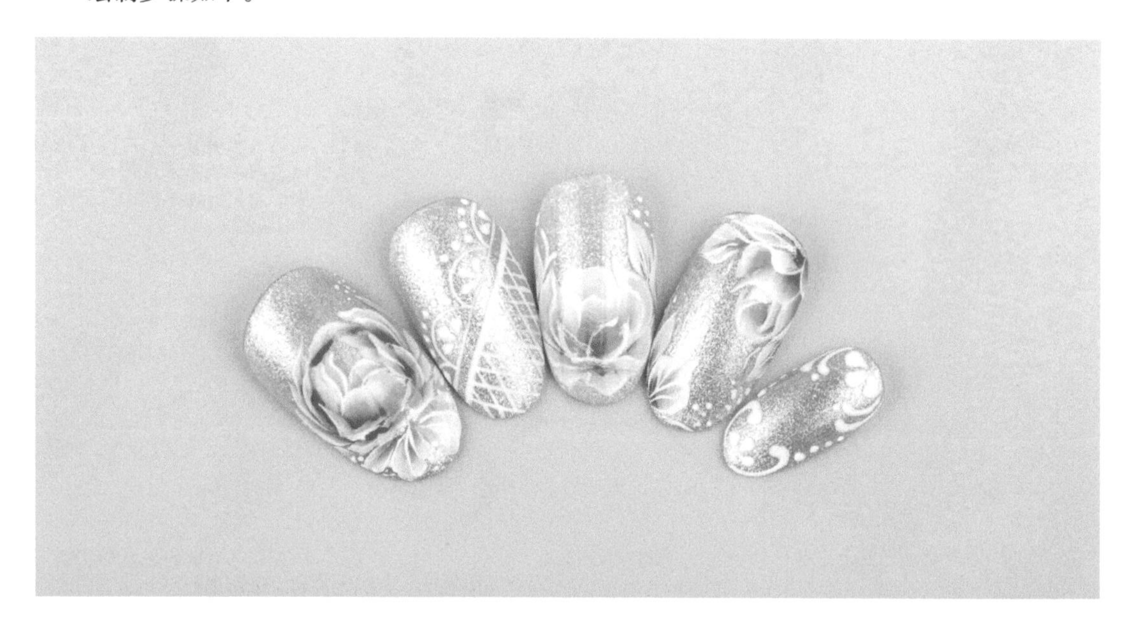

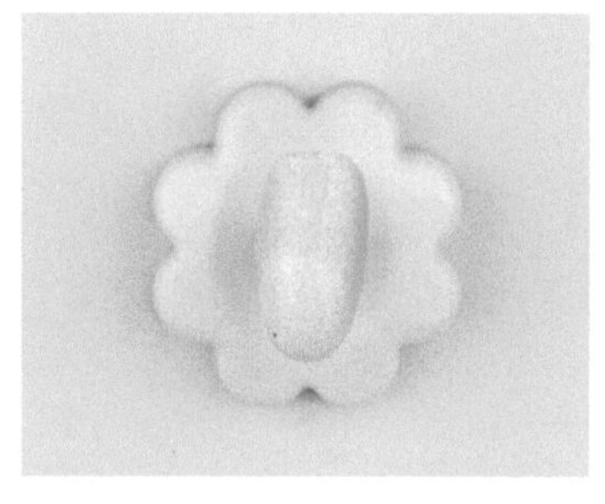

1 先在甲面涂上珠光粉色甲油胶作底色，涂抹免洗封层，照灯固化 90 秒后用海绵锉抛磨甲面

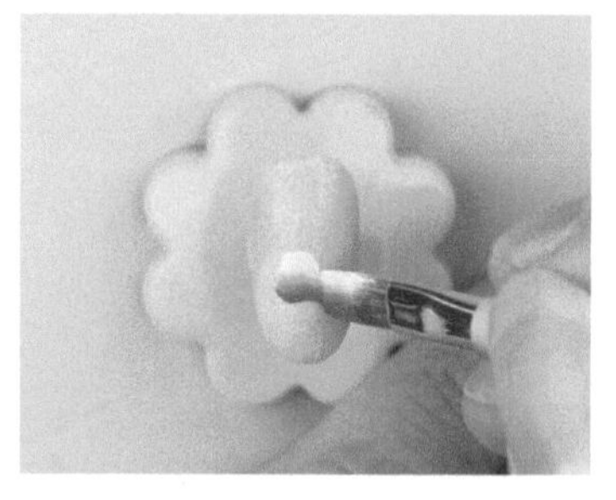

2 在排笔两头分别沾上白色、红色丙烯颜料，自然晕染后在指甲中部向上提转画出上拱门，转下收笔

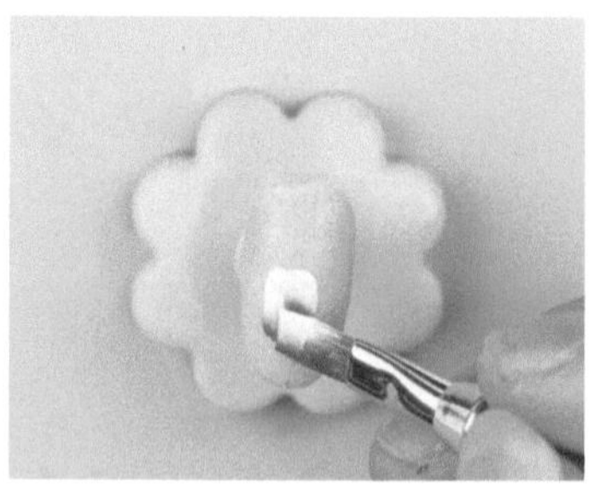

3 再画出外层向内包裹的花瓣

6-1

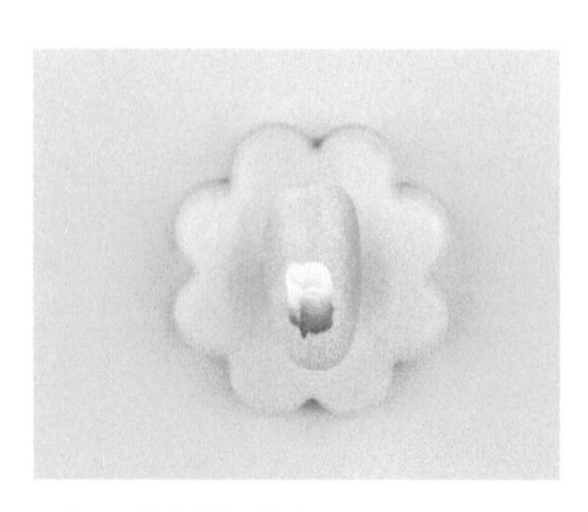

4 形成圆桶作为花芯

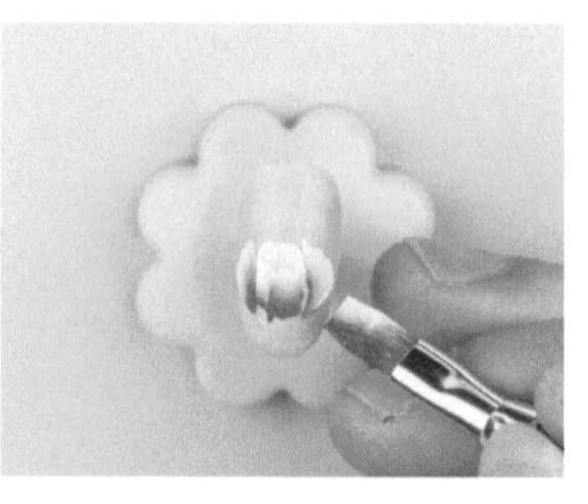

5 在画出其余花瓣时，应注意下笔的力度与位置

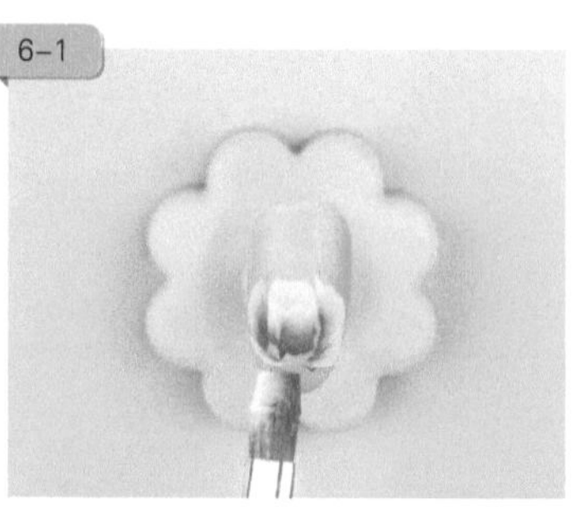

6 画出其他花瓣，使整体效果更加立体

6-2

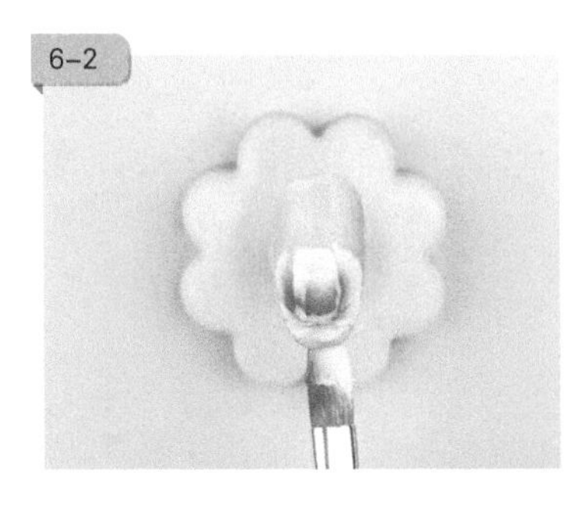

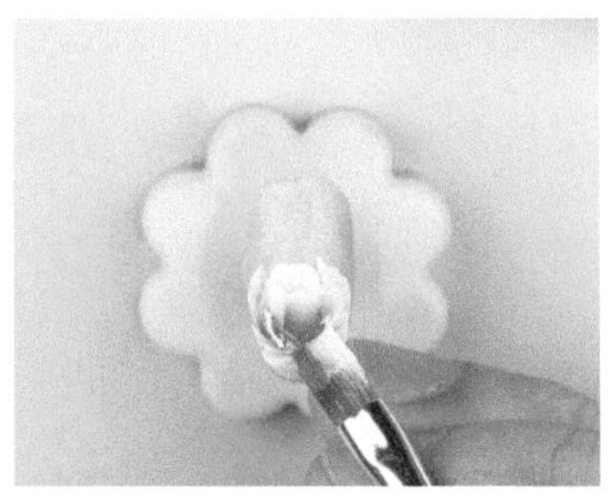

7　修饰花瓣，进一步打造立体感

8-1

8　用拉线笔沾取白色丙烯，勾勒出花朵纹理

8-2

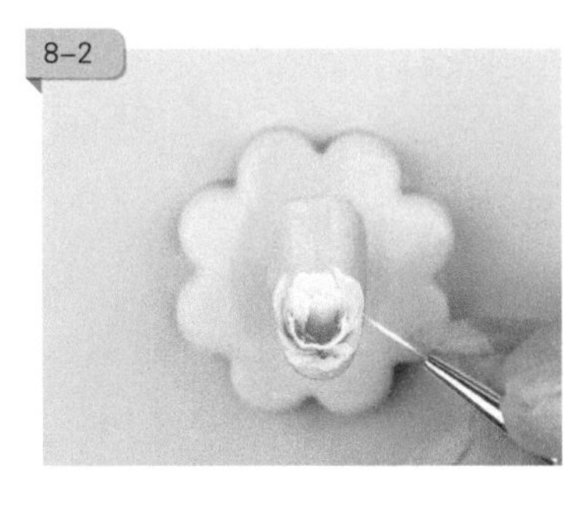

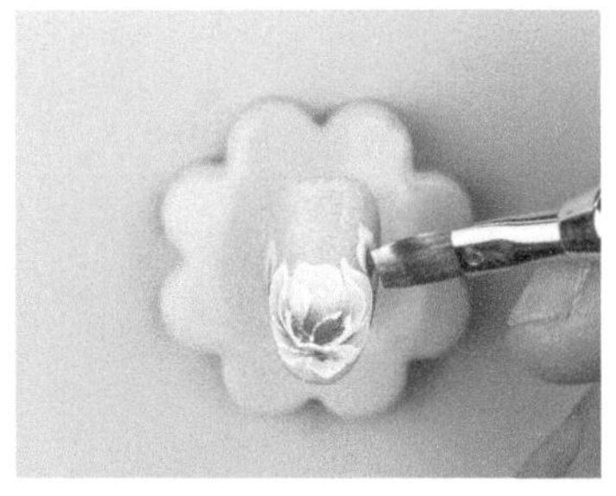

9　在排笔两头沾取白色和绿色丙烯颜料，晕染后在花朵两侧画上叶子

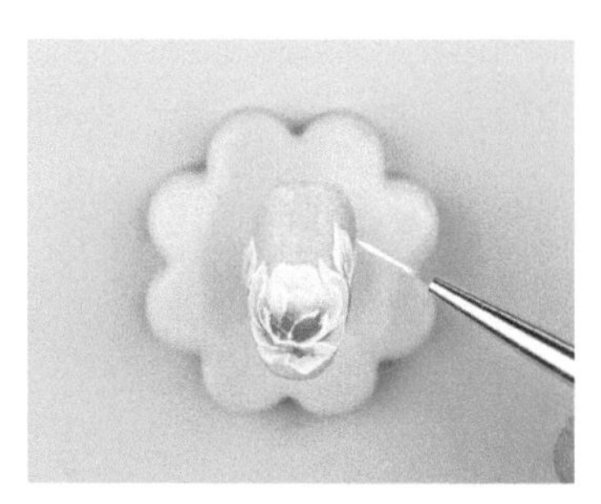

10　用拉线笔沾取白色丙烯，绘画出叶子的纹理，等待风干

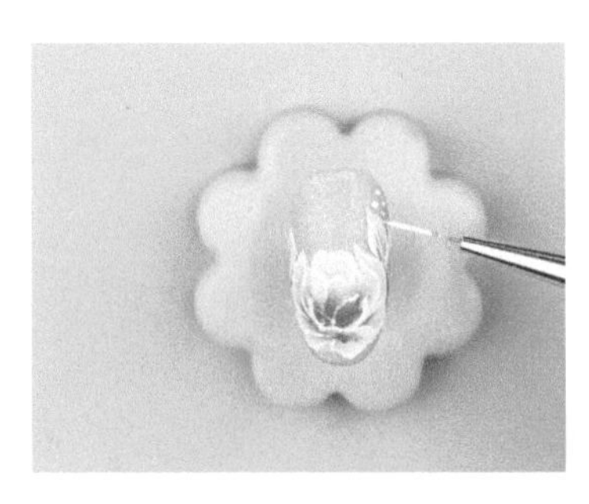

11　在空白处适当画上小点作为装饰

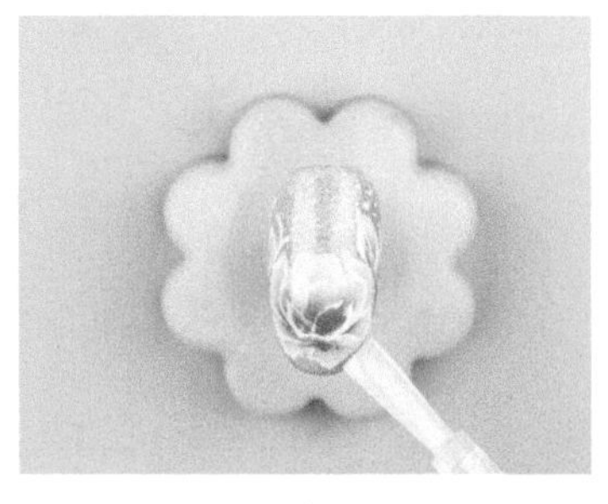

12　刷上免洗封层，照灯固化90 秒

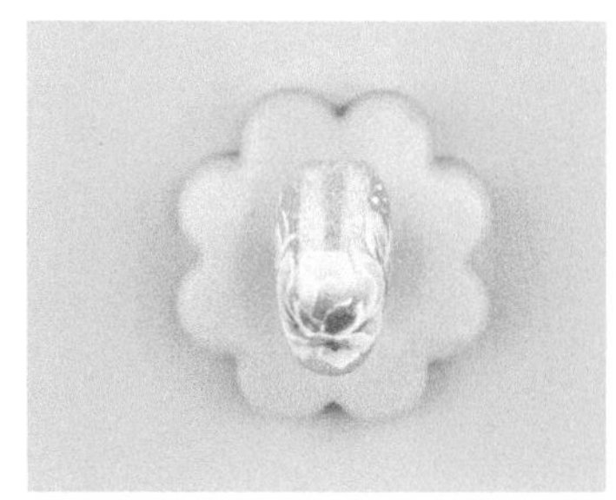

完成

Tips：

- 若彩绘颜色不够饱满，可重复上色。

6.3.3 紫色小花画法

绘制紫色小花需要的工具和材料有：灰白色甲油胶、排笔、紫色彩绘胶、白色彩绘胶、免洗封层、绿色彩绘胶、小笔。

绘制步骤如下。

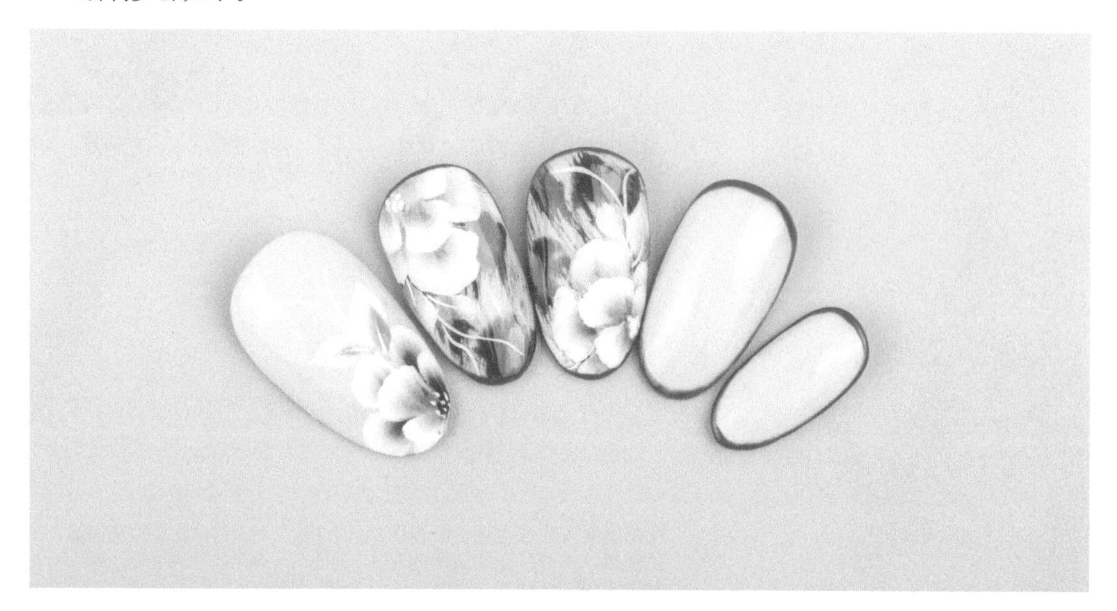

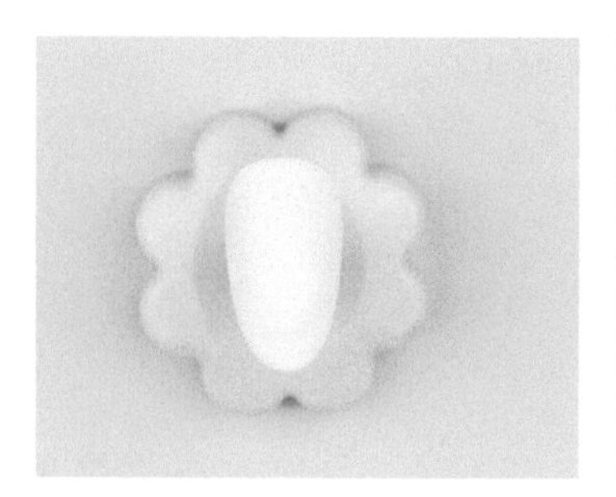

1 灰白色甲油胶打底

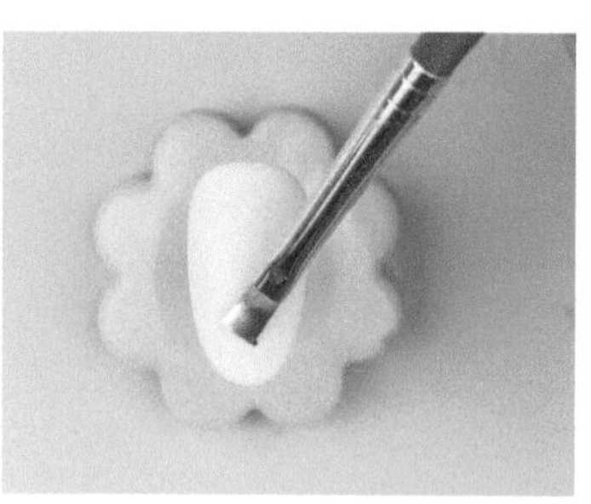

2 在排笔两头分别沾取紫、白两色彩绘胶，进行晕染

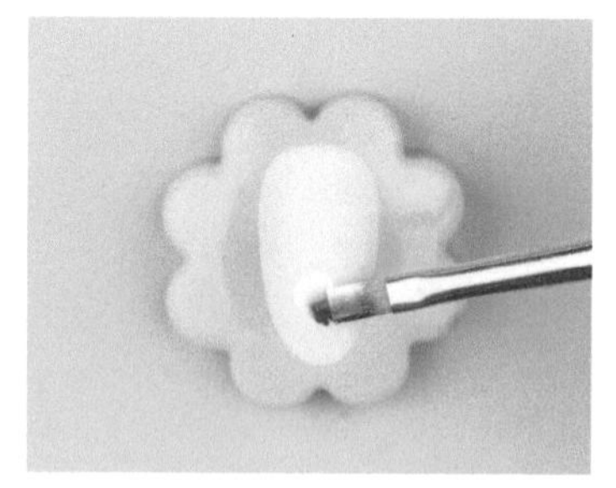

3 向上提转画出上拱门，转下收笔。照灯固化 30 秒

4-1

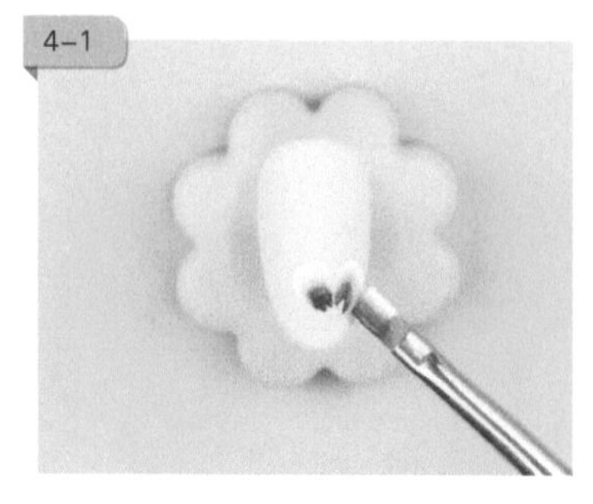

4-2

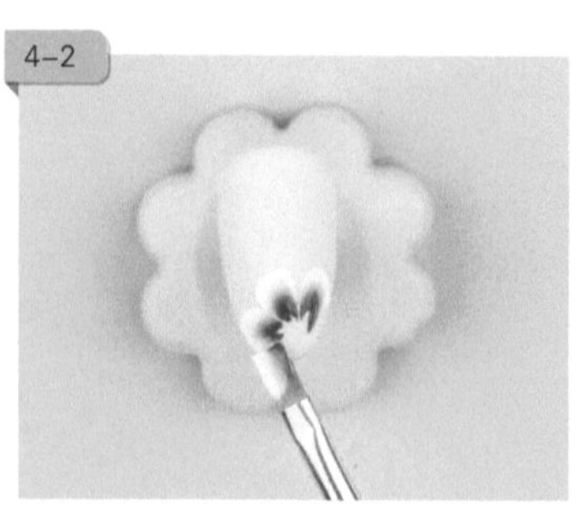

4 用同样的手法画出其他花瓣

5 控制花瓣大小比例，照灯固化 30 秒

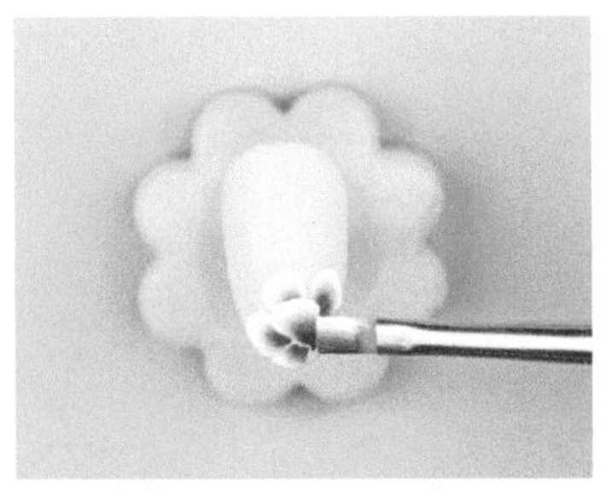

6　在交错的位置画上内花瓣

7-1

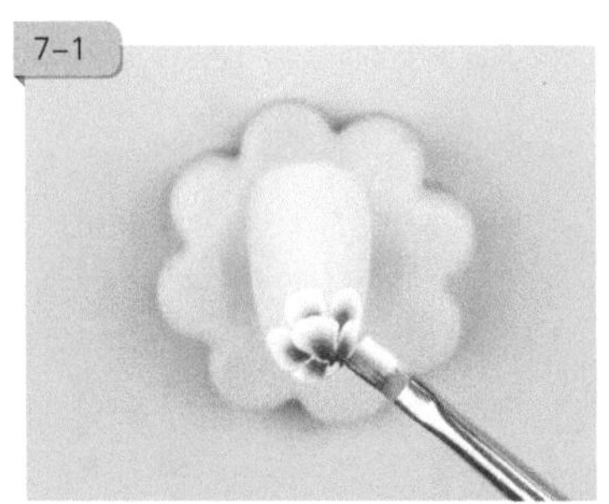

7-2

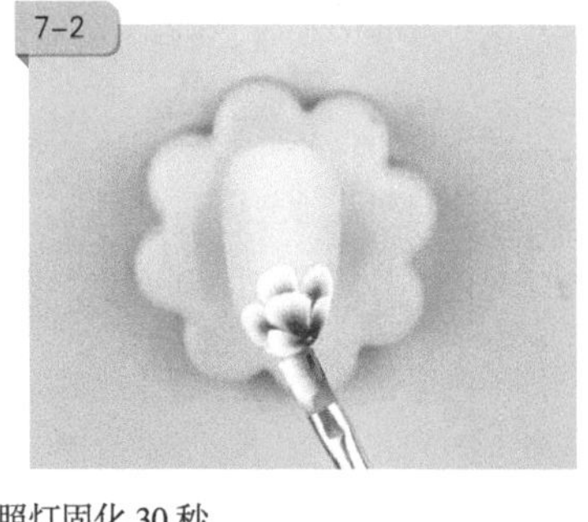

7　花瓣要错落有致，绘画完成后，照灯固化 30 秒

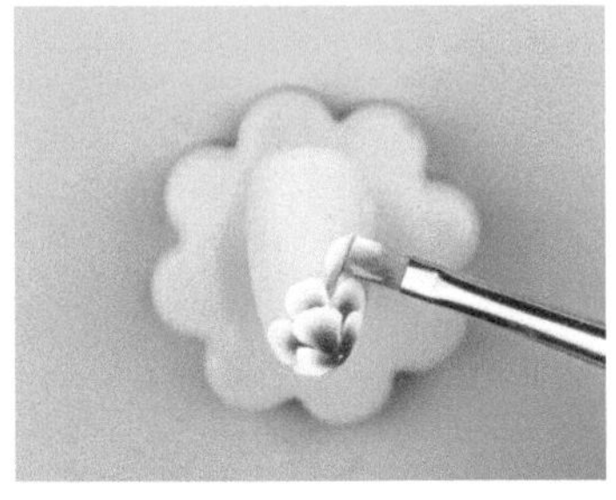

8　在排笔笔头沾上绿、白两色彩绘胶，晕染后，用向上提收的手法绘画出叶子

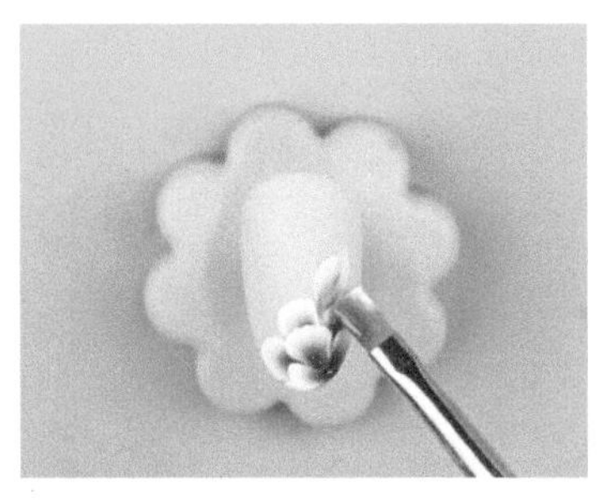

9　画出叶子的基本形态

10-1

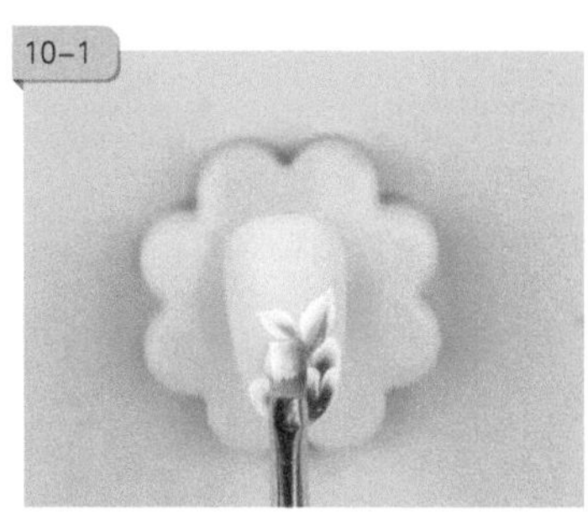

10　再用同样方法画出其他叶片，叶子的大小可以自由调整，照灯固化 30 秒

10-2

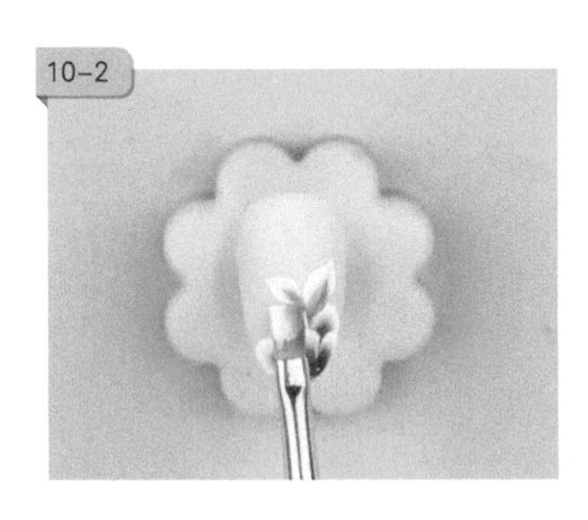

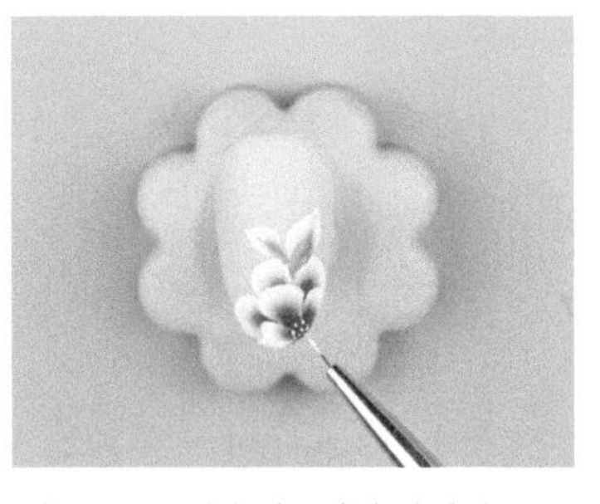

11　用小笔沾上白色彩绘胶画花芯

12-1

12　再用小笔沾上白色彩绘胶勾勒叶子纹理，画上藤蔓，照灯固化 60 秒

12-2

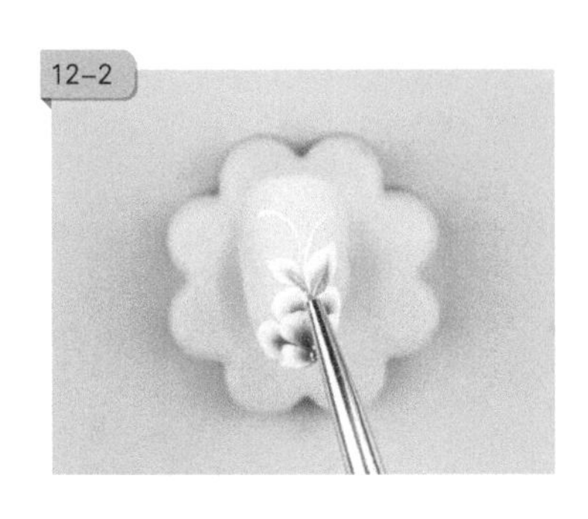

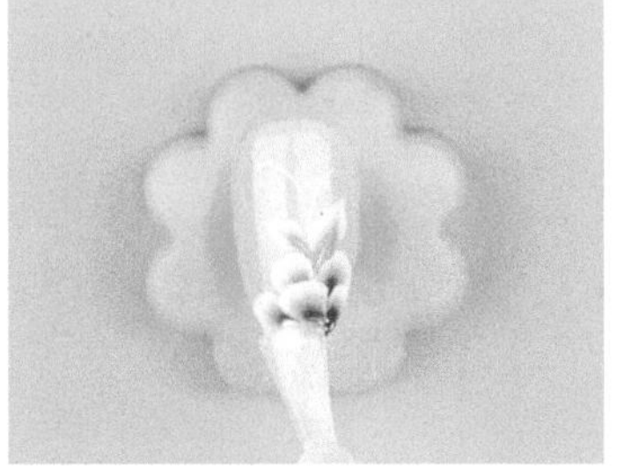

13　涂上免洗封层，照灯固化 90 秒

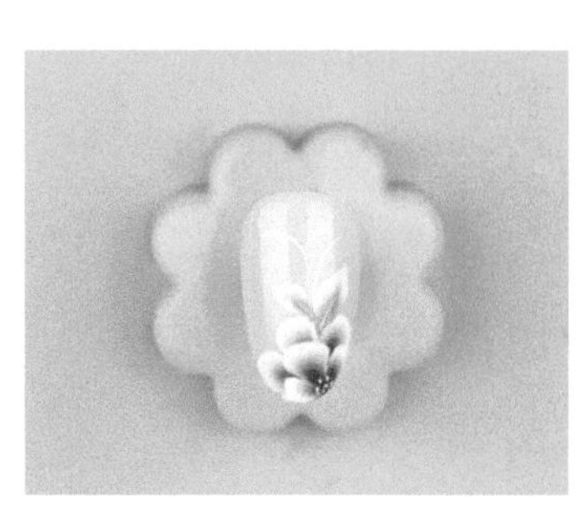

完成

6.4 圆笔双色彩绘

6.4.1 彩色小花画法

圆笔绘制彩色小花需要的工具和材料有：黑色甲油胶、圆笔、黄色彩绘胶、白色彩绘胶、玫红色彩绘胶、浅蓝彩绘胶、蓝色彩绘胶、免洗封层、金色闪粉甲油胶、小笔。

绘制步骤如下。

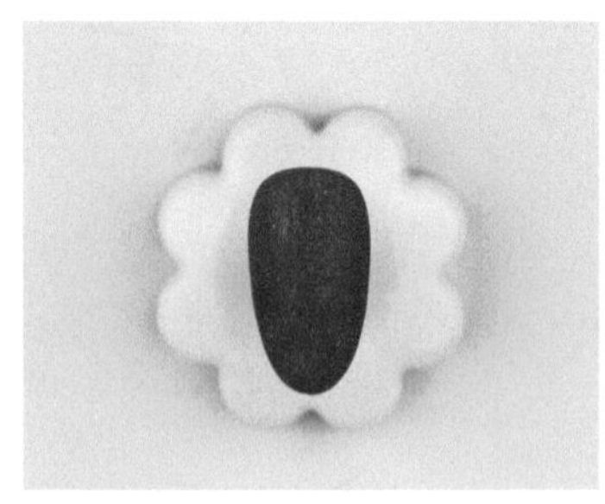

1 涂上黑色甲油胶作为底色

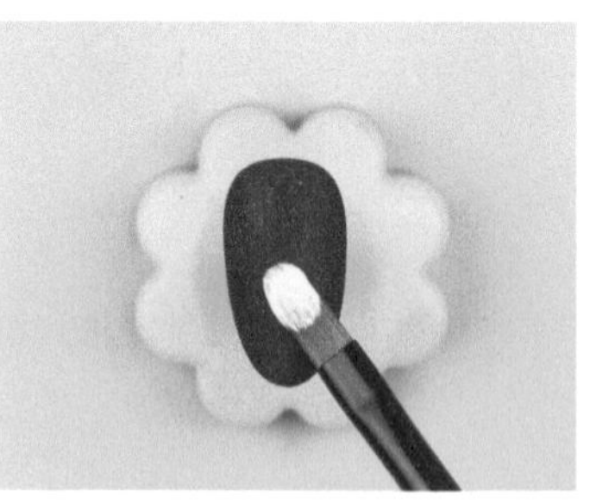

2 用圆笔沾取适量的白色彩绘胶，在甲面中部向右下角用笔轻拉画出花瓣

3 用同样笔法依次画出其他花瓣，注意花瓣的大小与层次

知识便签

4　绘画完成后照灯固化 60 秒

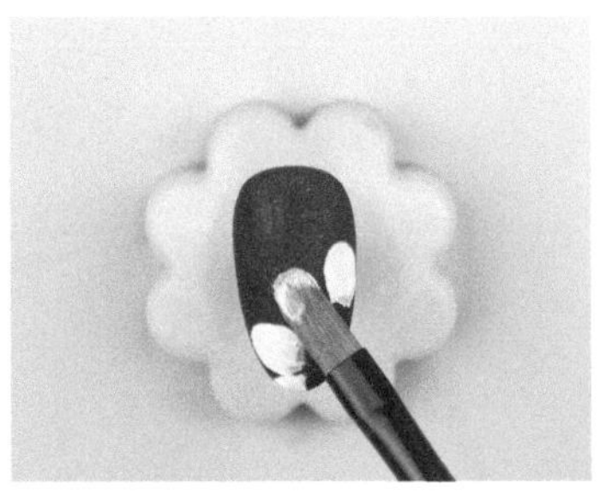

5　在圆笔的两头分别沾上黄、浅蓝两色彩绘胶，晕然后覆盖白花瓣并形成渐变效果

6　清洗笔刷后，笔头两边分别沾取黄、红两色彩绘胶，晕染后涂抹甲边花瓣

7–1

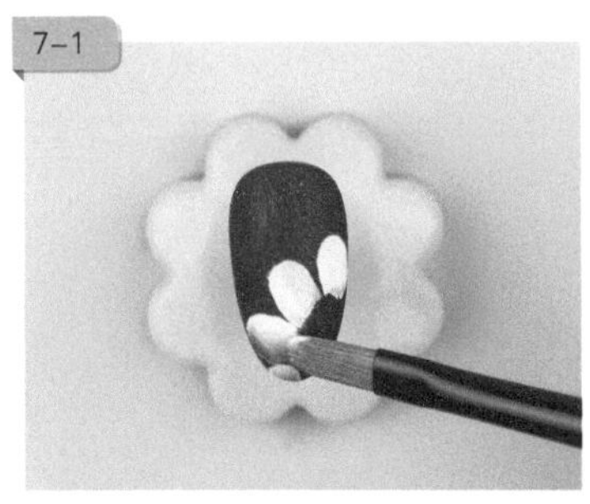

7–2

8–1

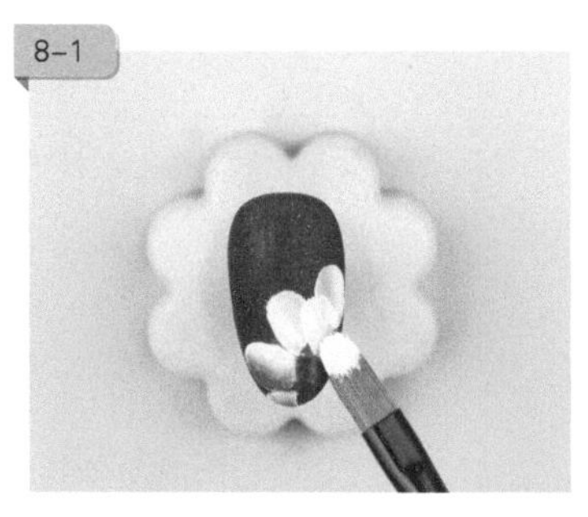

7　笔头两边可以沾取不同的颜色进行涂抹，增加美感，照灯固化 60 秒

8　在交错的位置画上白色内花瓣，照灯固化 60 秒

8–2

9–1

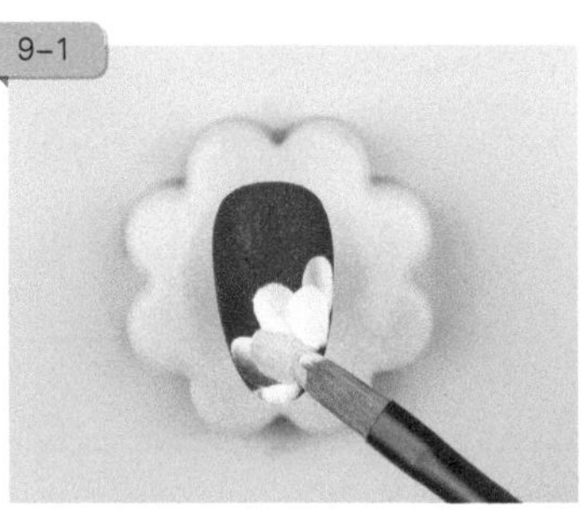

9–2

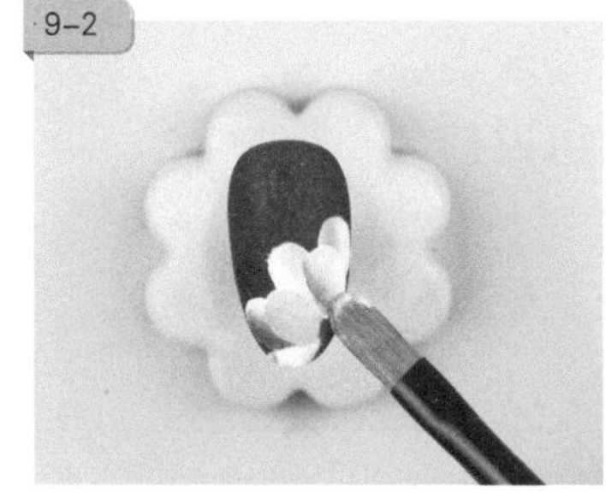

9　将笔头沾取不同颜色彩绘胶，晕然后对内层花瓣进行二次涂抹，照灯固化 30 秒

9–3

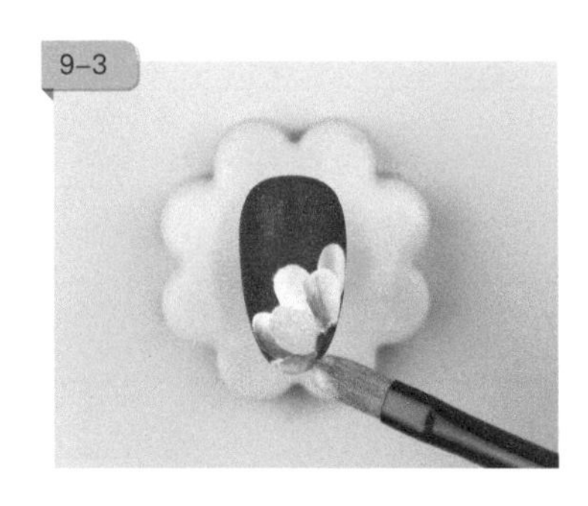

10　用金色闪粉甲油胶点上花芯，照灯固化 60 秒

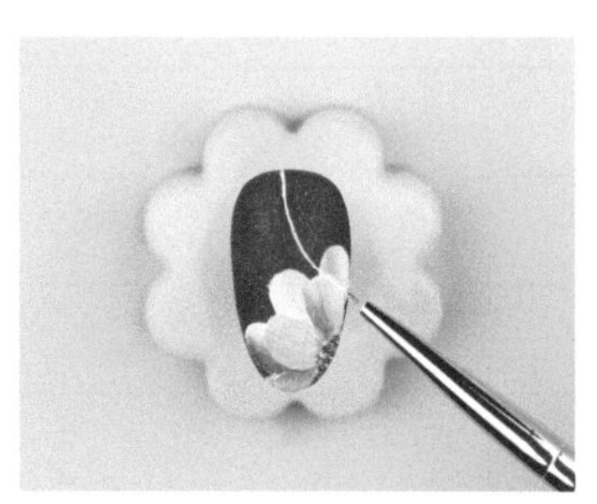

11　用小笔沾取白色甲油胶在甲面画出弧线

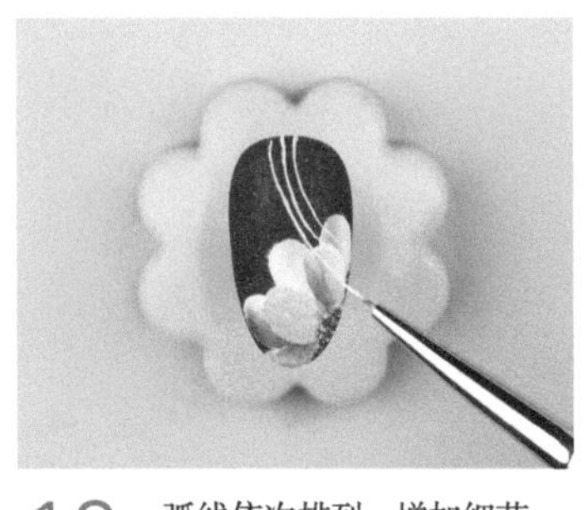

12 弧线依次排列，增加细节

13-1

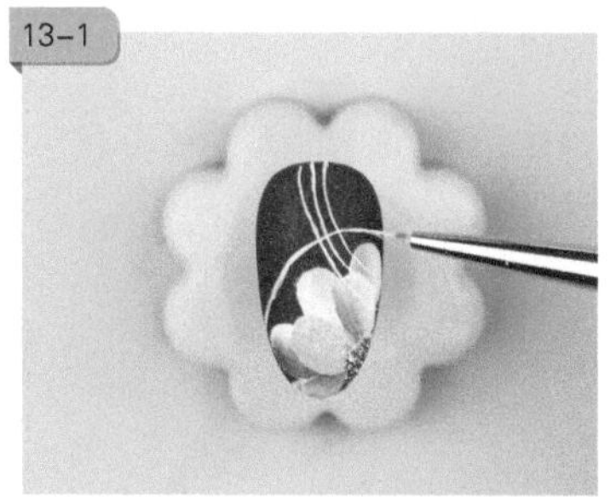

13-2

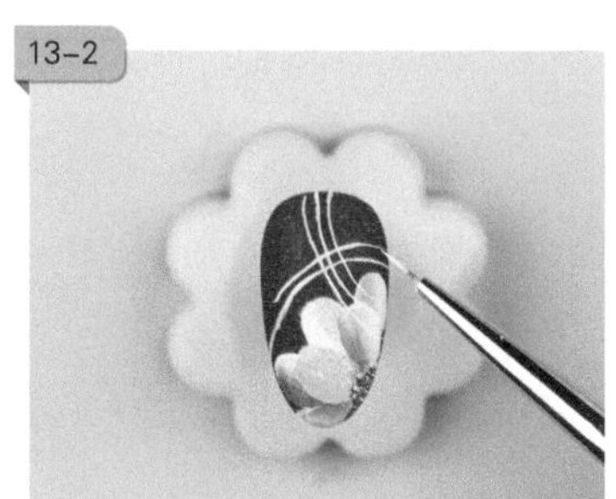

13 画出交错的弧线

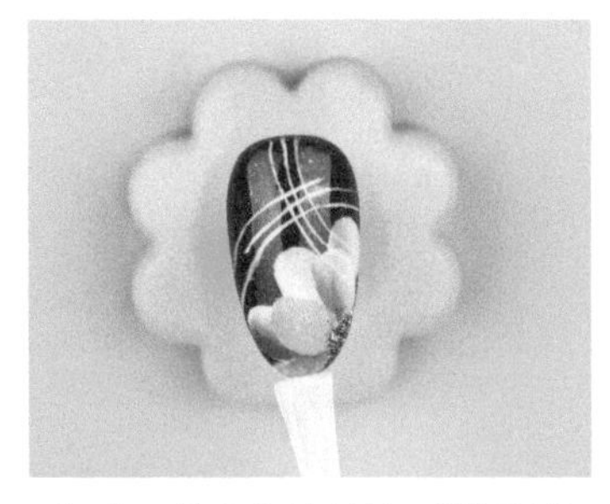

14 涂上免洗封层，照灯固化90秒

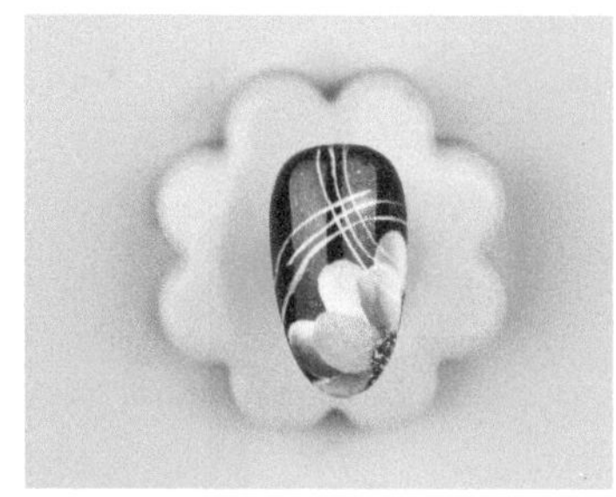

完成

知识便签

6.4.2 圆笔紫花画法

绘制圆笔紫花需要的工具和材料有：白色甲油胶、圆笔、免洗封层、玫红色彩绘胶、紫色彩绘胶、小笔。

绘制步骤如下。

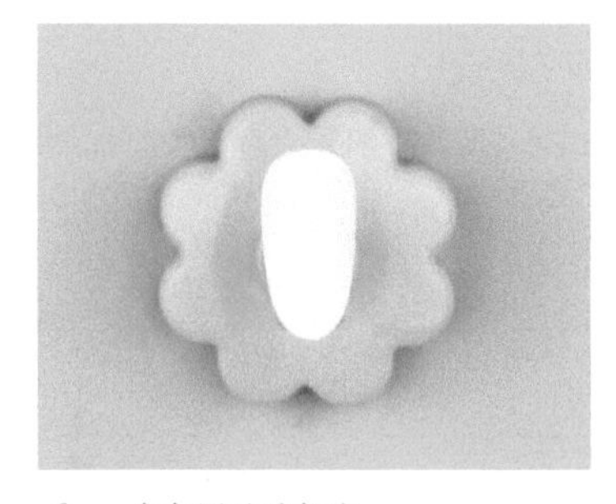

1　白色甲油胶打底

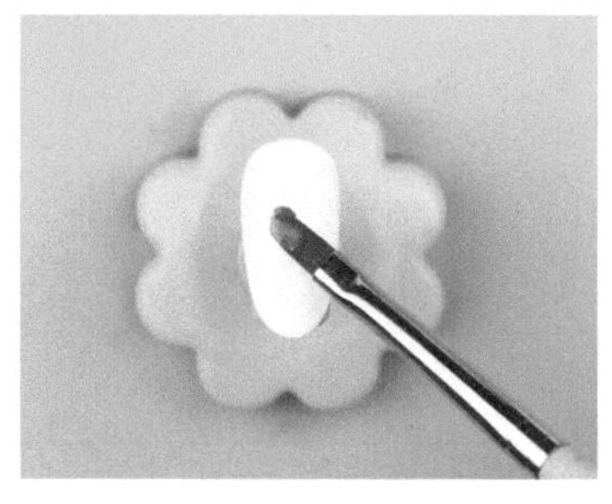

2　在圆笔两头分别沾取玫红色与紫色彩绘胶，进行晕染

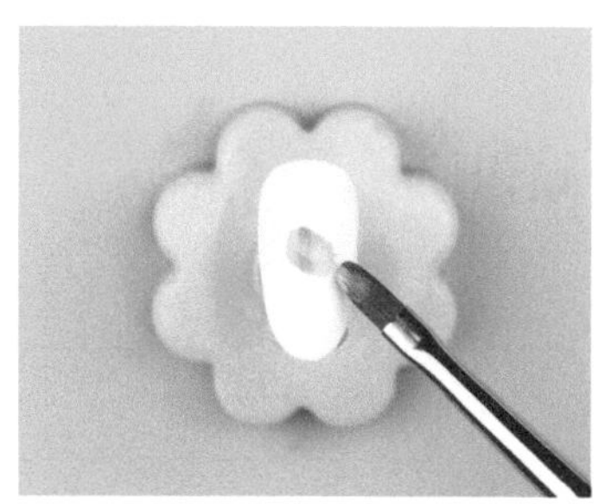

3　在甲面上用压笔轻拉的笔法画出花瓣

4-1

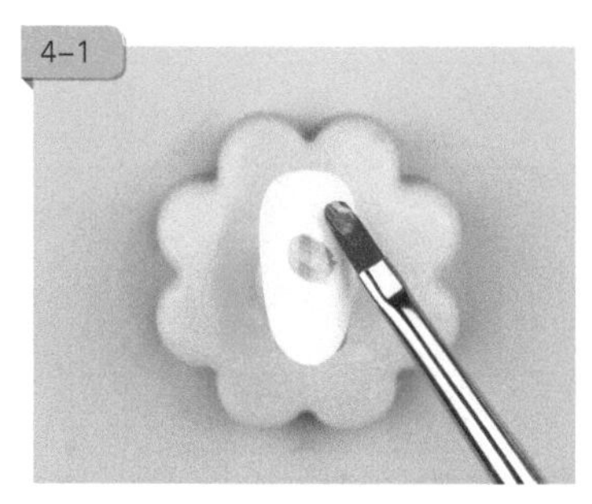

4-2

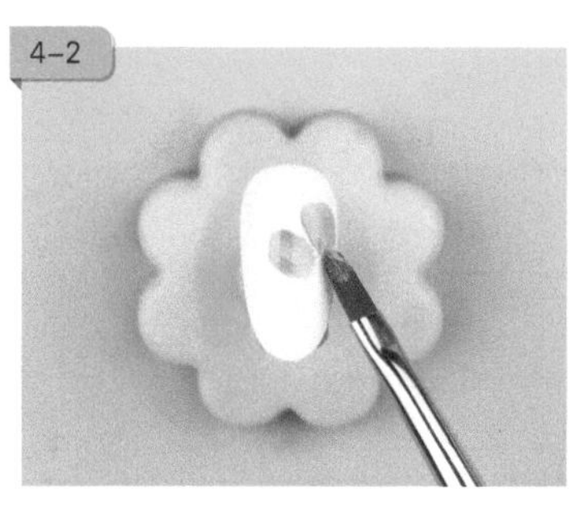

4　再用同样手法画出其他花瓣

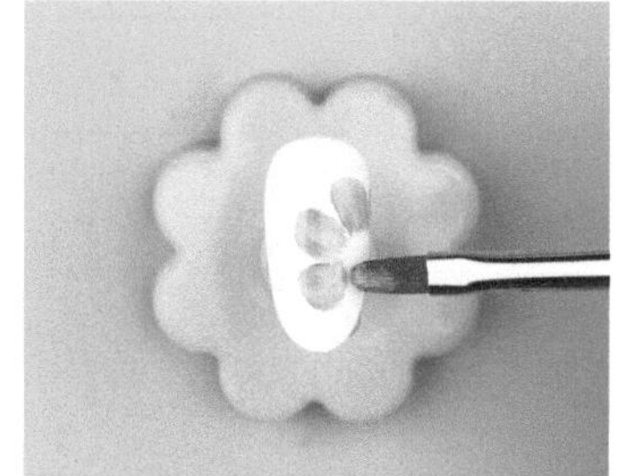

5　控制花瓣的大小、比例

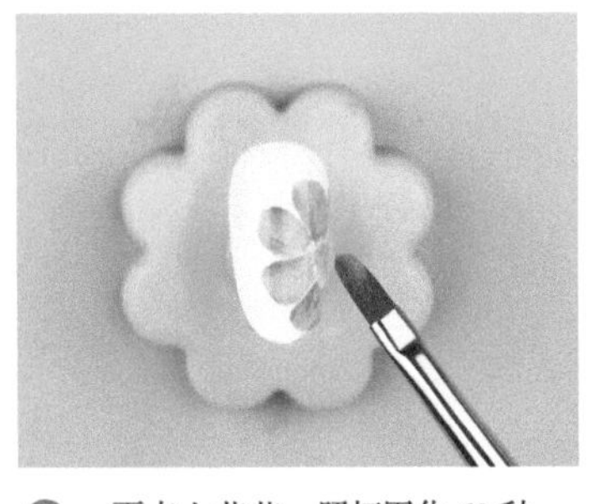

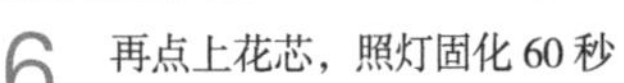

6 再点上花芯，照灯固化 60 秒

7-1

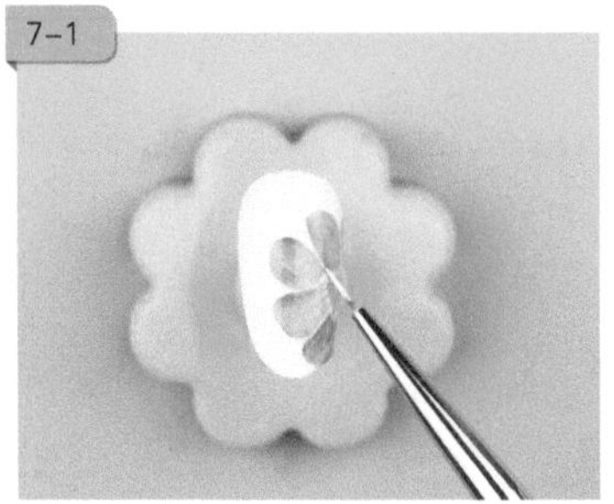

7-2

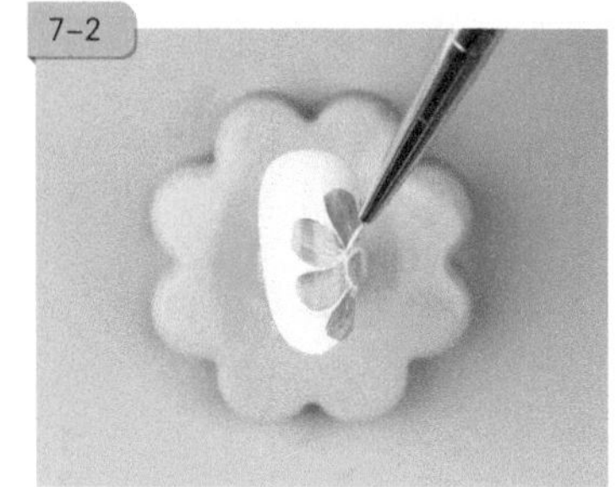

7 用小笔沾取白色彩绘胶点缀花芯，绘画出花朵纹理，照灯固化 60 秒

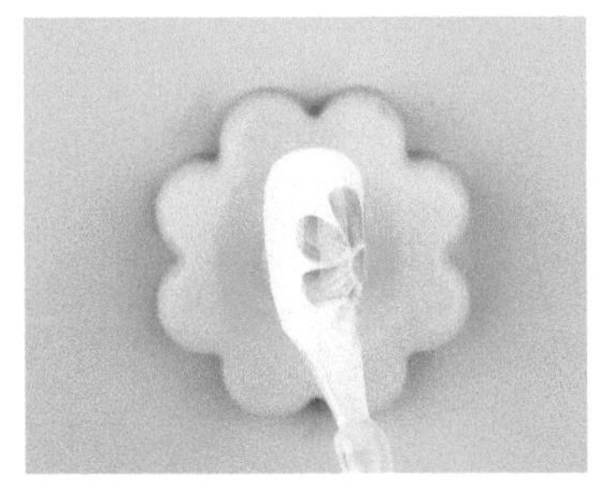

8 涂抹免洗封层，照灯固化 90 秒

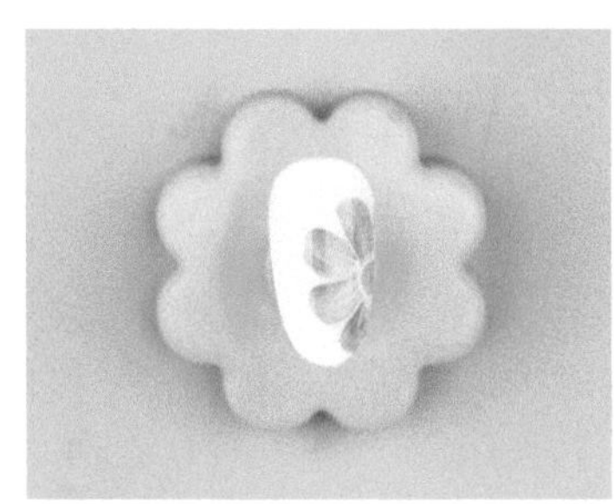

完成

知识便签

第 7 章
美甲喷绘

7.1 喷绘的产品、工具
7.2 单、双色渐变喷绘
7.3 正、负喷绘
7.4 甲油胶喷绘的产品、工具
7.5 甲油胶喷绘
7.6 喷枪的清洗

美甲喷绘是由“喷”和“绘”两部分组成的。由气泵压缩空气，气流通过导气管进入，再由喷枪嘴“喷”出，从而把色料壶中的液体喷出雾状，再通过各种形状的模板在指甲表面喷出图案。喷绘法制作出的款式常具有细腻的渐变效果，是其他美甲技术难以替代的一种技法。各式喷绘作品如图 7-1 所示。

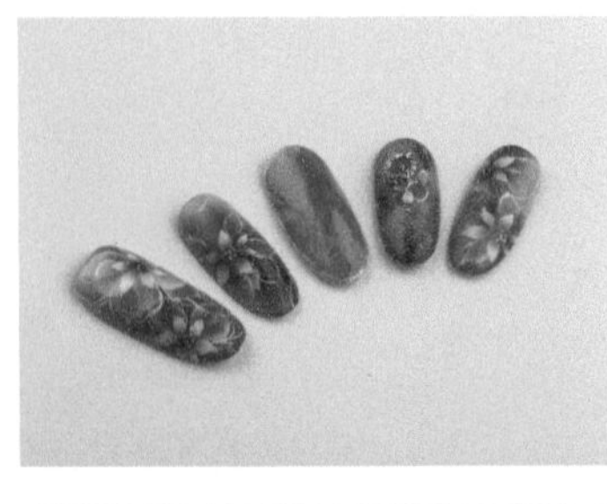
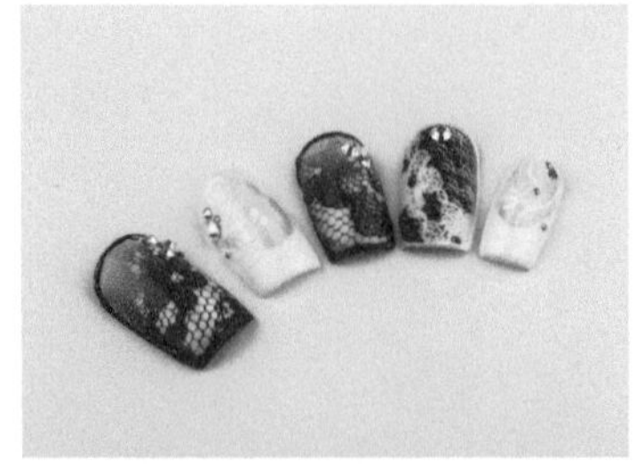
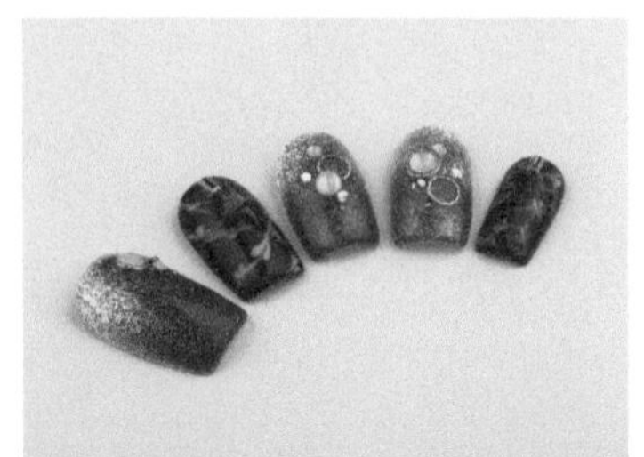

图 7–1 各式喷绘作品

7.1 喷绘的产品、工具

喷绘的主要工具和材料有：气泵、喷枪、气压调整器、清洁液、清洁笔刷、万向刀、刮刀、切割用玻璃片、遮盖纸、底油、水性颜料等，如图 7–2 所示。

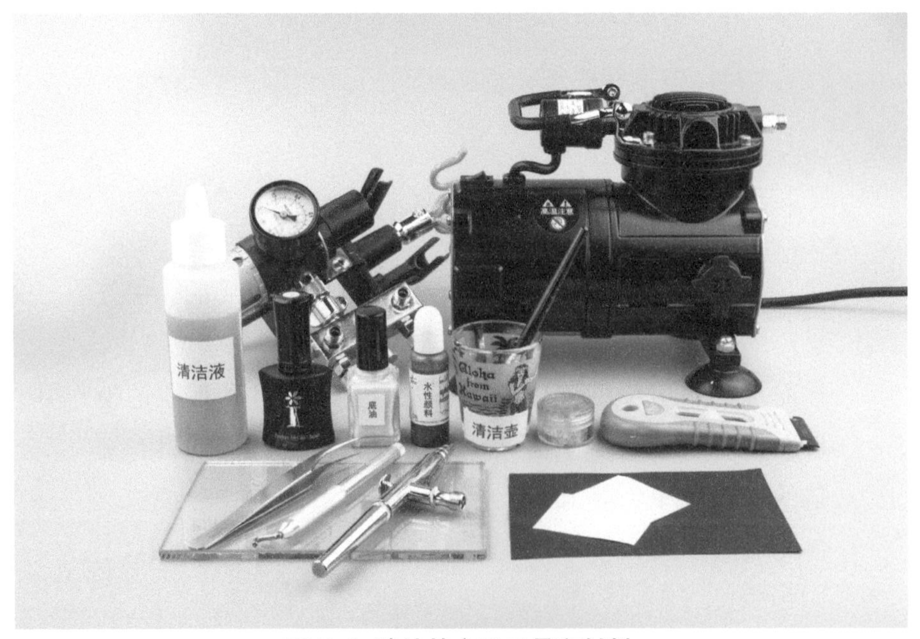

图 7–2 喷绘的主要工具和材料

图 7–3 气泵

（1）气泵

气泵是喷出气体的工具，如图 7–3 所示。它的工作原理是将气体喷至导气管，再经由气体过滤器将颜料从气枪中喷压出来。

（2）喷枪

喷枪是喷出颜料的工具，其出量拉杆可控制气体喷出的量等。喷枪及其结构见图 7–4。

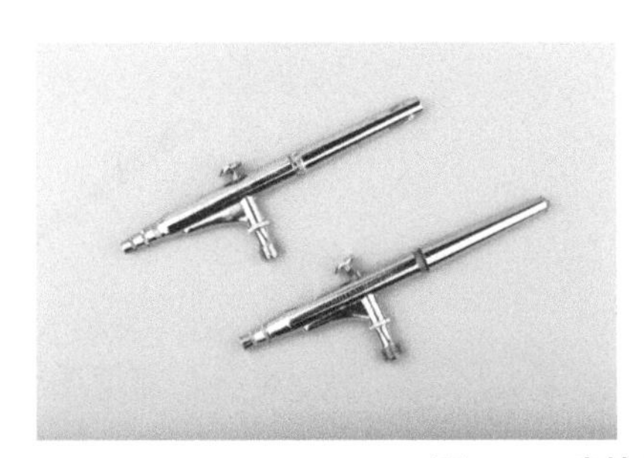

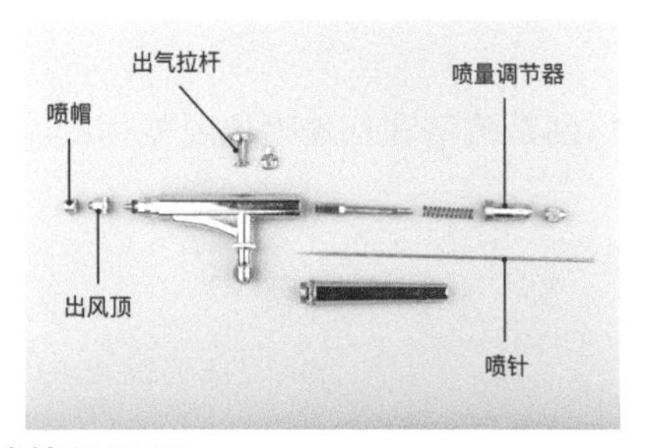

图 7–4 喷枪及喷枪结构图

注：出风顶—颜料与喷气的混合处；喷针—可调节出气量的大小；
喷帽—通过控制空气的喷出，与涂料在喷嘴处形成气雾状，达到喷涂目的；
出气拉杆—通过食指控制喷枪的气量和出料量；喷量调节器—可固定出漆量的大小

（3）气压调整器

气压调整器与气体过滤器连为一体，调整气泵机喷出的气压，去除水分，如图 7–5 所示。

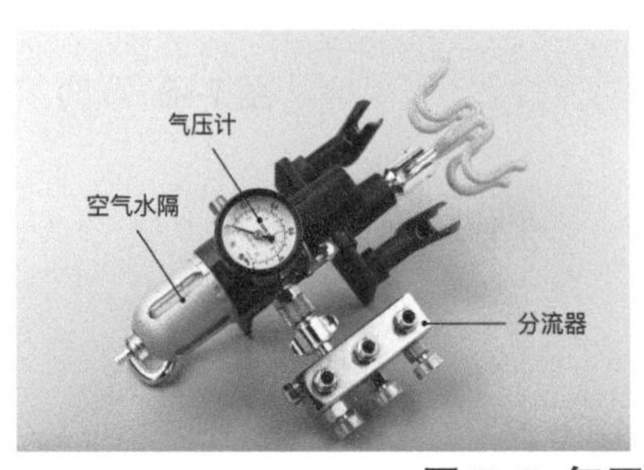

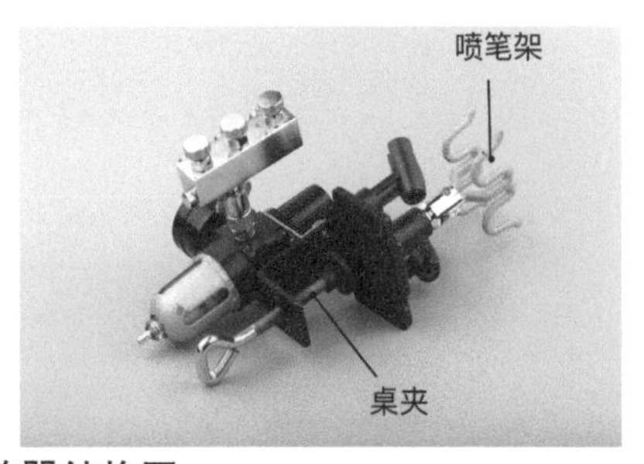

图 7–5 气压调整器结构图

注：分流器—使气压分流，可安装多支喷枪同时使用；
气压计—标识气压度数，气压越大出漆量越多，美甲使用时一般调节在 1~2 帕；
空气水隔—隔除气管内部由于气体流动产生的水分。避免在喷绘过程中喷出水珠，影响喷绘效果

（4）清洁液

清洁液在清洁喷枪时使用（图 7–6）。

图 7–6 清洁液

（5）清洁笔刷

清洁笔刷是清洁和保养喷枪时使用的工具（图 7–7）。

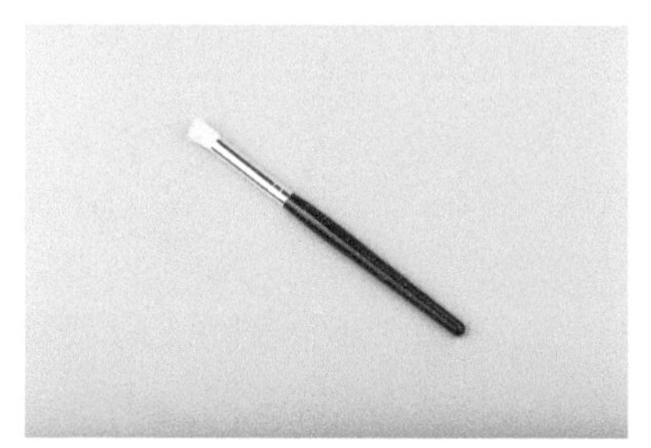

图 7–7 清洁笔刷

（6）万向刀

万向刀是切割遮盖纸的工具，如图 7–8 所示。刀刃可 360 度旋转。为避免刀锋磨损图案细节，使用时应控制力度，避免刀锋磨损。

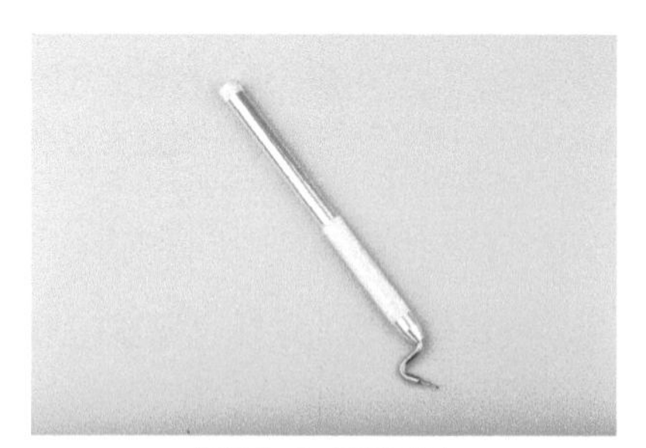

图 7–8 万向刀

（7）刮刀

刮刀用于铲起贴在玻璃板上的遮盖纸，如图 7–9 所示。

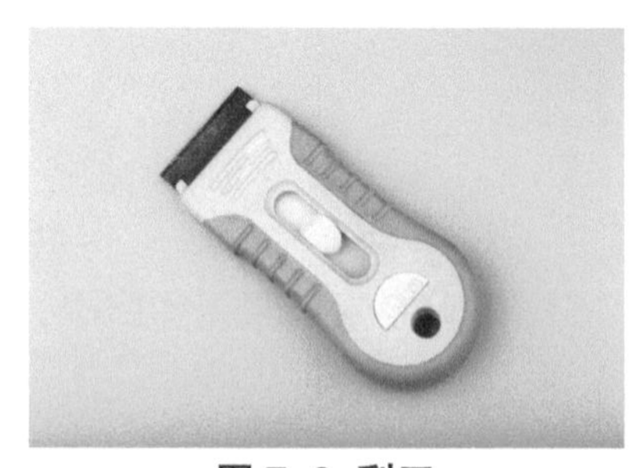

图 7–9 刮刀

图 7–10 切割用玻璃片

（8）切割用玻璃片

切割用玻璃片是切割遮盖纸时垫在底下使用的，是玻璃制的切割台（图 7–10）。

图 7–11 遮盖纸

（9）遮盖纸

用遮盖纸可切割出图案，是贴纸的一个品类（图 7–11）。

图 7–12 底油

（10）底油

底油使颜料更易附着于甲面，在涂抹底油后只能进行颜料喷绘，如图 7–12 所示。为了使颜料的发色效果更好，较多使用珍珠系的底油。

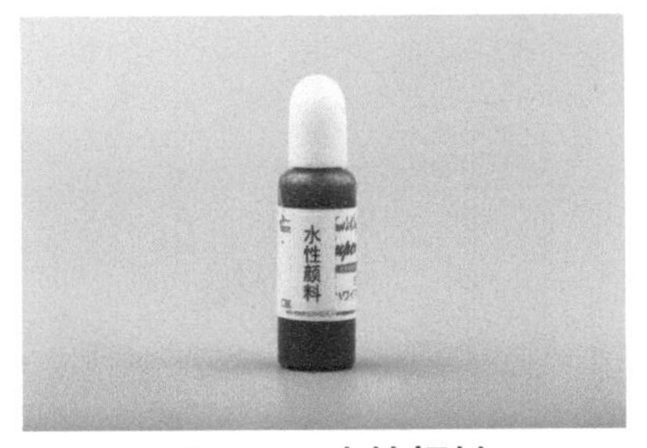

图 7–13 水性颜料

（11）水性颜料

水性颜料不变色，附着力强，分为纯色、半透明色和珠光色三大类（图 7–13）。

7.2 单、双色渐变喷绘

7.2.1 单色渐变喷绘

单色渐变喷绘需要的工具和材料有：乳白色底油 、蓝色水性颜料、免洗封层等。喷绘步骤如下。

1 涂上乳白色底油

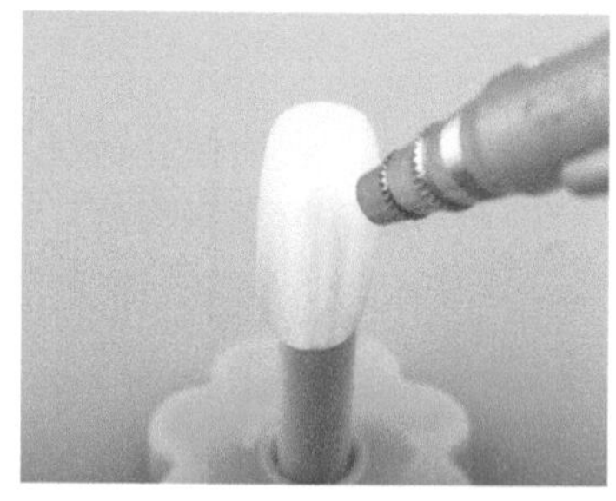

2 往色料壶装入蓝色水性颜料进行喷绘，喷嘴与甲面应保持适当的距离

3 从下至上喷至甲面的 1/2 位置，形成渐变效果

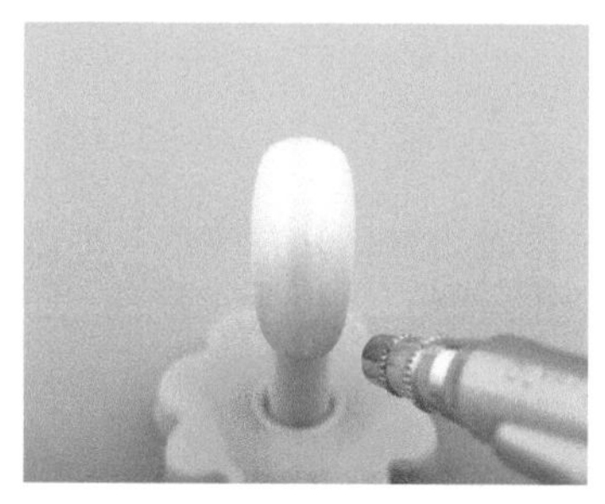

4 同一位置停留时间不能过长（过长会导致颜色过深），等待风干

5 重复喷绘，加深末端颜色，待颜料干透

6 涂上免洗封层，照灯固化 90 秒

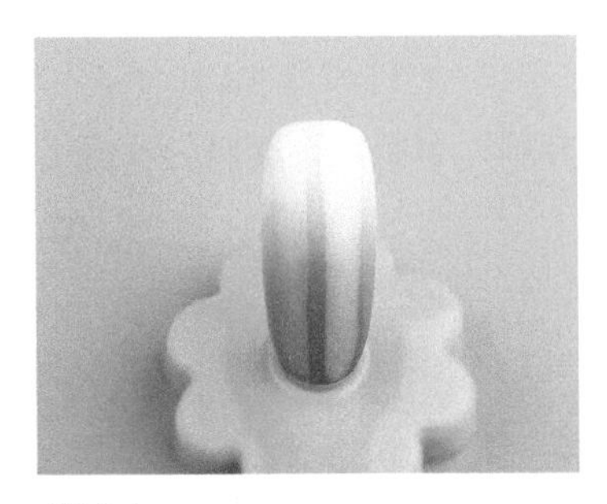

完成

知识便签

7.2.2 双色渐变喷绘

双色渐变喷绘需要的工具和材料有：乳白色底油、蓝色水性颜料、黄色水性颜料、喷绘工具、免洗封层等。

喷绘步骤如下。

1 涂上乳白色底油

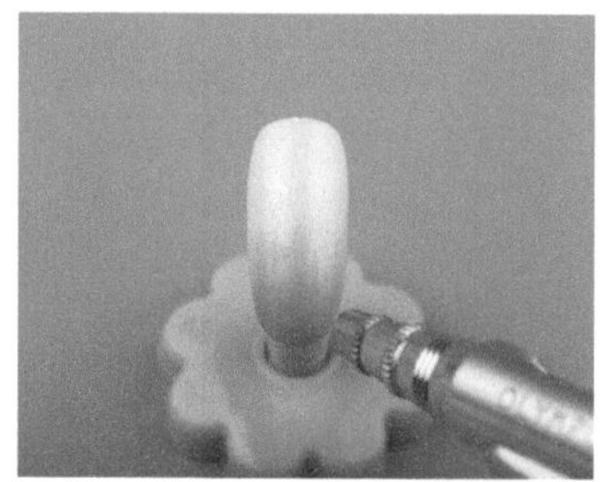

2 往色料壶装入蓝色水性颜料，从下往上由深至浅进行喷绘，喷至甲面 1/2 的位置，等待风干

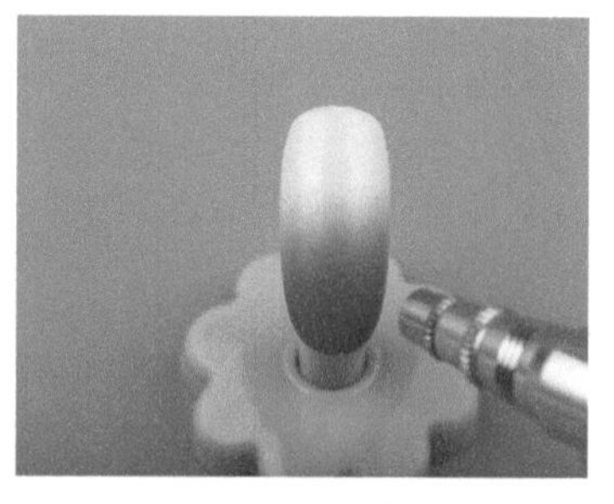

3 重复喷绘加深前端部分的颜色，注意颜色的过渡

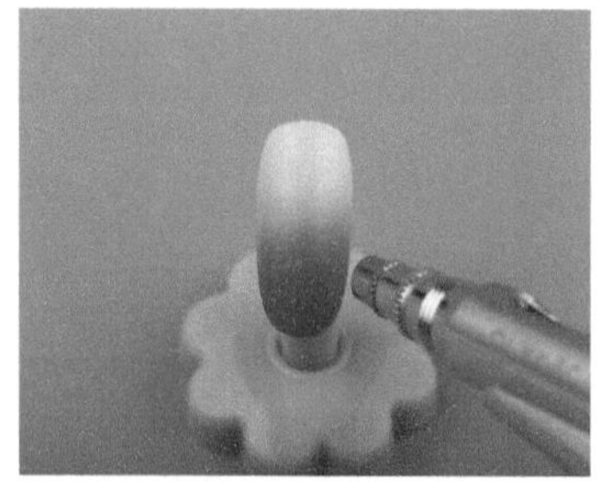

4 取已装入黄色水性颜料的喷枪进行喷绘，控制喷枪的出气量，以免操作失误

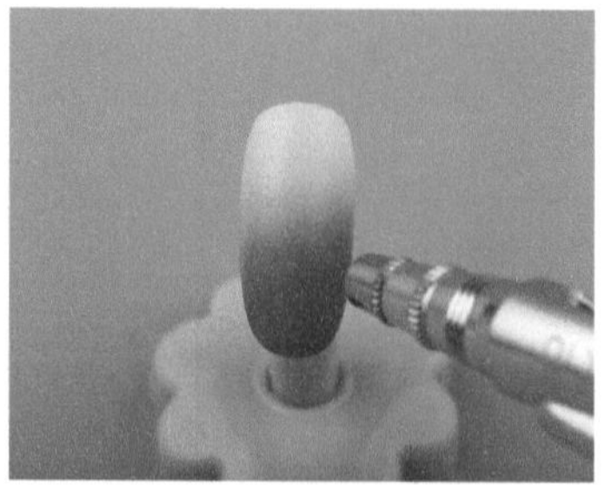

5 颜色交接处过渡自然，形成渐变效果

6 重复喷绘，加深颜色，等待风干

7　涂上免洗封层，照灯固化 90 秒

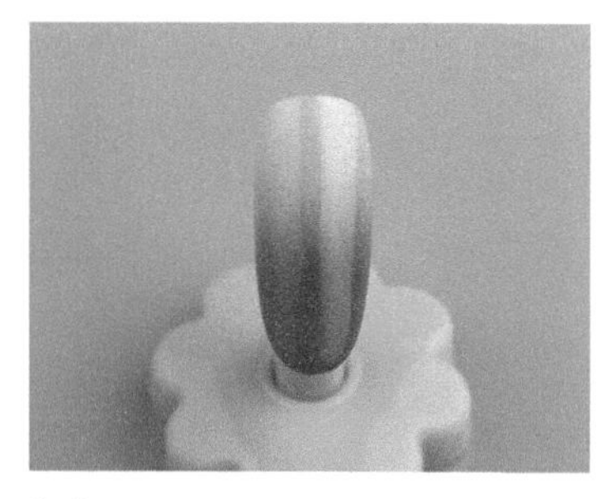

完成

知识便签

7.3 正、负喷绘

正、负喷绘是美甲师常用的高级技法。遮盖纸割出所得图案为裁剪图案，又称负图案，反之成为镂空图案，又称正图案。正、负喷绘即结合镂空、裁剪图案共同进行的喷绘创作。

7.3.1 樱花喷绘

樱花喷绘需要的工具和材料有：万向刀、玻璃片、遮盖纸、裸色甲油胶、喷绘工具、深紫色水性颜料、酒红色水性颜料、白色水性颜料、闪粉、免洗封层、镊子。

喷绘步骤如下。

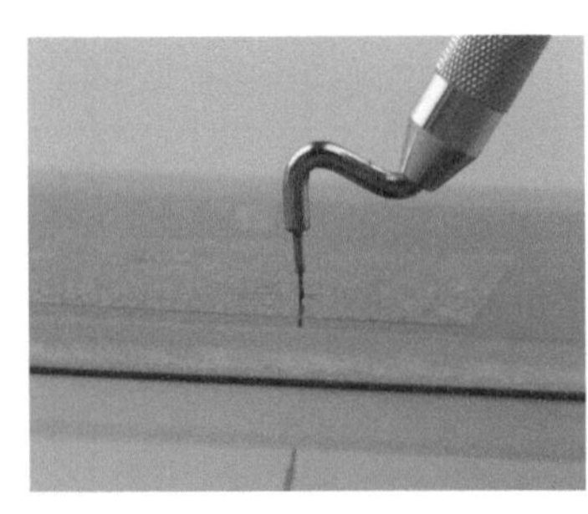

1 把透明遮盖纸放在玻璃片上，用万向刀在遮盖纸上割出樱花图案

2 得到镂空图案及剪裁图案两种

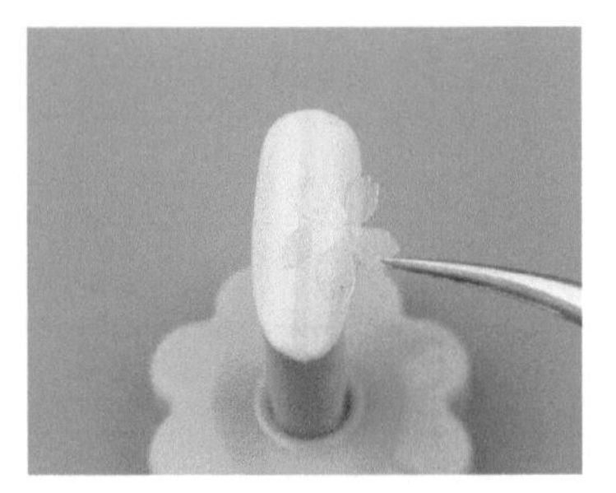

3 裸色甲油胶打底，把剪裁图案用镊子夹起贴在甲面上

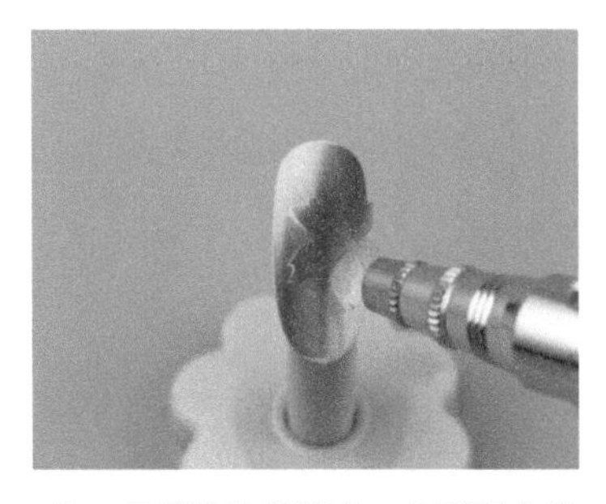

4 用喷枪取深紫色，在甲面上喷出较均匀色块水性颜料

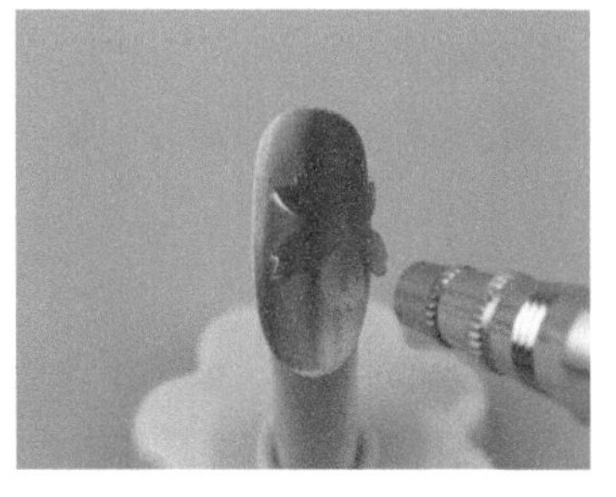

5 用喷枪取酒红色水性颜料，在剪裁图案附近喷上颜色，等待风干

6 用镊子取下剪裁图案，完成第一个花朵

7 用镊子将镂空图案贴在甲面上

8 使用白色水性颜料以打圈的方式，由远到近进行喷涂

9 得到自然过渡的白色小花，等待风干

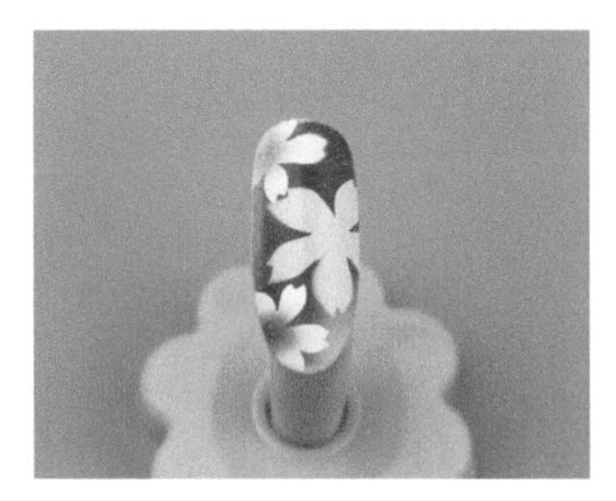

10 用同样的手法喷绘出其他花朵

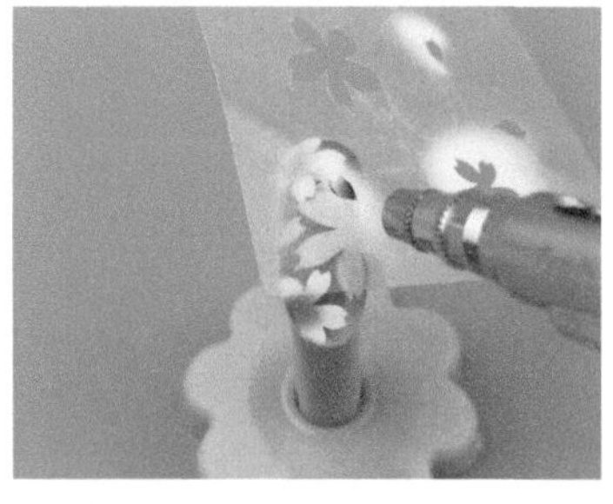

11 在花朵旁边使用镂空图案继续喷出白色叶子

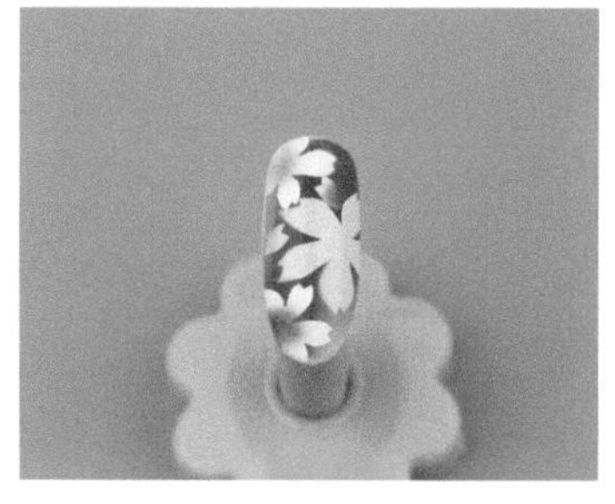

12 得到白色叶子，等待风干后涂抹加固胶或封层

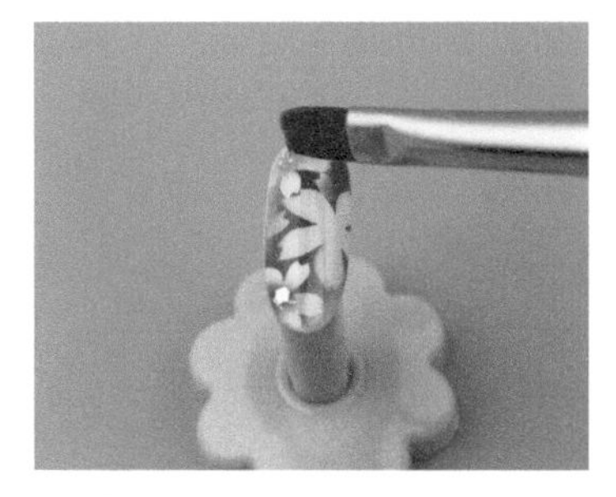

13 在花芯处点上闪粉或亮片作装饰，照灯固化 60 秒

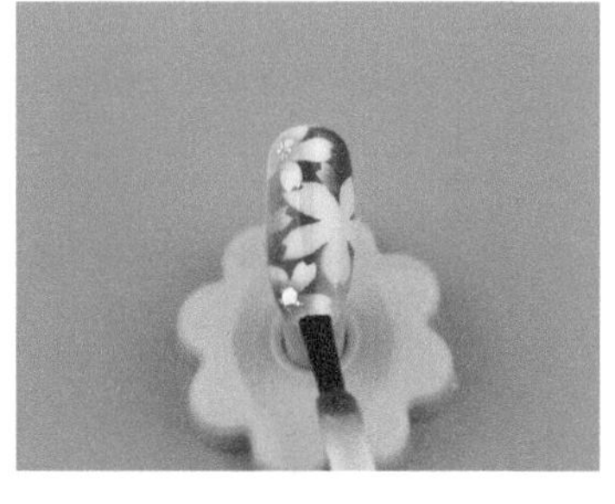

14 涂抹免洗封层，照灯固化 90 秒

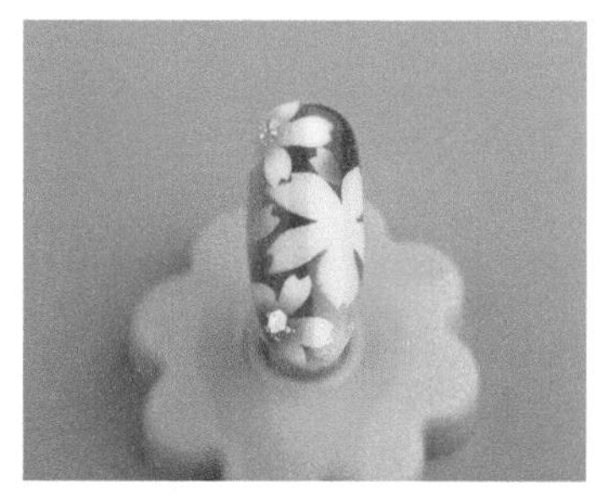

完成

7.3.2 五瓣花喷绘

五瓣花喷绘需要的工具和材料有：万向刀、玻璃片、喷绘工具、遮盖纸、黑色甲油胶、白色水性颜料、白色丙烯颜料、小笔、免洗封层。

喷绘步骤如下。

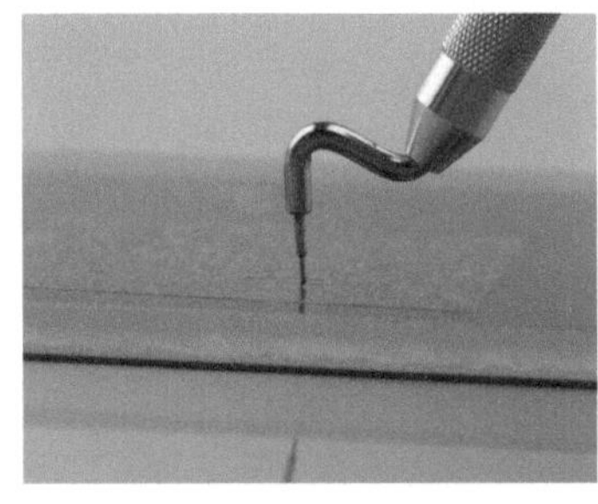

1 把遮盖纸贴在玻璃片上，使用万向刀裁出花瓣的形状，撕下遮盖纸，形成镂空贴纸备用

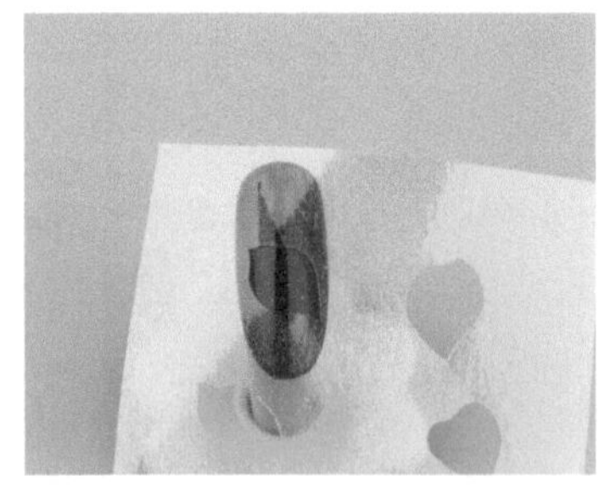

2 黑色甲油胶打底，把镂空贴纸贴在甲面上

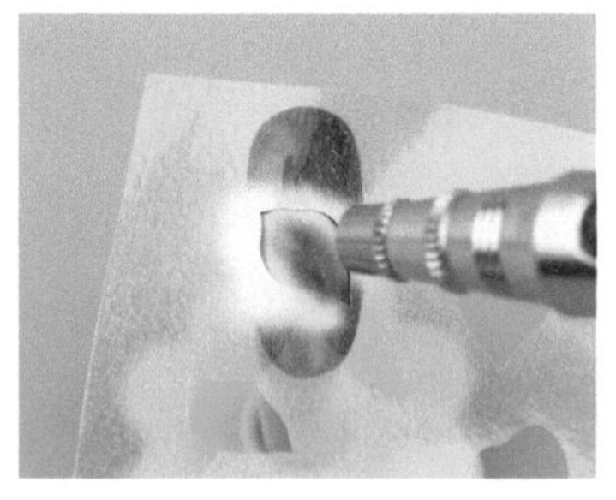

3 用喷枪取白色水性颜料，沿着镂空图案边缘喷涂，等待风干

4 用遮盖手法喷绘出其他花瓣，使花瓣层层叠加

5-1

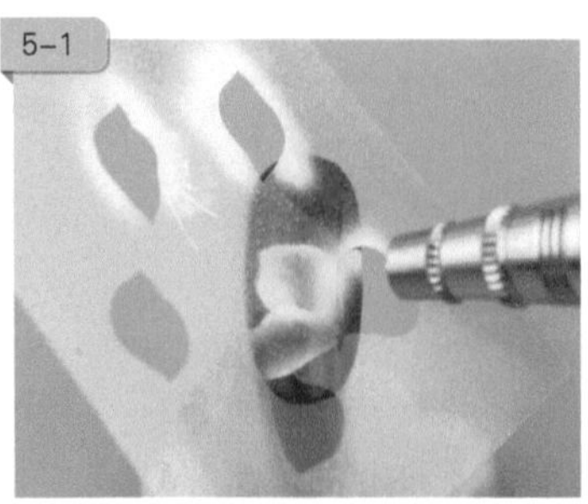

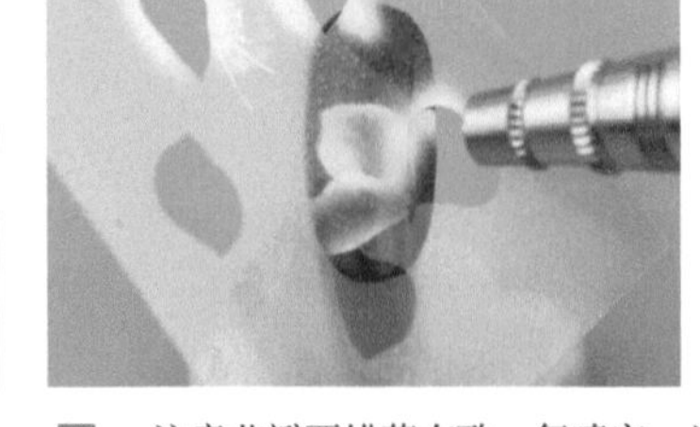

5-2

5 注意花瓣要错落有致，每喷完一片花瓣都要风干后再进行下一步喷绘

6 形成白色花朵

7 用小笔沾取白色丙烯颜料，画出花芯及藤蔓作装饰，待颜料风干

8 涂抹免洗封层，照灯固化 90 秒

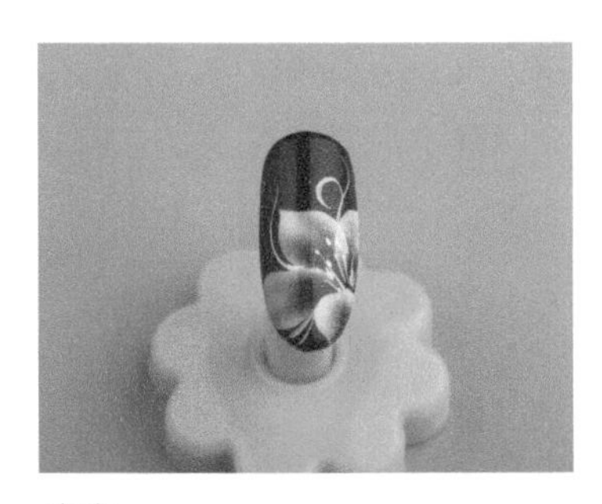

完成

知识便签

7.3.3 月季花喷绘

月季花喷绘需要的工具和材料有：万向刀、玻璃片、喷绘工具、遮盖纸、金色甲油胶、深紫色水性颜料、蓝绿色水性颜料、墨绿色水性颜料、白色水性颜料、白色丙烯颜料、免洗封层、加固胶、闪粉、镊子。

喷绘步骤如下。

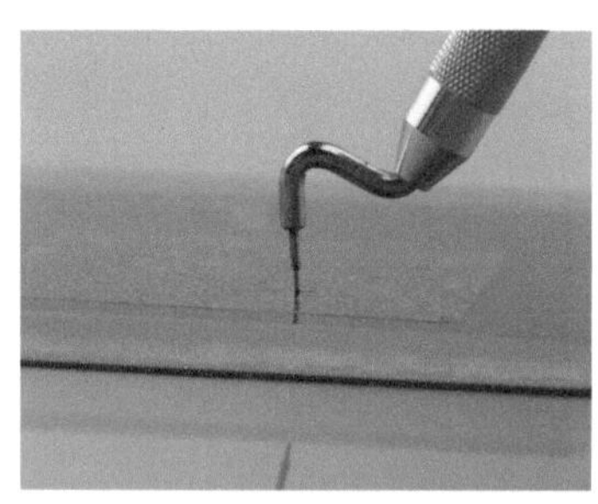

1 使用两张遮盖纸，在第一张上割出花瓣得出剪裁图案，在第二张上割出镂空花瓣图案

2 金色甲油胶打底，用镊子把花瓣剪裁图案贴在甲面上

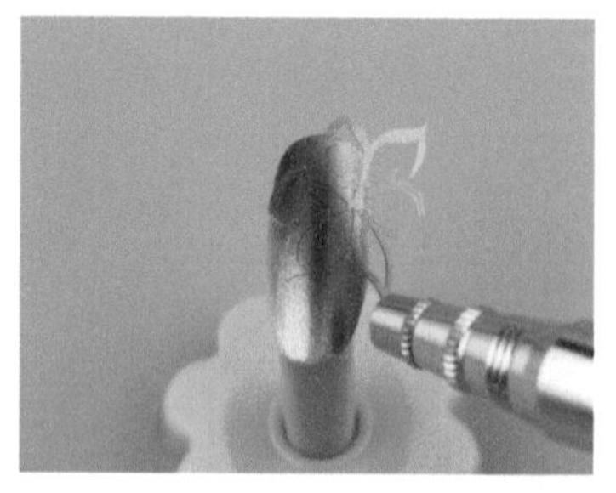

3 用喷枪取深紫色水性颜料进行斜向喷绘

4-1

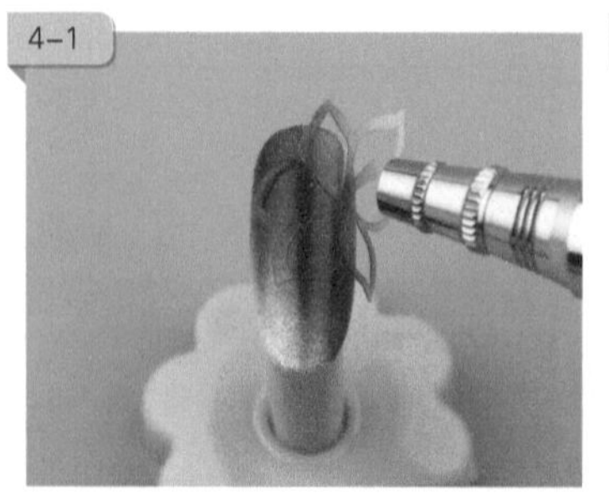

4-2

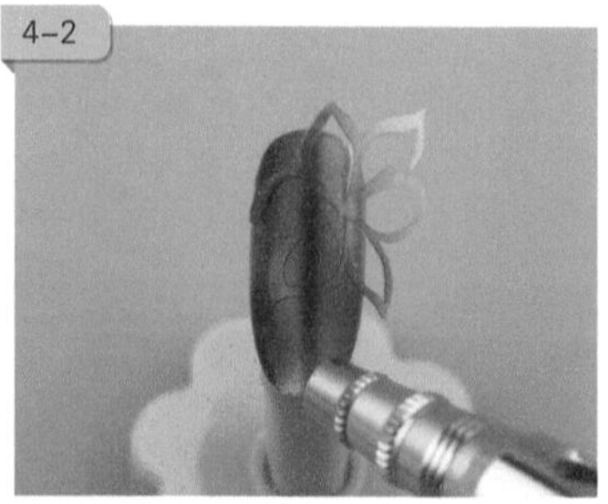

4 用喷枪取蓝绿色和墨绿色水性颜料进行喷绘，使颜色覆盖整个甲面，等待风干

5 用镊子取下遮盖纸，得出花朵图案

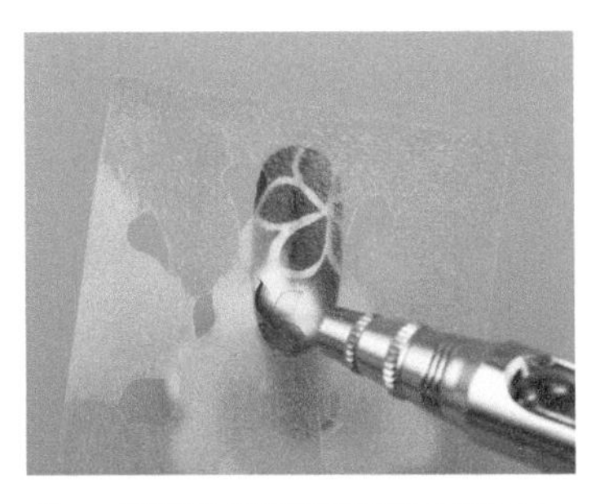

6　用镊子将镂空图案贴在甲面上，取白色水性颜料沿着镂空图案边缘进行喷绘

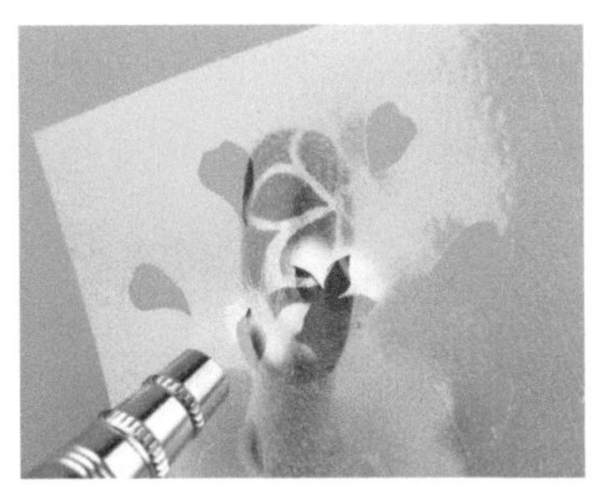

7　用同样手法喷绘花瓣形成花朵雏形

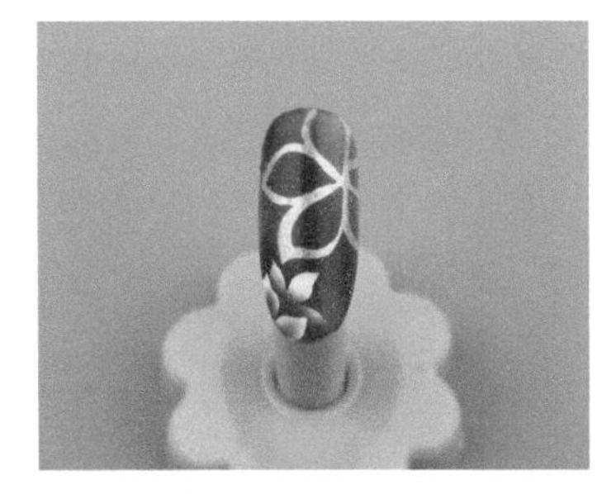

8　先喷出花朵内层，注意把握喷枪出气量

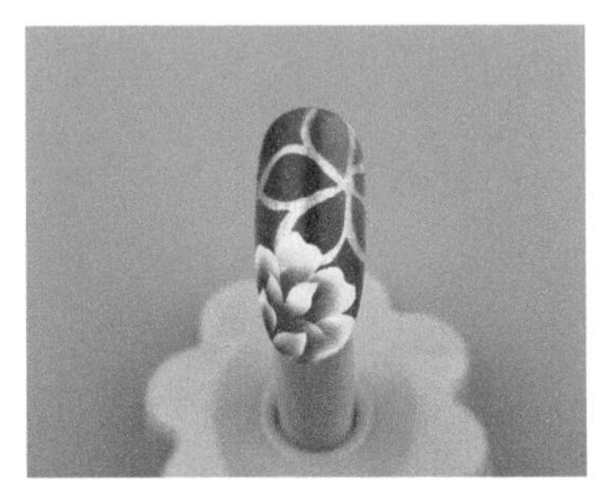

9　再喷出花朵外层，注意花瓣要错落有致，等待风干

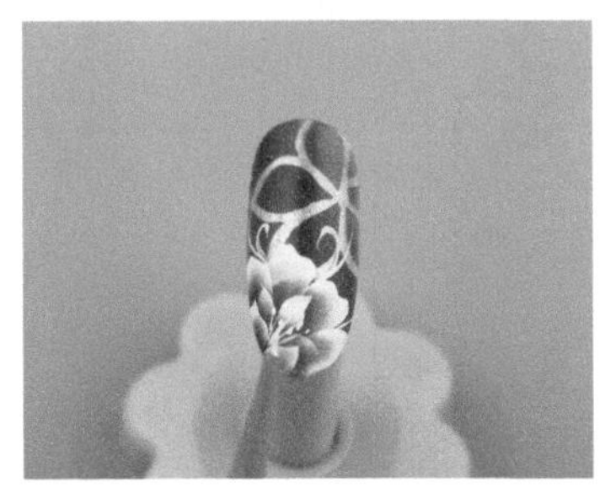

10　用小笔沾取白色丙烯颜料画出花芯及藤蔓，待颜料风干

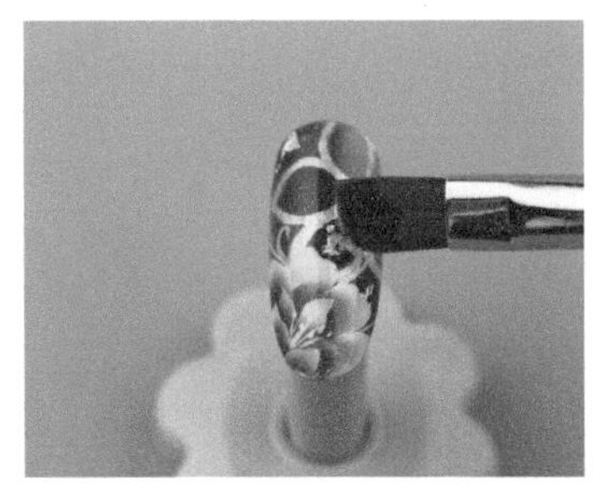

11　颜料干透后，涂抹加固胶或封层后点上闪粉装饰，照灯固化 60 秒

12　涂抹免洗封层，照灯固化 90 秒

完成

知识便签

7.3.4 线条喷绘

线条喷绘需要的工具和材料有：遮盖条、喷绘工具、深紫色水性颜料、浅蓝色水性颜料、紫红色水性颜料、免洗封层。

喷绘步骤如下。

1 裁出多条粗细不一的遮盖条

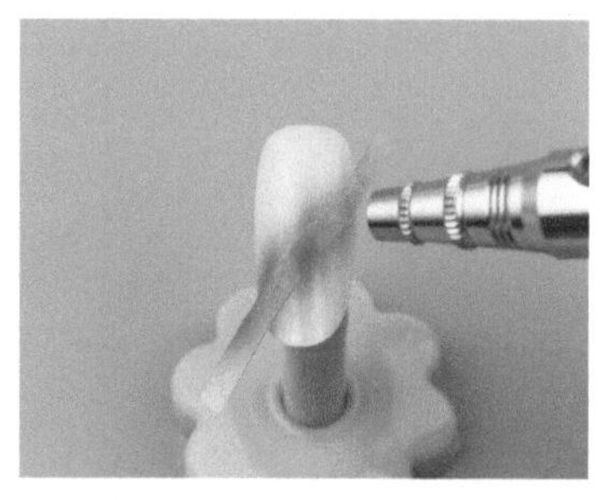

2 将粗遮盖条贴在甲面，用喷枪取紫红色水性颜料，沿着遮盖条边缘进行喷绘，颜色干透便可撕下遮盖带

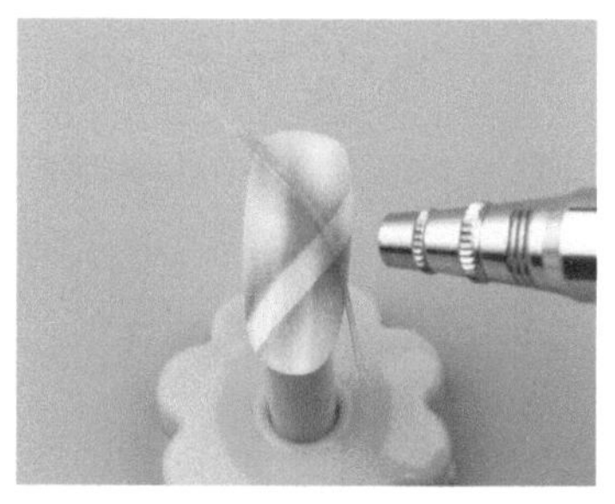

3 将细遮盖条交错贴在甲面，用同样手法进行喷绘

4-1

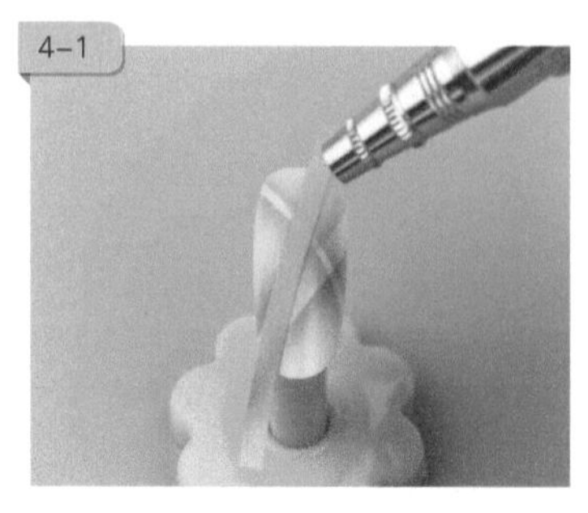

4-2

4 再用喷枪取深紫色、浅蓝色水性颜料进行喷绘，等待风干

5 注意控制喷枪的出气量

6 待颜料完全风干后，整体涂抹免洗封层，照灯固化 90 秒

完成

知识便签

7.4 甲油胶喷绘的产品、工具

甲油胶喷绘使用的工具有：气泵、喷枪、色料壶（用于倒入甲油胶），如图 7-15 所示。

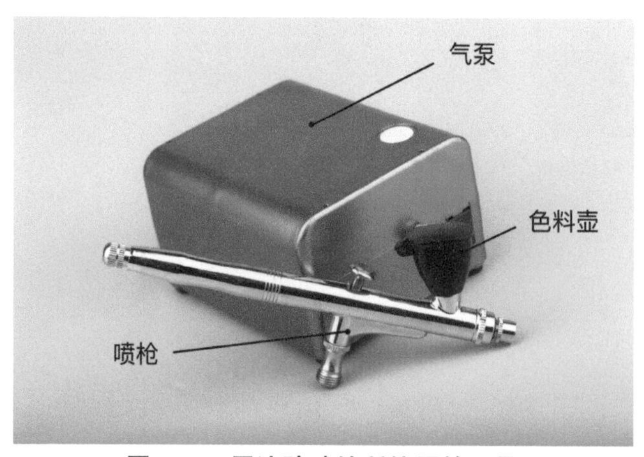

图 7-15 甲油胶喷绘所使用的工具

Tips:

- 市面上可用于甲面喷绘的甲油胶有两种：一种为甲油胶，另一种为喷绘用甲油胶。

（1）甲油胶

甲油胶如图 7-16 所示。质地较为黏稠，喷绘时需要稀释液调匀后使用。

图 7-16 甲油胶

（2）喷绘用甲油胶

喷绘用甲油胶如图 7-17 所示。在给顾客操作时一种颜色滴三四滴即可，不够可再加，切勿一次性加太多（一是防止浪费，二是避免使用时色料壶中洒出颜料）。

图 7-17 喷绘用甲油胶

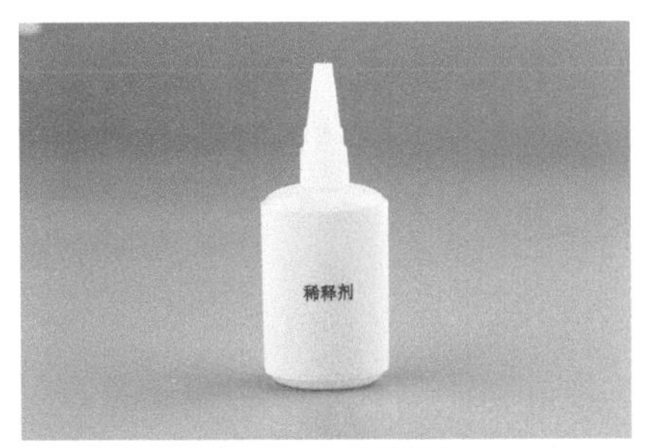

图 7–18　稀释液

（3）稀释液

稀释液如图 7–18 所示。一般的甲油胶直接用于喷绘过于黏稠，需要加入稀释液，达到适宜稠度。

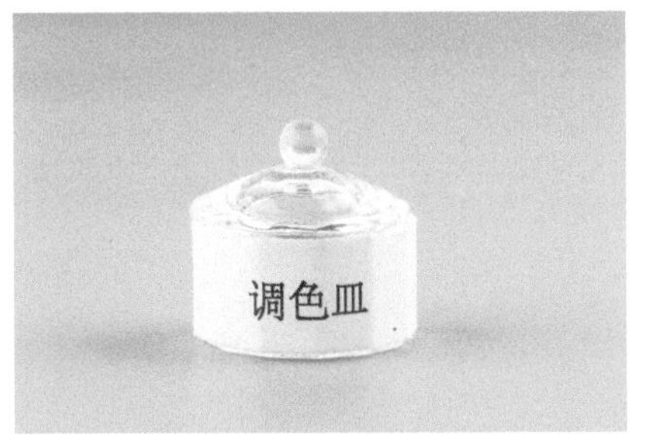

图 7–19　调色皿

（4）调色皿

调色皿如图 7–19 所示。滴入甲油胶与稀释液，在调色皿内用调色棒搅拌，得到稠度适宜的甲油胶。

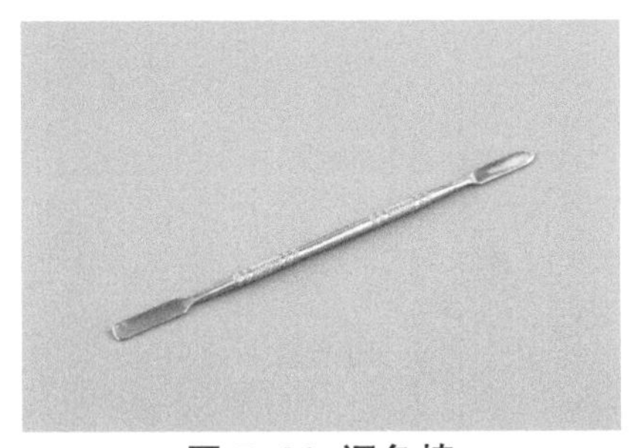
图 7–20　调色棒

（5）调色棒

调色棒如图 7–20 所示。用于甲油胶与稀释液的搅拌。

知识便签

7.5 甲油胶喷绘

7.5.1 单色甲油胶喷绘

单色甲油胶喷绘需要的工具和材料有：乳白色甲油胶、喷绘工具、粉红色甲油胶、免洗封层。喷绘步骤如下。

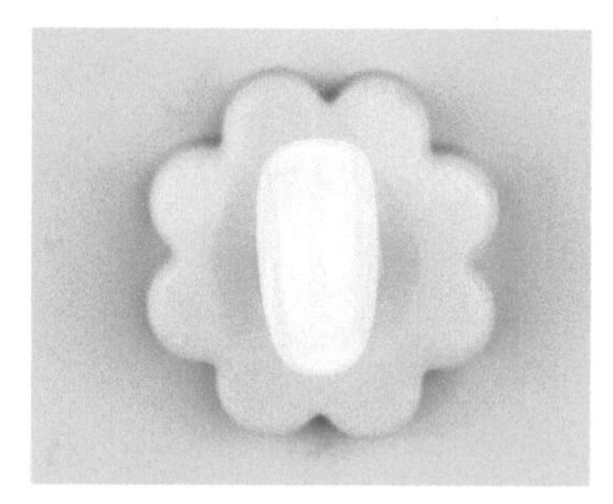

1 完成乳白色甲油胶打底

2 往喷枪的色料壶滴入粉红色甲油胶，为甲面进行喷绘

3 注意第一次喷绘时喷嘴应与甲面保持适当的距离，且喷绘时不要在同一位置停留，以免颜色聚堆，照灯固化 30 秒

4 重复喷绘，再照灯固化 30 秒

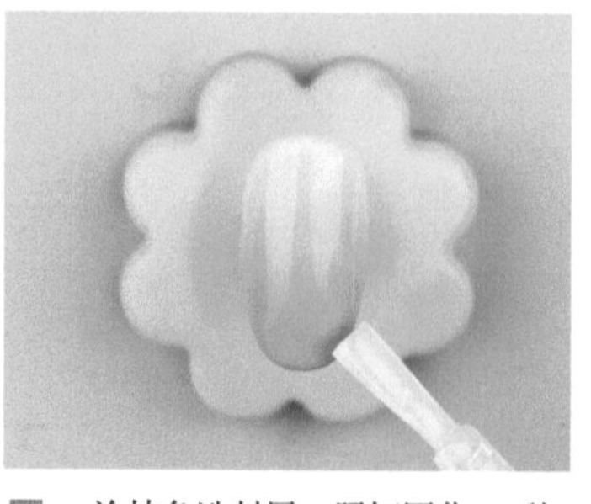

5 涂抹免洗封层，照灯固化 90 秒

完成

7.5.2 双色甲油胶喷绘

双色甲油胶喷绘需要的工具和材料有：乳白色甲油胶、喷绘工具、浅绿色甲油胶、浅蓝色甲油胶、免洗封层。

双色甲油胶喷绘步骤如下。

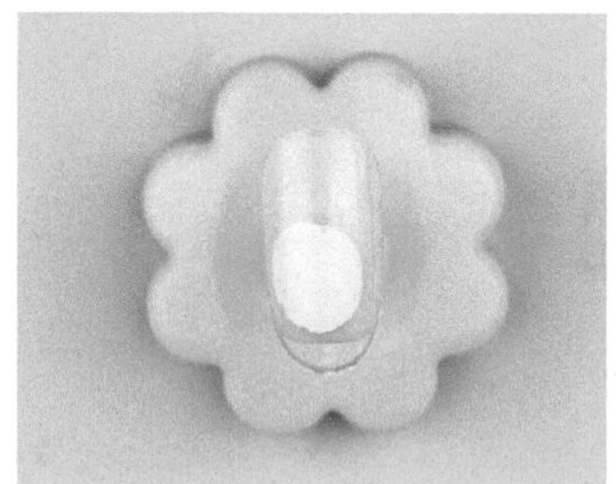

1 乳白色甲油胶打底

2 往喷枪的色料壶滴入浅蓝色甲油胶，为甲面进行喷绘

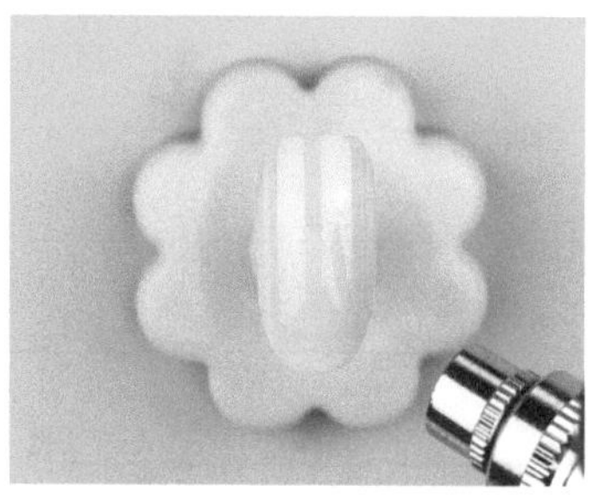

3 再取浅绿色甲油用左右来回的方法喷涂于甲面，使两色自然过渡

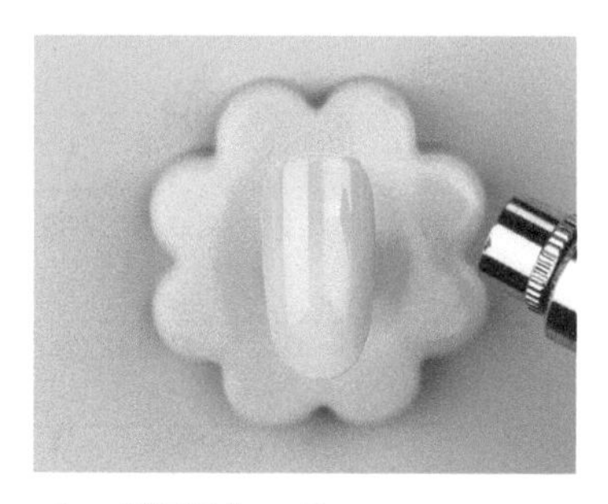

4 照灯固化 30 秒

5 重复喷绘加深颜色后照灯固化 30 秒

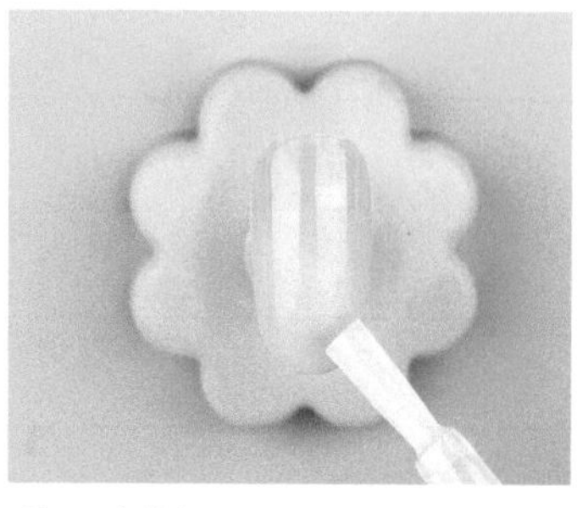

6 涂抹免洗封层，照灯固化 90 秒

完成

知识便签

7.6 喷枪的清洗

在每次进行颜色喷绘后，要进行色料壶的清洗，具体操作如下。

1 往使用后的色料壶倒入清洁液

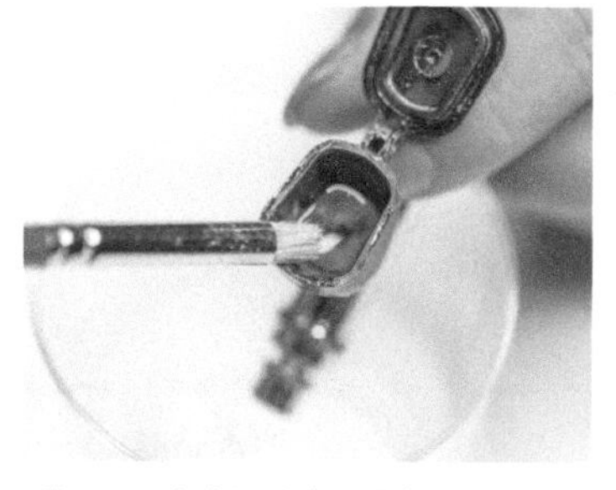

2 用清洁笔刷清洗内部甲油胶

3 色料壶内壁要清理到位

4 倒掉清洁液，并用无纺布擦拭色料壶内外部

5 倒入适量清洁液

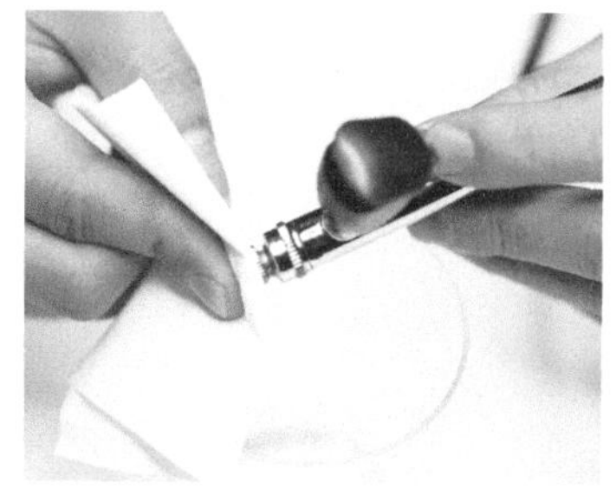

6 用无纺布顶住喷嘴

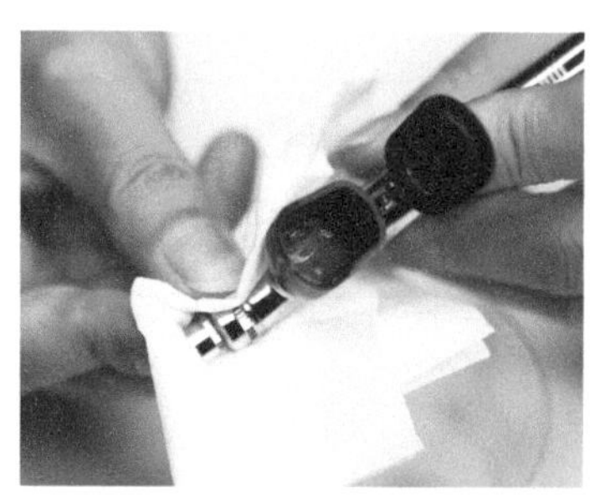

7 拉动气杆使气体回流，清洗喷枪内部

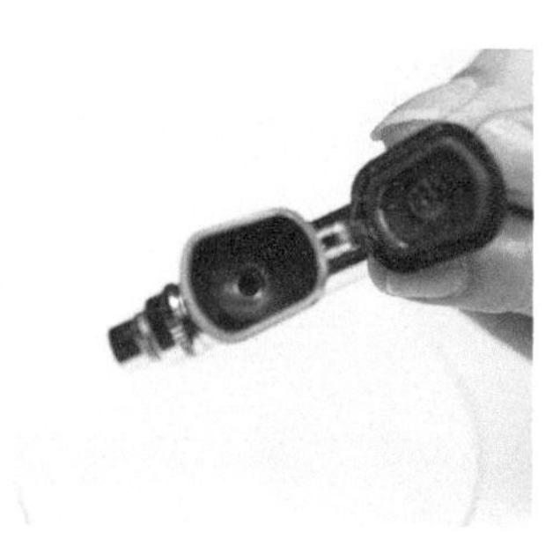

8 清理后效果

9 再倒入适量清洁液

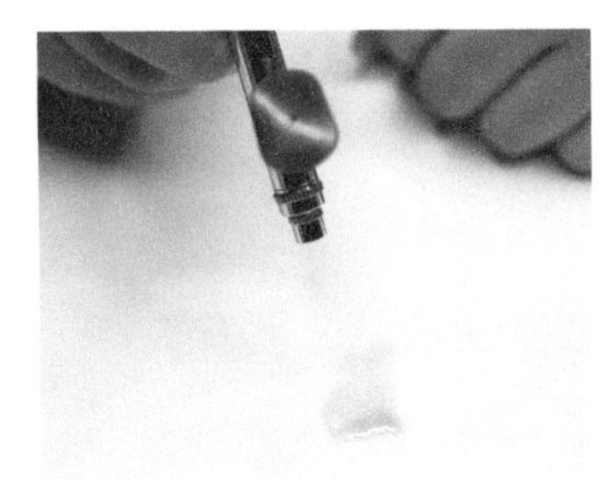

10 往空白处喷压

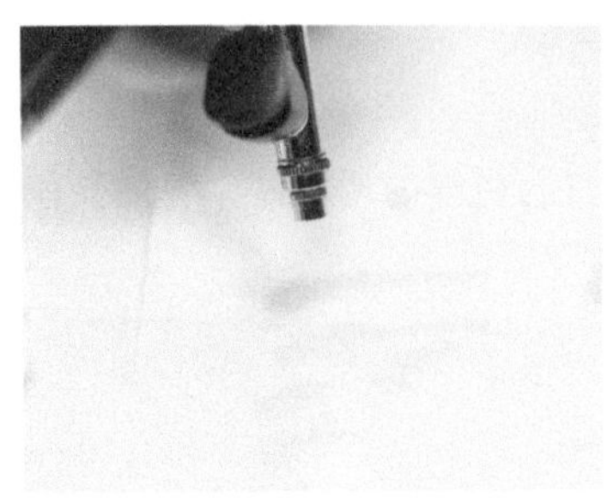

11 至喷出透明液体时即为冲洗干净

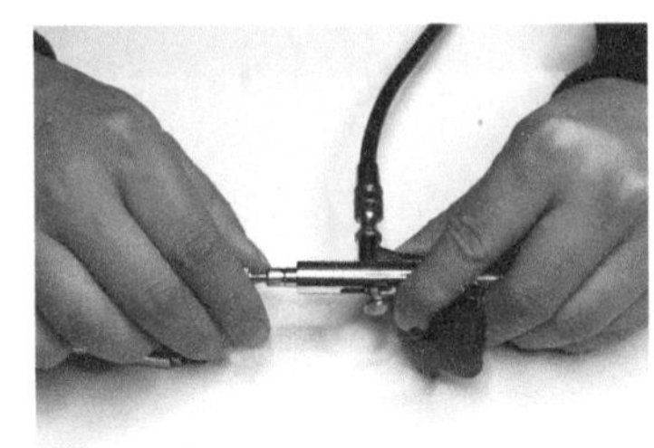

12 拧开喷枪后杆再拧松针固定头

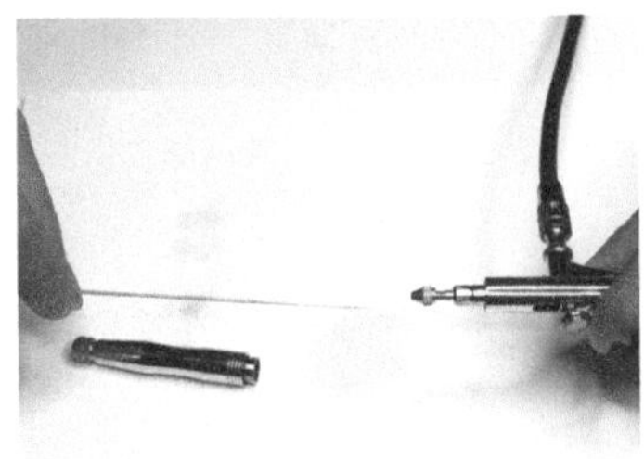

13 取出喷针

14 使用柔软的纸巾或无纺布沾清洁液，顺着针尖擦洗至完全干净，注意不能在针尖处来回擦洗，以免伤害针尖

15 小心地将喷针插回至枪管内，拧紧针固定头，安装后杆，完成

知识便签

第 8 章 指甲雕艺

8.1 雕艺的产品、工具

8.2 水晶雕艺

8.3 光疗雕艺

8.4 内雕艺

8.5 立体雕艺

指甲雕艺是一种高级美甲技法，通过雕花胶、水晶粉等材料，展示各种立体形状，操作时美甲师需要掌握高级的审美艺术，拥有掌控整体效果的能力。本章将展示内雕艺、水晶雕艺、光疗雕艺、立体雕艺等技巧，这些都是目前广受喜爱的技法。

8.1 雕艺的产品、工具

指甲雕艺需要用到的工具及材料有：雕花胶、水晶粉、水晶液、纸托、锡纸、雕花笔、水晶笔等。

（1）雕花胶

雕花胶环保、无气味、操作方便快捷，需注意的是每完成一步都要照灯固化，如图 8-1 所示。

图 8-1 雕花胶

（2）水晶粉

水晶粉的主要成分为二氧化硅，无味，与水晶液结合成水晶酯，由于水晶粉颗粒极细，建议制作水晶甲时应配戴口罩，如图 8-2 所示。

图 8-2 水晶粉

（3）水晶液

水晶液的主要成分是甲基丙烯酸酯的单体，有刺激性气味，如图 8-3 所示。

图 8-3 水晶液

图 8-4 纸托

（4）纸托

纸托是延长、固定以及定型指甲时的辅助工具，如图 8-4 所示。

图 8-5 锡纸

（5）锡纸

可将把水晶酯放在锡纸上（如图 8-5 所示），雕出不同的形状。

图 8-6 雕花笔

（6）雕花笔

雕花笔可与雕花胶或水晶酯配合使用，如图 8-6 所示。需注意雕花笔沾取雕花胶后，此笔不能再与水晶酯混合使用。

图 8-7 水晶笔

（7）水晶笔

水晶笔与水晶液、水晶粉搭配使用，如图 8-7 所示。

8.2 水晶雕艺

8.2.1 单色小圆花

水晶雕单色小圆花需要的工具和材料有：珠光色甲油胶、白色水晶粉、水晶液、雕花笔、免洗封层。

具体步骤如下。

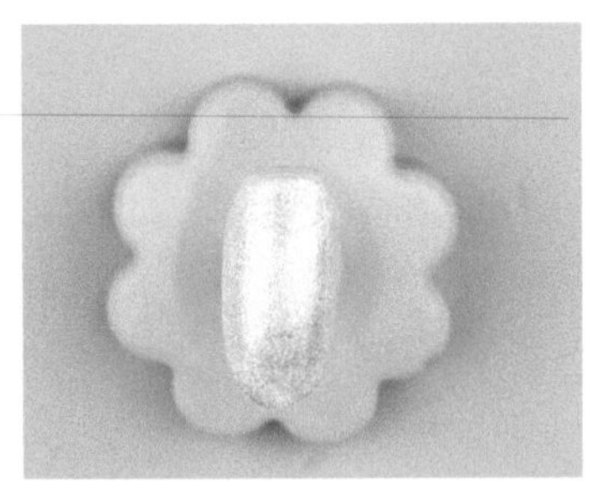

1 珠光色甲油胶打底，涂抹免洗封层，照灯固化 90 秒

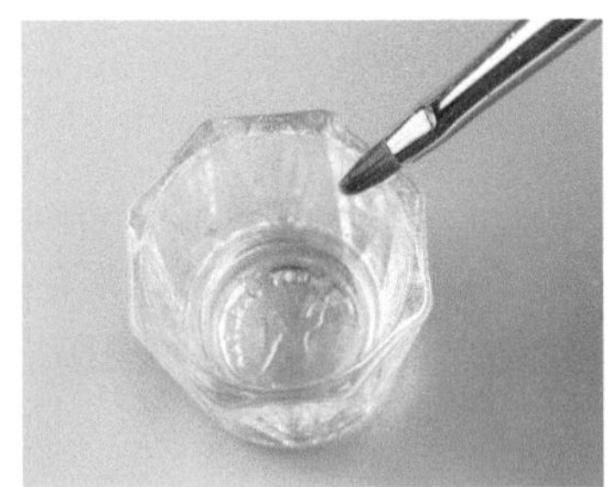

2 将雕花笔沾满水晶液

3 再沾取适量白色水晶粉

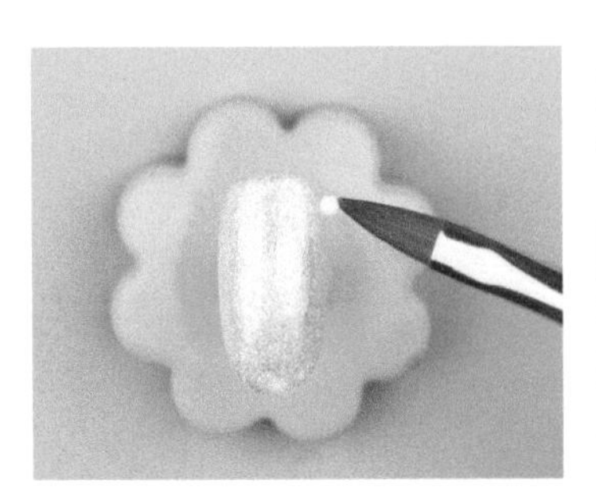

4 形成白色水晶酯放置在甲面

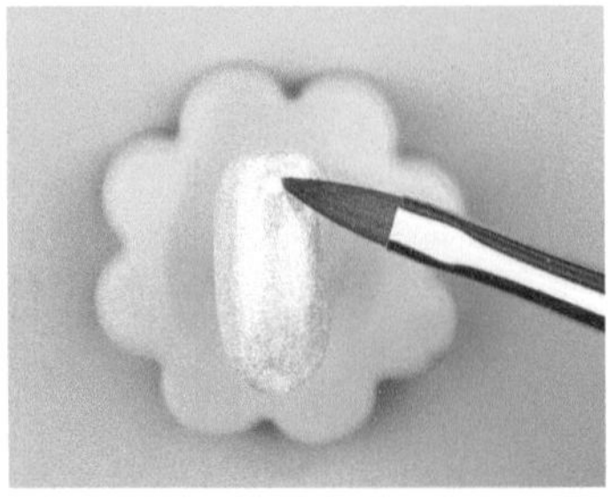

5 放置水晶酯时力度要轻柔，以免变形

6 用雕花笔在圆球中间轻压一笔

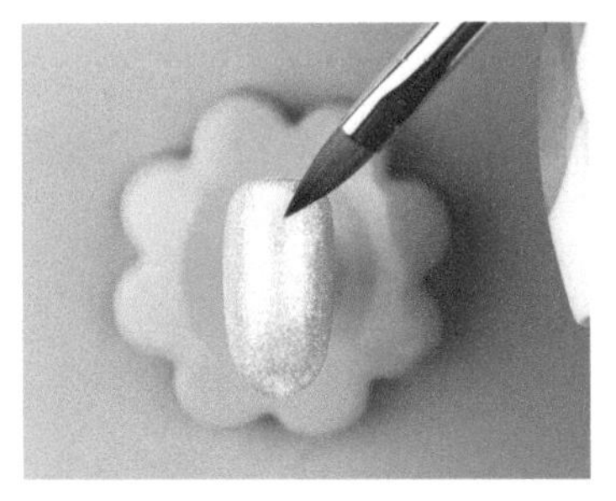

7　向两边压开形成花瓣

8　用同样手法雕出其他花瓣

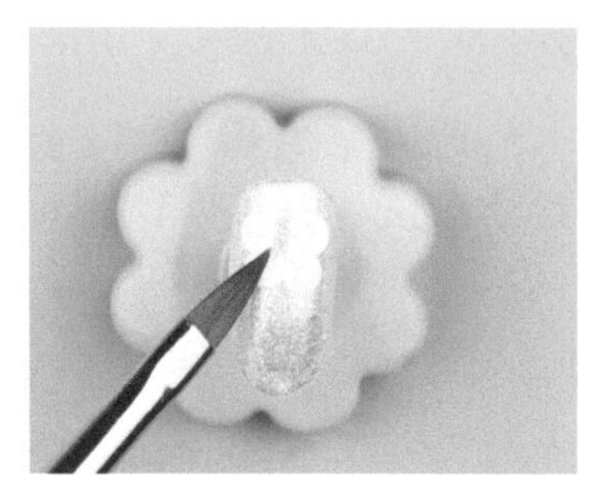

9　注意花瓣的位置摆放并形成花朵雏形

10　用沾满水晶液的雕花笔取适量白色水晶粉形成水晶酯放置在花朵中心

11　往圆球中心轻压一笔，雕出花芯

12-1

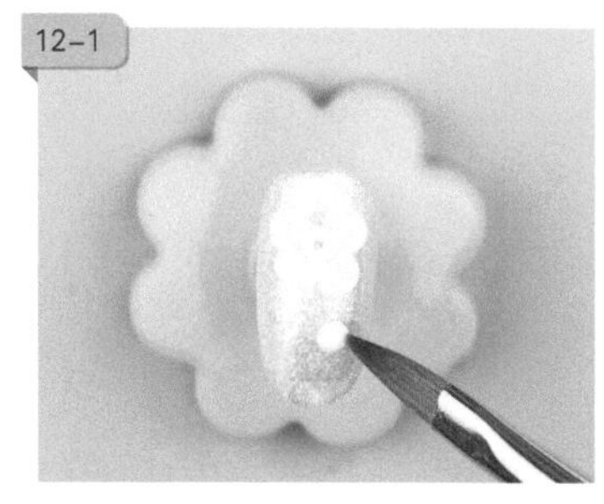

12　用同样手法，雕出其他花朵

12-2

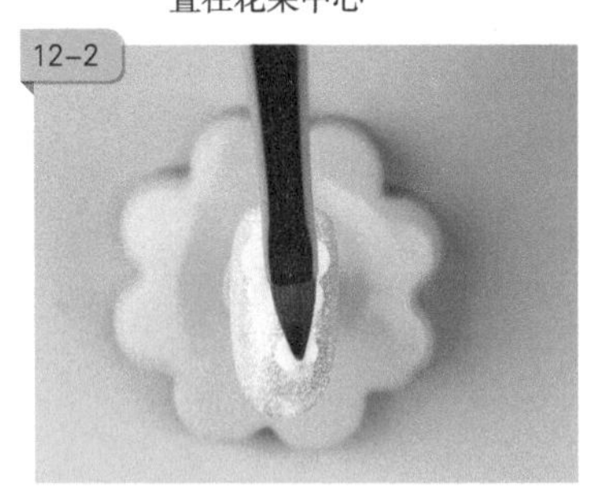

13-1

13-2

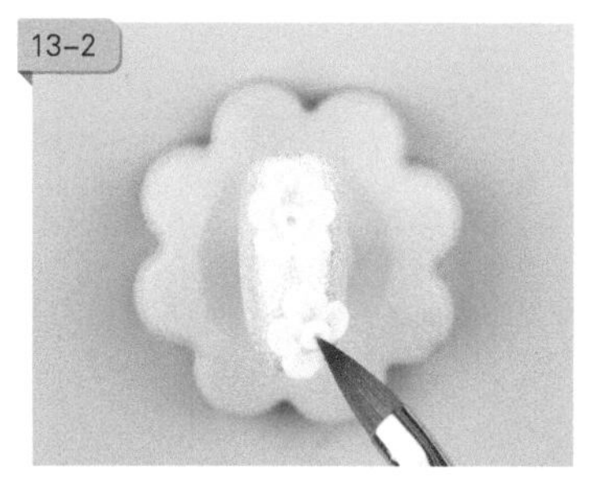

13　根据甲面大小设计花朵数量

13-3

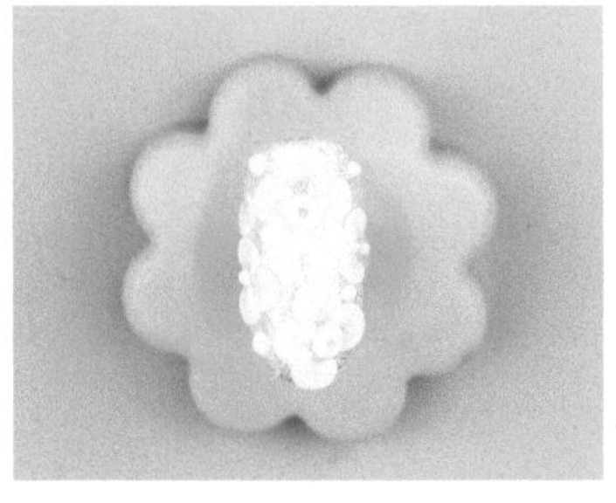

14　在甲面留白处适当点上白色小球，待完全干透，完成

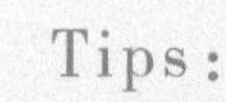

Tips:

- 可用磨砂封层涂抹花体，避免花体脏污。

8.2.2 双色小茶花

水晶雕双色小茶花需要的工具和材料有：淡紫色甲油胶、水晶液、白色水晶粉、粉色水晶粉、绿色水晶粉、黄色水晶粉、雕花笔、免洗封层。

具体步骤如下。

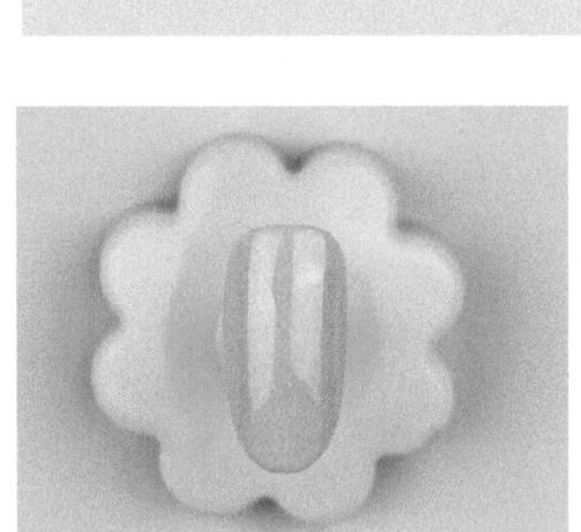

1 淡紫色甲油胶打底，涂上免洗封层照灯固化 90 秒

2 将雕花笔沾满水晶液

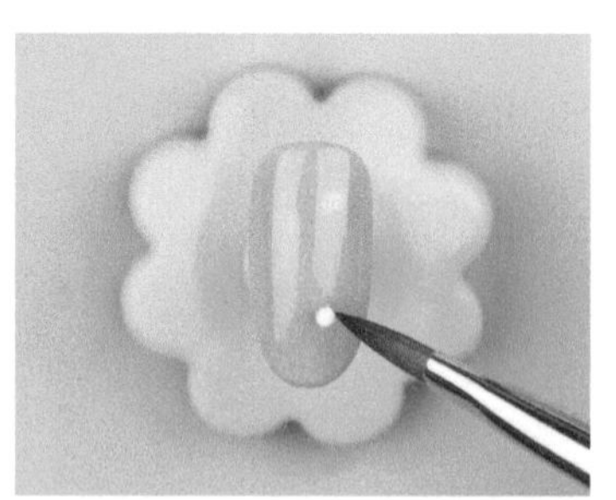

3 再沾取白色水晶粉与粉色水晶粉，形成圆球状双色水晶酯

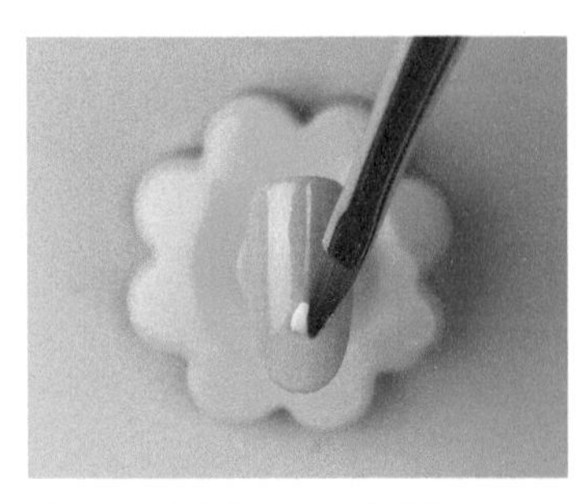

4 用雕花笔在圆球的中间轻压，向两边压开形成花瓣

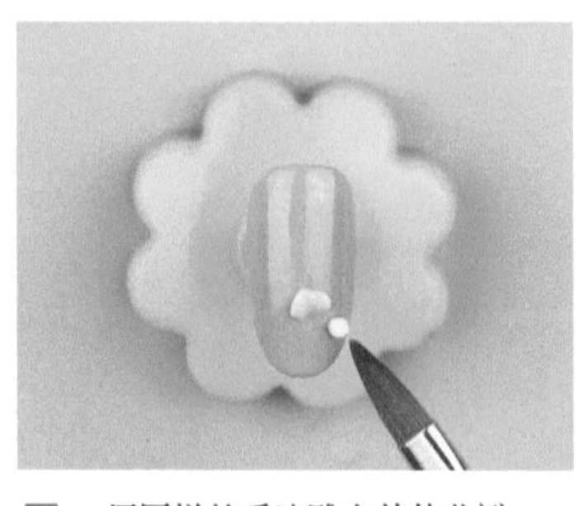

5 用同样的手法雕出其他花瓣

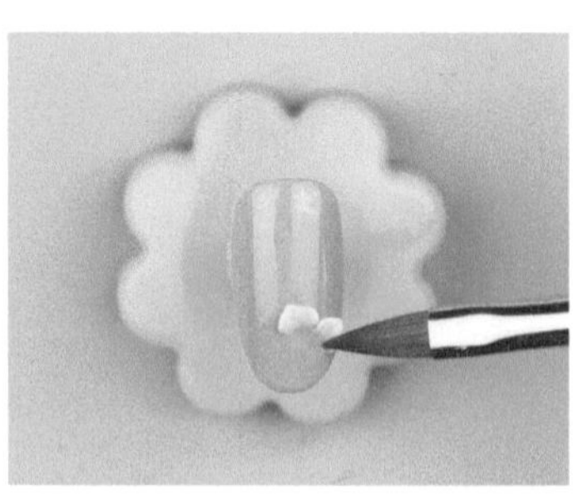

6 控制按压的力度，以免花瓣变形

7　控制花瓣的摆放位置，形成花朵雏形

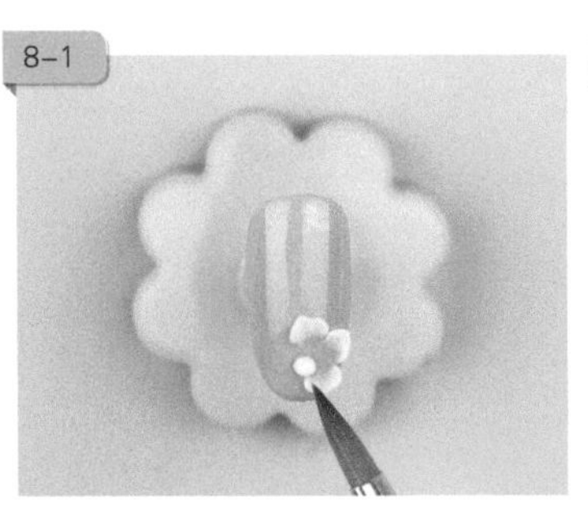

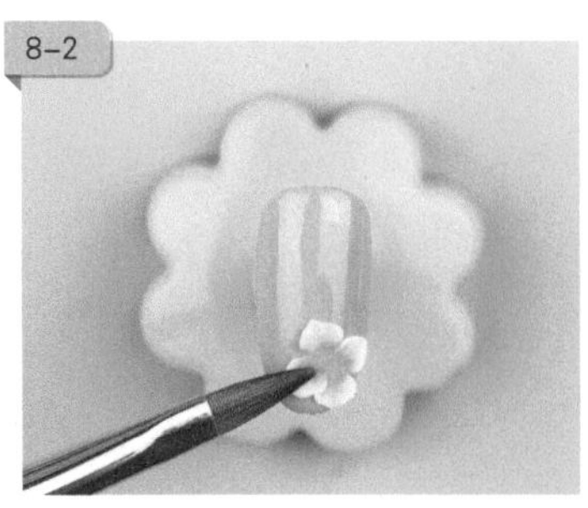

8　雕出花体外层花瓣

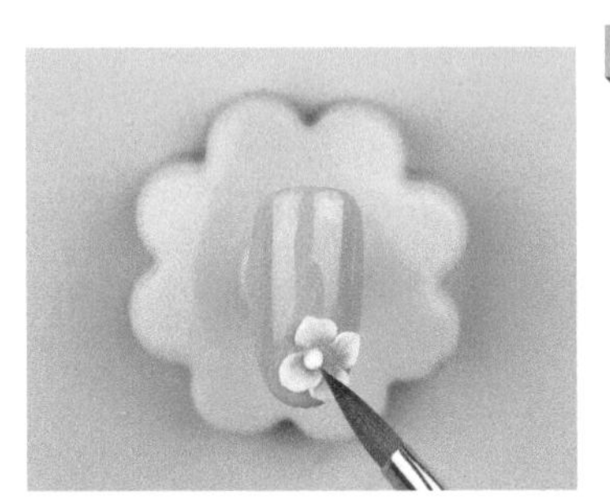

9　雕出花体内层花瓣

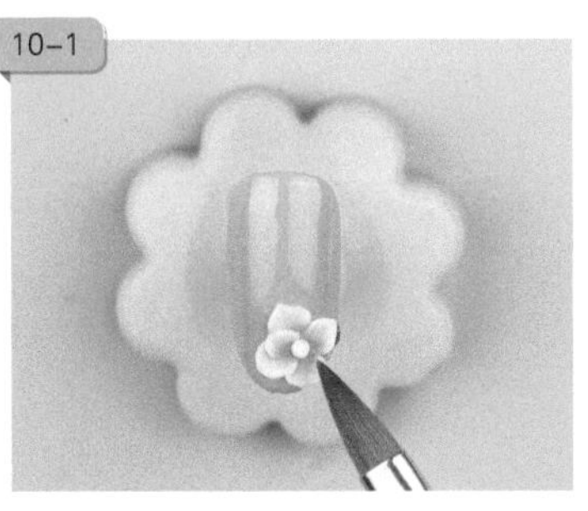

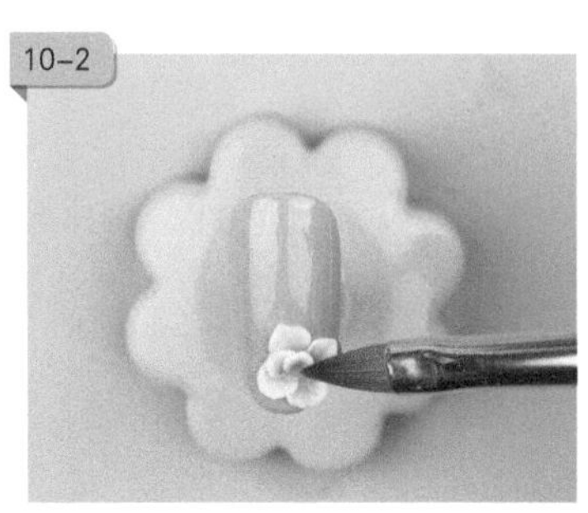

10　用同样的手法雕出内层的其他花瓣

11　茶花主体雕绘完成

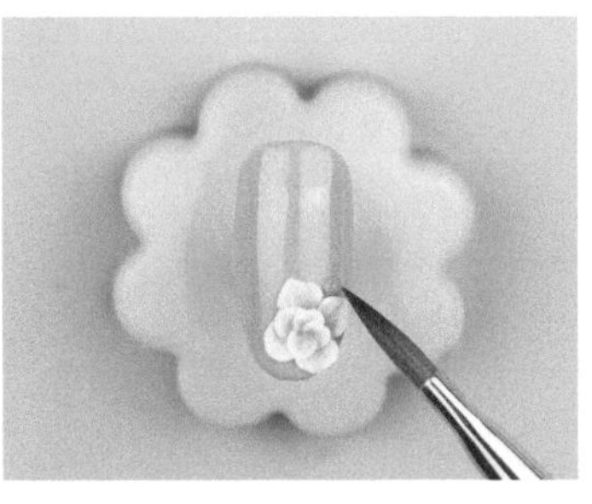

12　用沾满水晶液的雕花笔沾取黄色水晶粉与绿色水晶粉，形成圆球状水晶酯，放置在花朵一侧

13　以往外轻压的手法雕出叶子

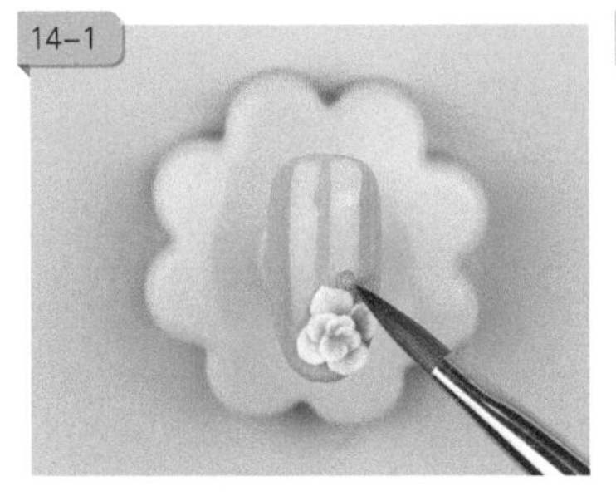

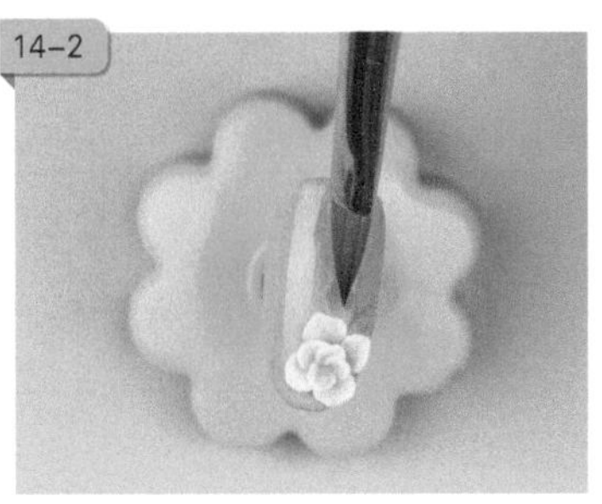

14　再用同样的手法雕出其他叶子

15　用沾满水晶液的雕花笔沾取白色水晶粉，形成水晶酯

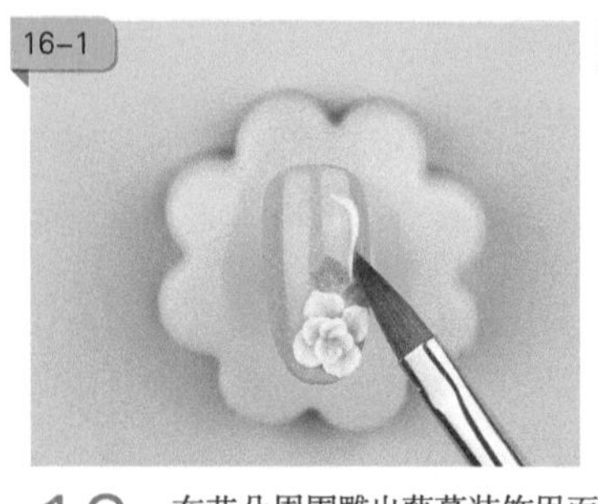

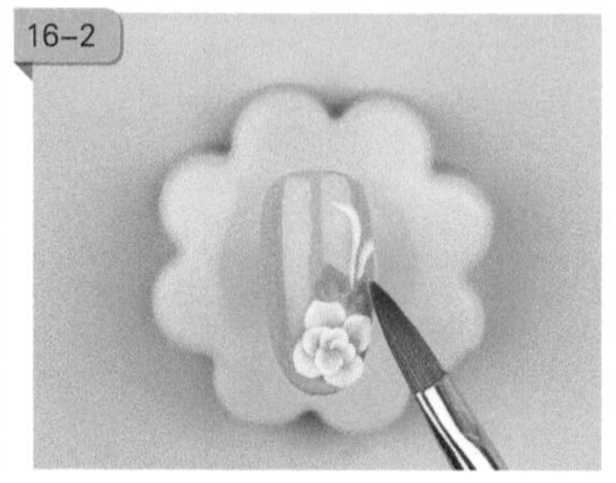

16 在花朵周围雕出藤蔓装饰甲面

17 最后点上圆点点缀，等待干透，完成

Tips：

- 可用磨砂封层涂抹花体，避免花体脏污。

知识便签

8.3 光疗雕艺

光疗雕艺需要的工具和材料有：乳白色甲油胶、免洗封层、雕花笔、白色雕花胶、粉色雕花胶。具体步骤如下。

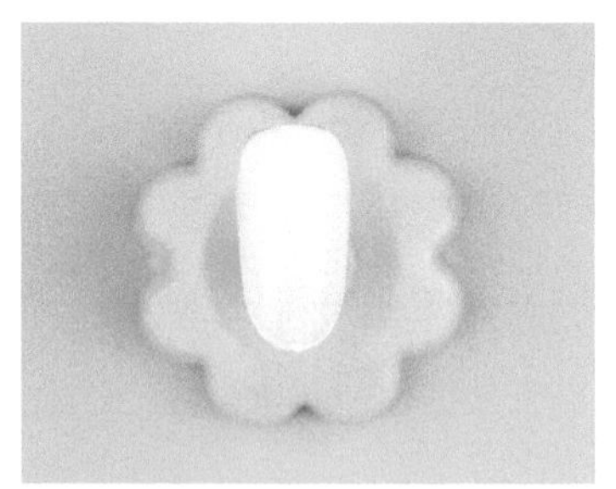

1　乳白色甲油胶打底

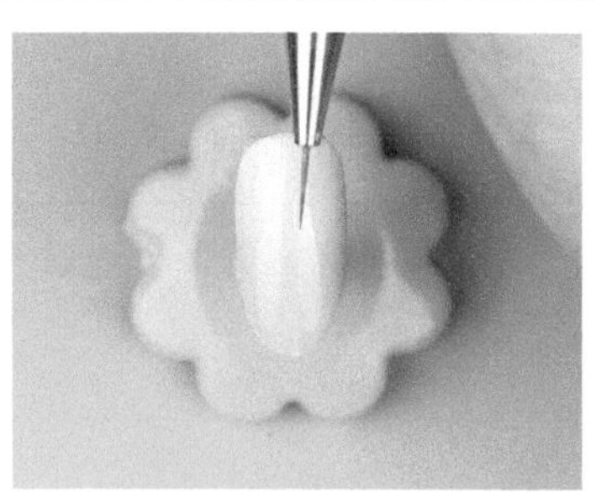

2　用小笔沾取浅粉红色甲油胶，在甲面下半部分上色，轻轻向上拍出渐变效果，照灯固化 60 秒，用同样的方法重复上色，照灯固化 60 秒

3　涂上免洗封层，照灯固化 90 秒

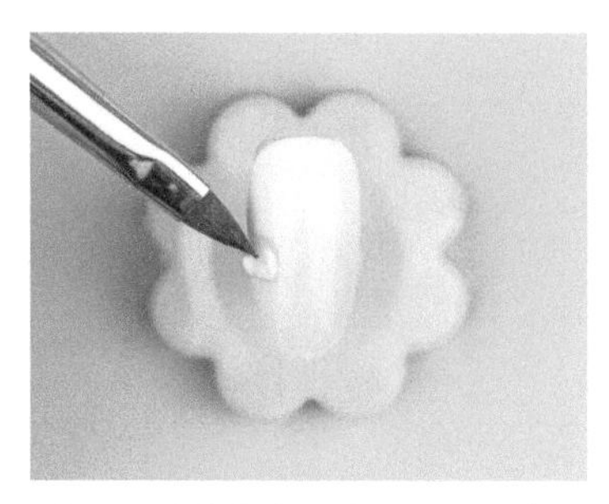

4　用白色与粉红色雕花胶混合形成圆球状，放在甲面上，用雕花笔轻压花瓣形状，照灯固化 10 秒

5-1

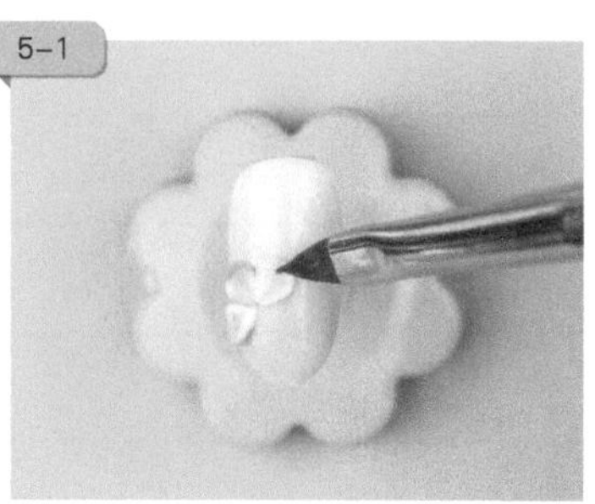

5-2

5　用同样的手法雕画出其他花瓣，注意每完成一片花瓣都要照灯固化 10 秒

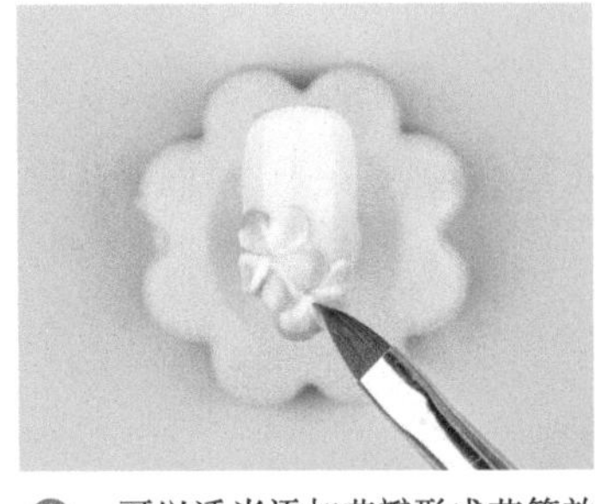

6 可以适当添加花瓣形成花簇效果

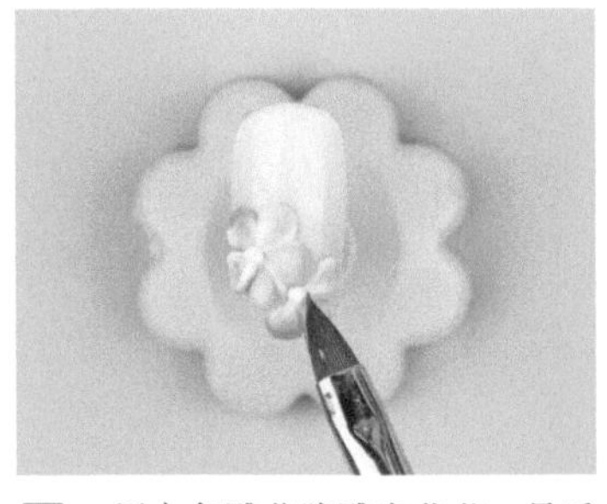

7 用白色雕花胶雕出花芯，最后整体照灯固化60秒

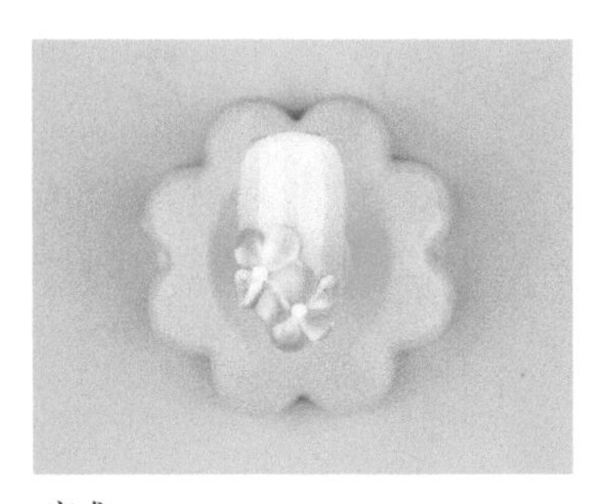

完成

Tips:

- 可用磨砂封层涂抹花体，避免花体脏污。

知识便签

8.4 内雕艺

8.4.1 水晶内雕艺

水晶内雕艺需要的工具和材料有：砂条、紫色水晶粉、金色水晶粉、黄色水晶粉、透明水晶粉、水晶液、粉尘刷、75 度酒精、干燥剂、纸托、塑形棒、绿色水晶粉、海绵锉、水晶笔、雕花笔、营养油、免洗封层。

具体步骤如下。

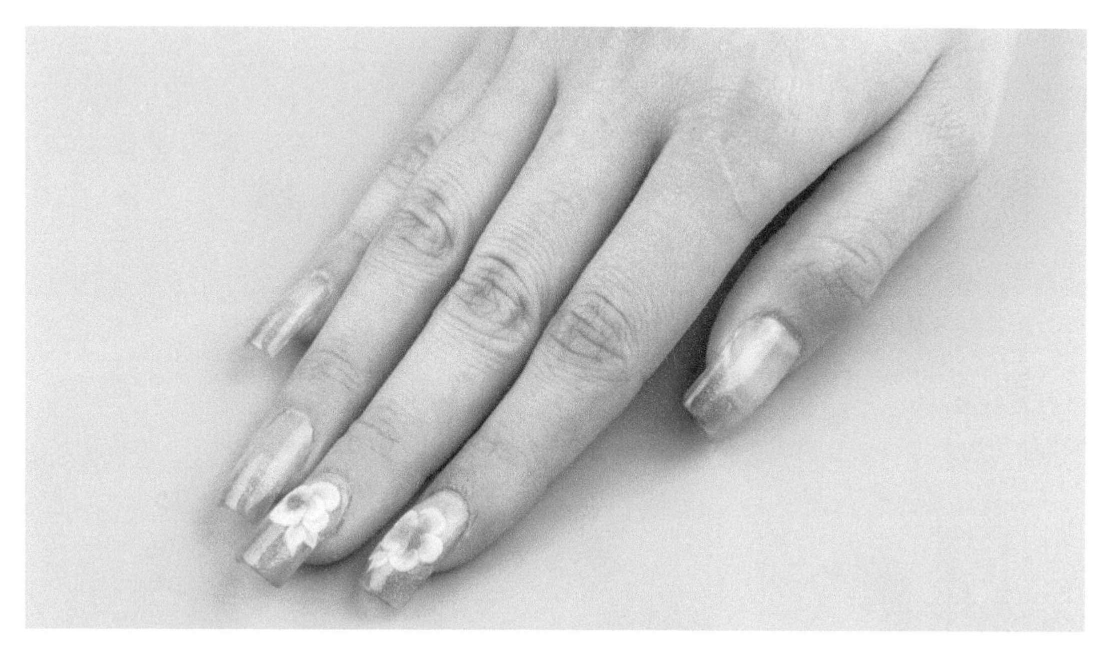

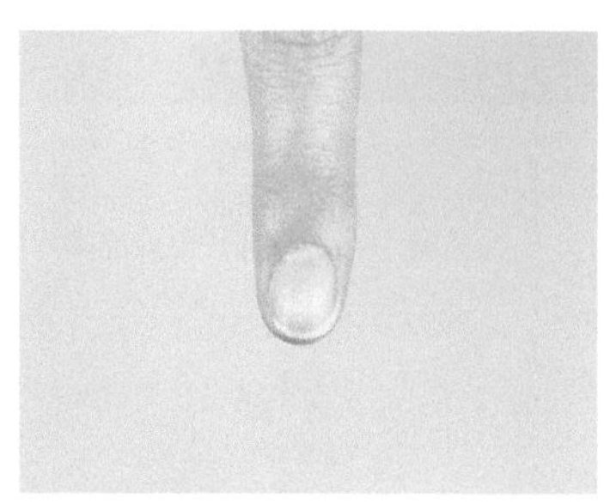

1 自然甲

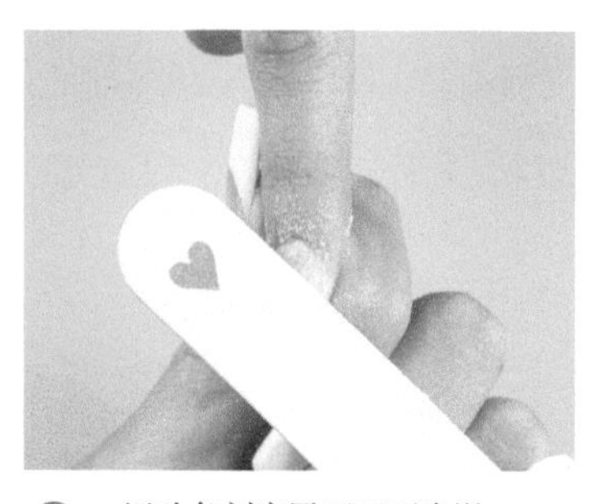

2 用砂条刻磨甲面至不光滑

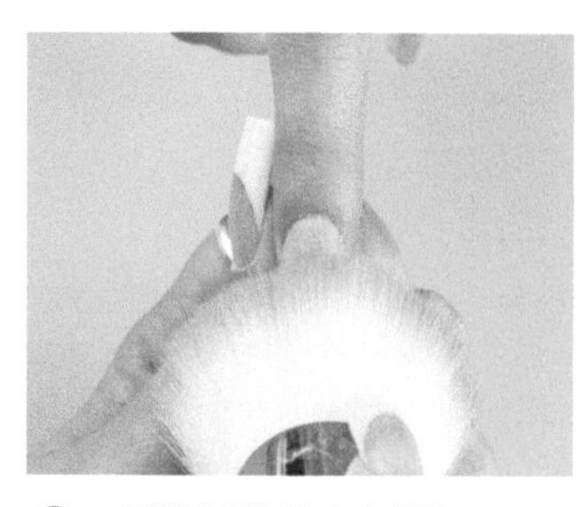

3 用粉尘刷扫除多余粉屑

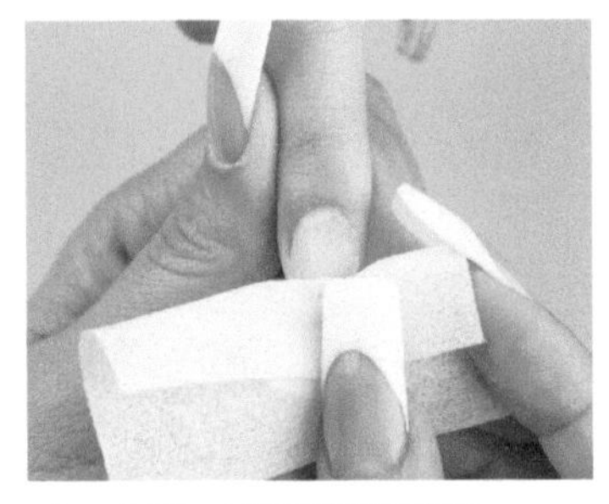

4 再用75度酒精清洁甲面

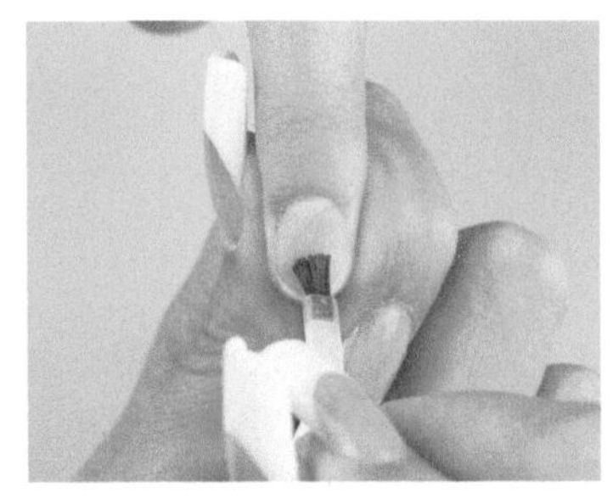

5 涂上干燥剂，注意切勿让干燥剂接触皮肤

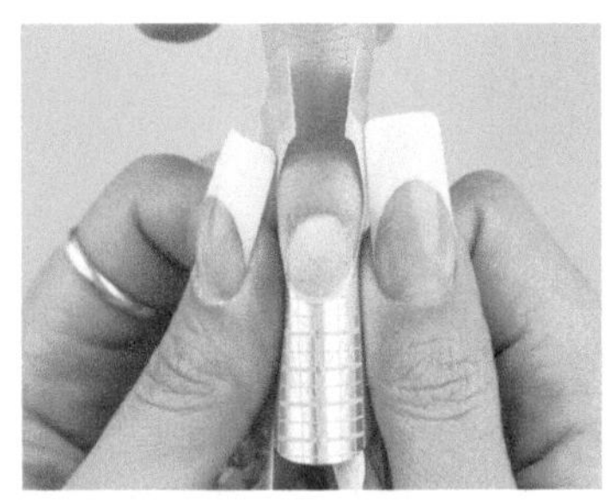

6 固定纸托，注意中心线与手指中心对齐，指甲前缘与纸托间不能有缝隙

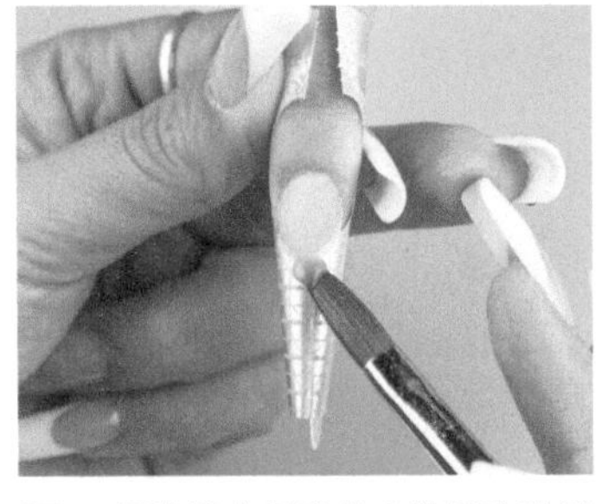

7 用沾满水晶液的水晶笔沾取适量透明水晶粉，形成水晶酯放置在结合处，并往前缘轻拍做甲床延长

8-1

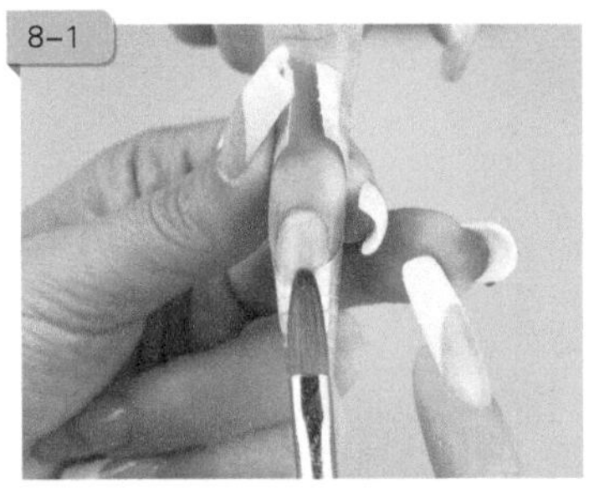

8-2

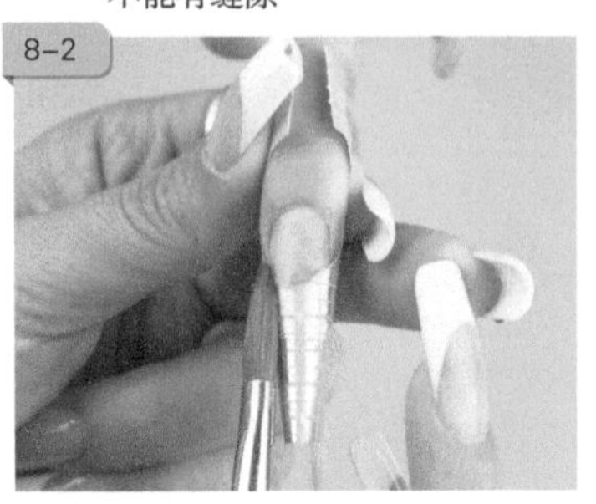

8 用笔身轻拍出甲床形状

8-3

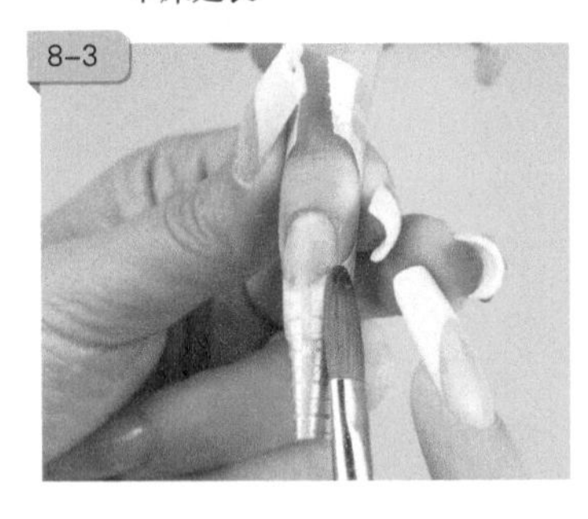

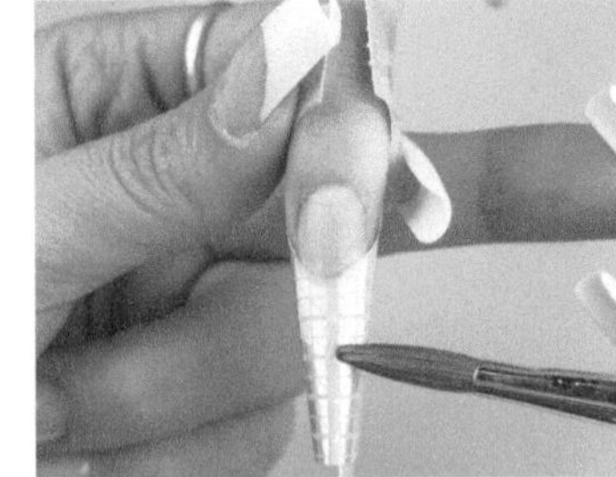

9 调整指甲弧度与厚度

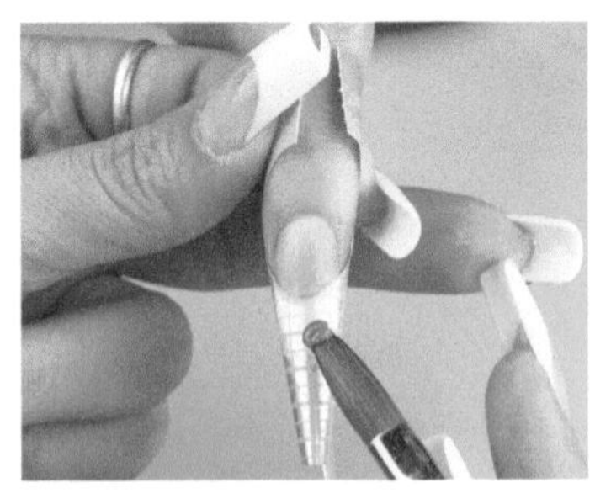

10 再用沾满水晶液的水晶笔沾取适量紫色水晶粉，形成水晶酯并放置在延长甲最前端

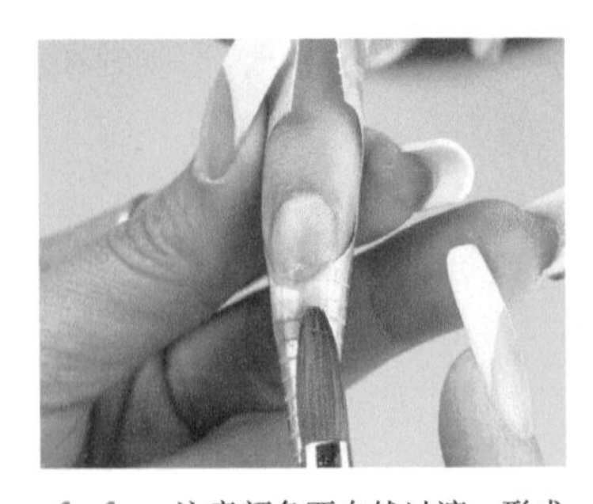

11 注意颜色要自然过渡，形成渐变效果

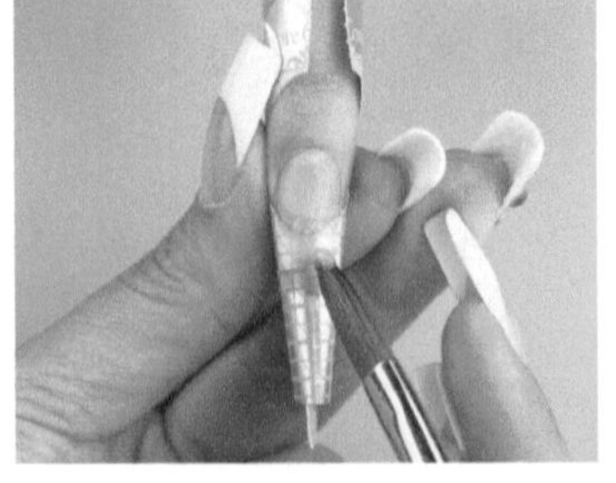

12 再用沾满水晶液的水晶笔沾取适量金色水晶粉，形成水晶酯并放置在结合处，并拍出甲形

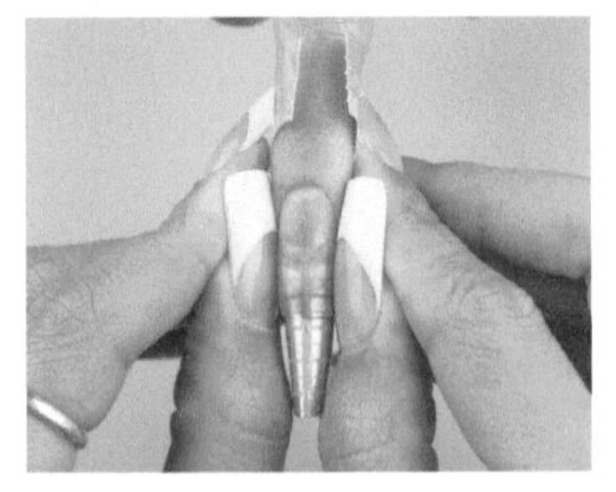

13 待水晶甲半干状态后，用双手拇指侧按在A、B两点，均匀用力向中间挤压，使指甲形成自然C弧拱度

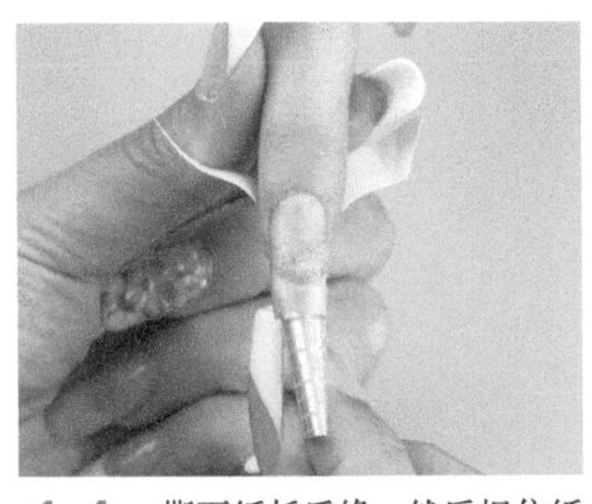

14 撕下纸托后缘，然后捏住纸托向下取出

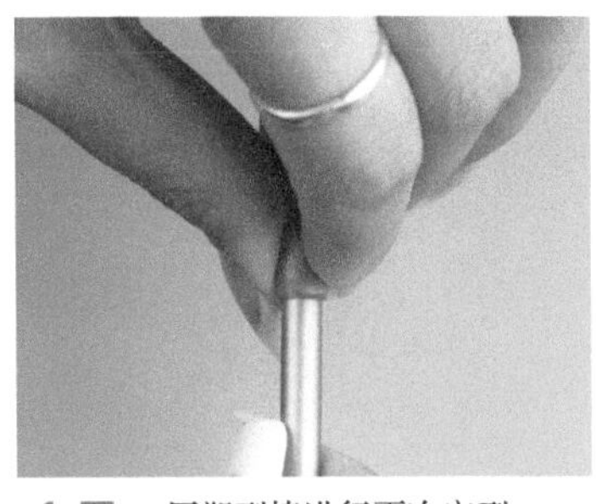

15 用塑型棒进行再次定型

16 将雕花笔沾满水晶液

17-1

17-2

17 点压适量白色水晶粉，形成球状白色水晶酯

18-1

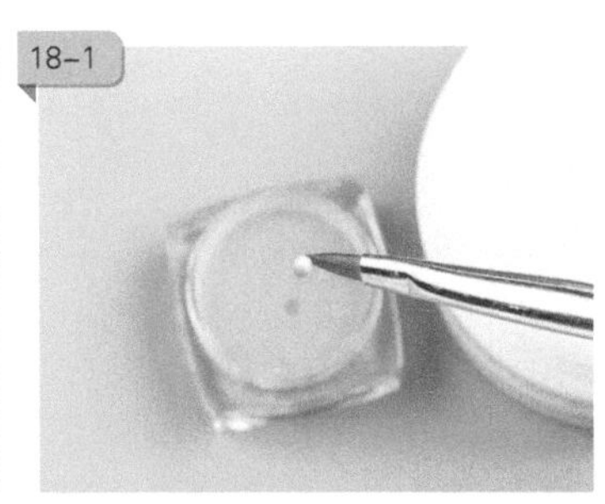

18 再点压少量粉红色水晶粉，形成双色球状水晶酯

18-2

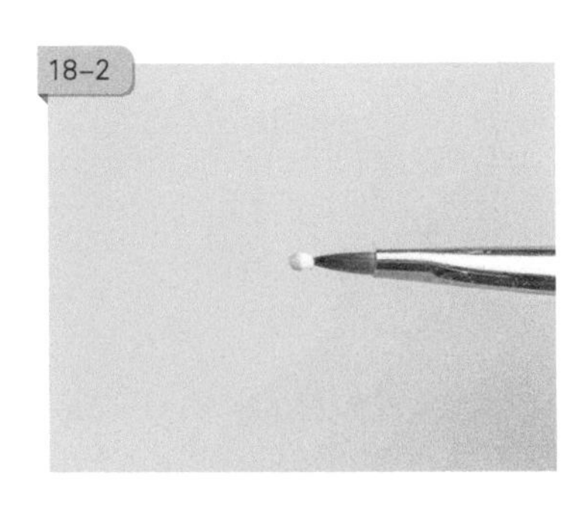

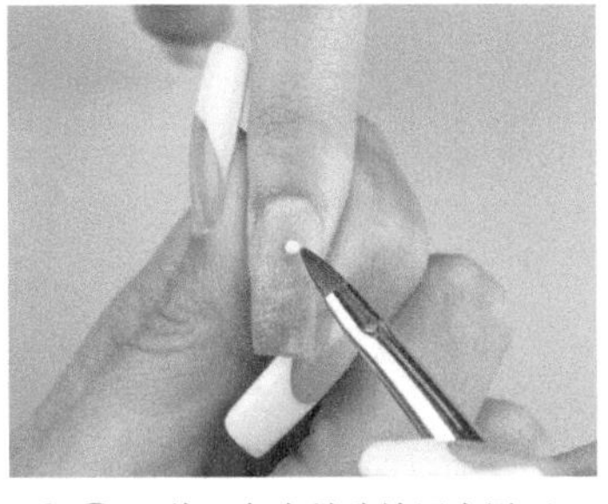

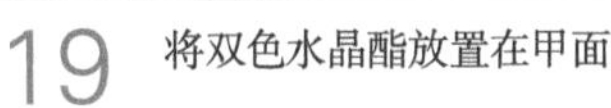

19 将双色水晶酯放置在甲面

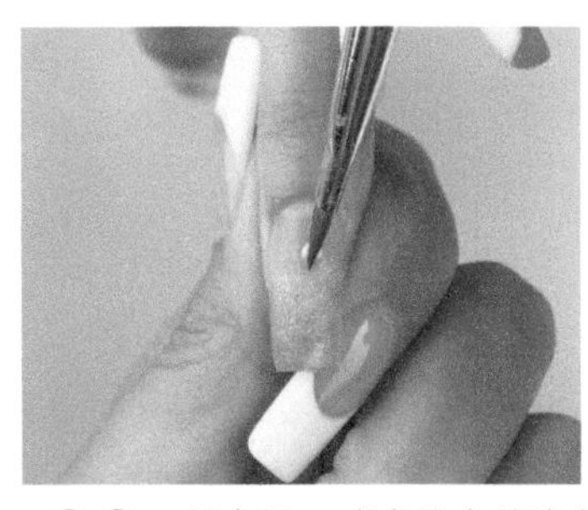

20 笔身呈 45 度角往水晶酯中间轻压一笔

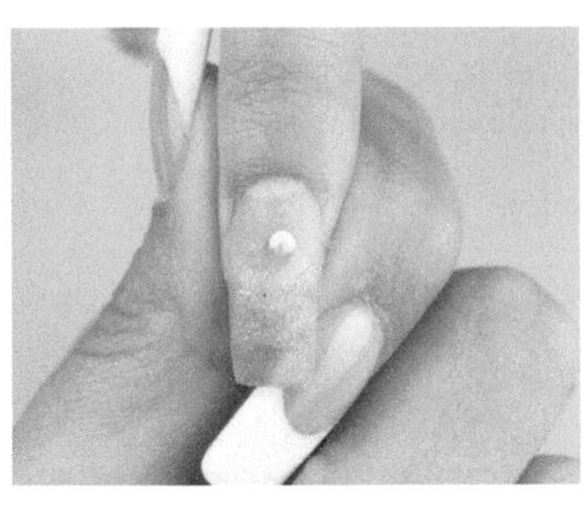

21 注意力度要轻，用笔尖将花瓣形状调整得更加立体

22-1

22-2

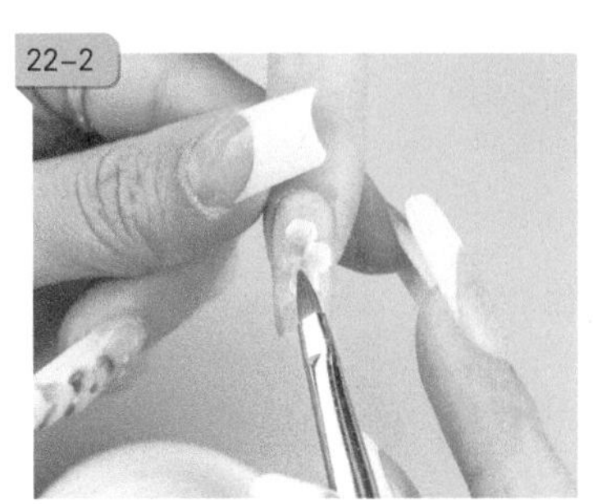

22 用同样的手法雕出其他花瓣

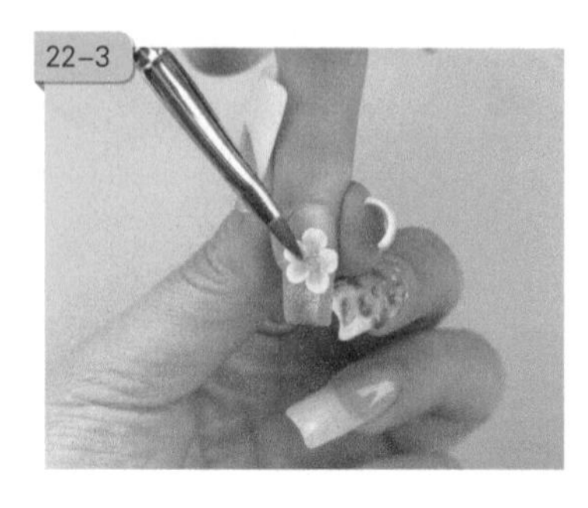

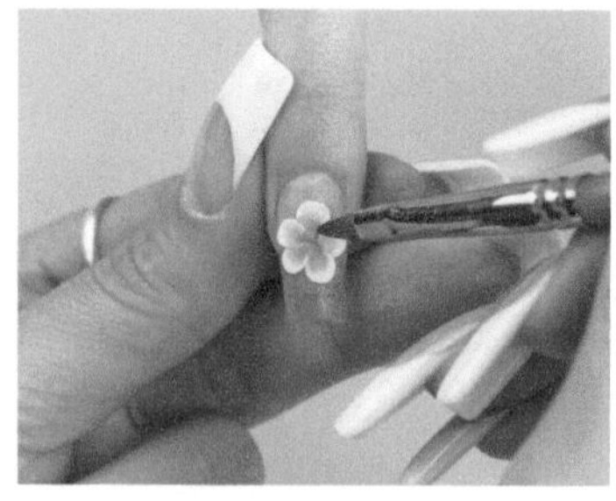

23 用沾满水晶液的雕花笔沾取适量黄色水晶粉，形成水晶酯并放置在花朵的中心，形成花芯

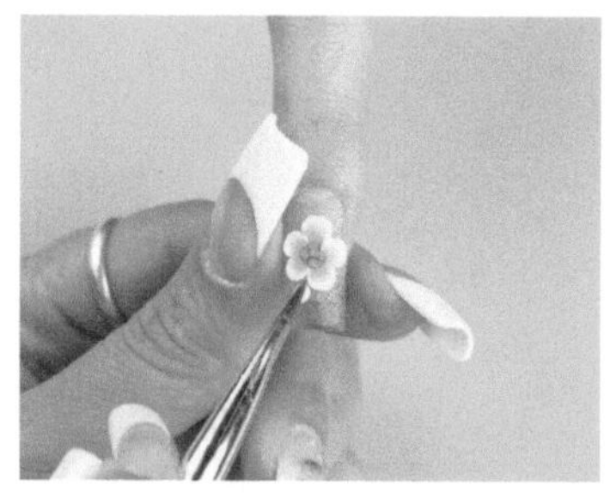

24 用沾满水晶液的雕花笔沾取白色与浅绿色水晶粉，形成双色水晶酯，放置在甲面雕出叶子

25 以往外轻压的手法雕出叶子，注意叶子要紧贴花朵

26 再用同样手法雕出其他叶子后，等待晾干

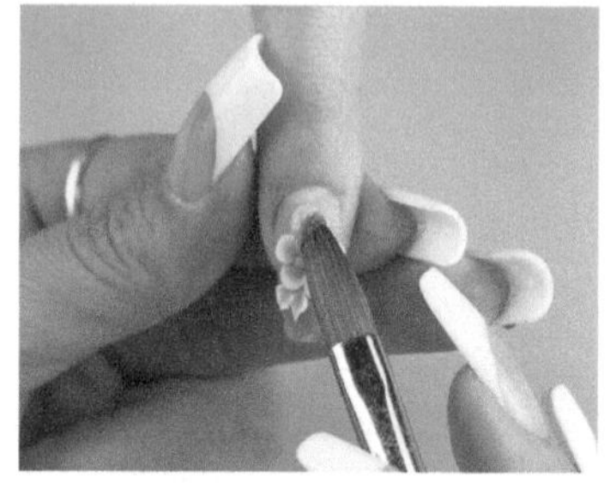

27 用沾满水晶液的水晶笔沾取透明水晶粉，形成透明水晶酯

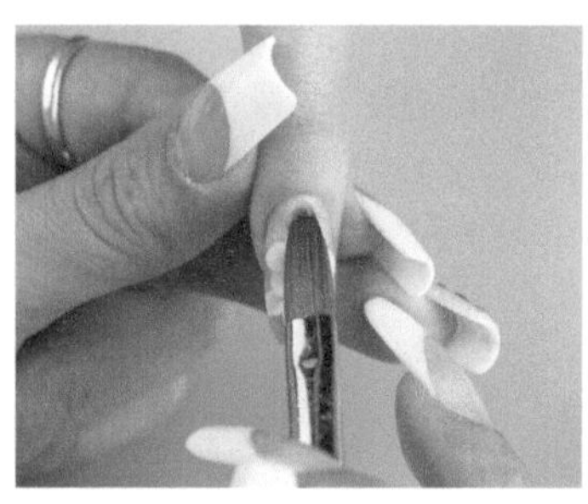

28 从指甲后缘开始往前端涂抹

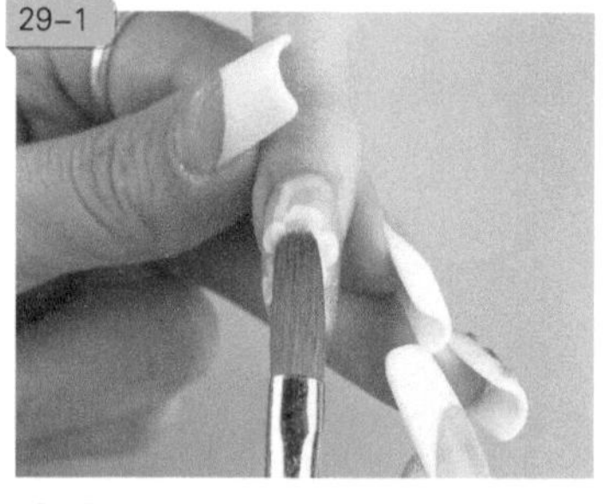

29 用水晶笔轻拍透明水晶酯，使甲面平整，注意拍打的力度不要太大，以免甲面凹凸不平，待表面干燥后再次按压调整整体形状

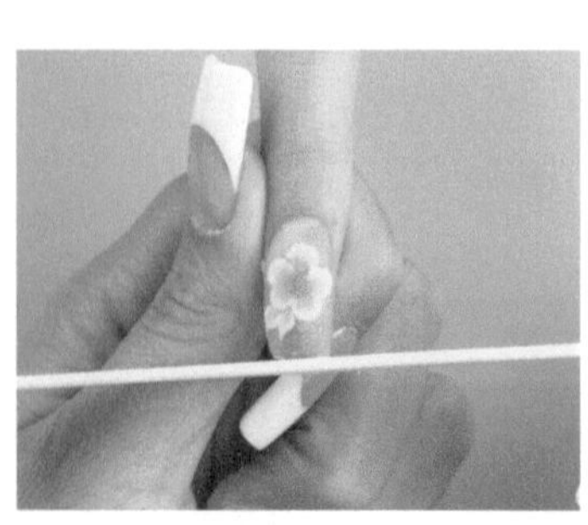

30 待水晶甲完全干透后，修磨甲形，用砂条将指甲前端横向修磨成直线

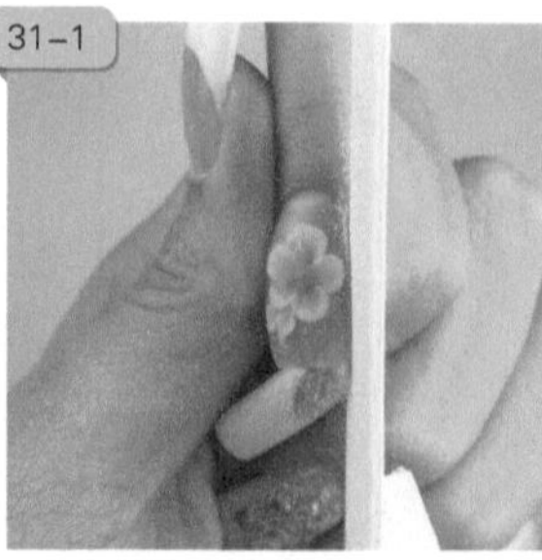

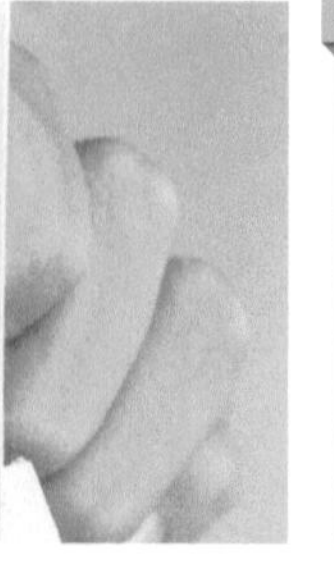

31 两侧应修磨至平行，且将侧面多余部分修磨至与本甲在同一直线上

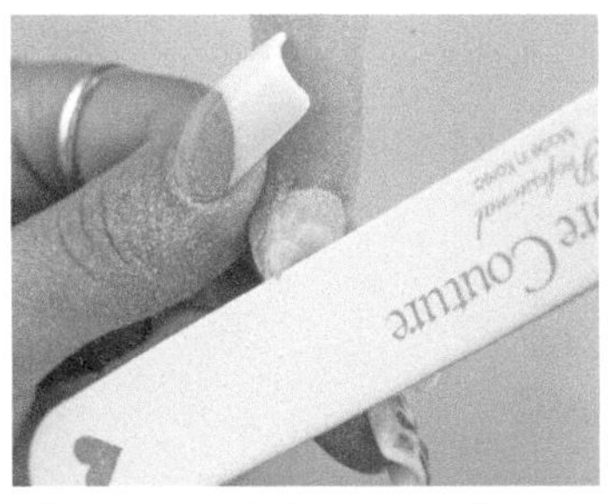

32　用砂条打磨甲面，使甲面平整并达到适宜的弧度、厚度

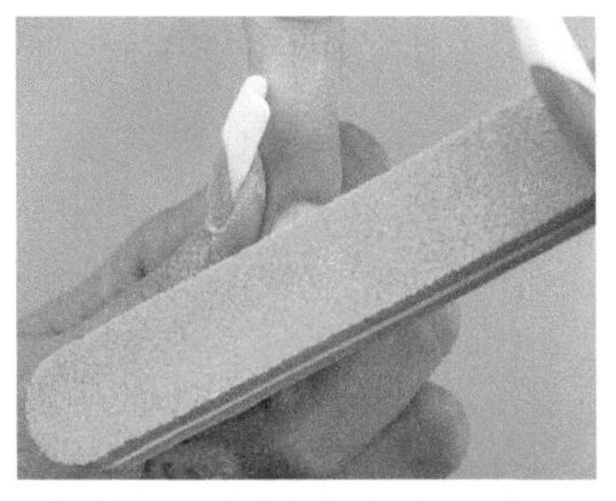

33　用海绵锉抛磨甲面，使甲面平整光滑

34　用粉尘刷扫除多余粉屑

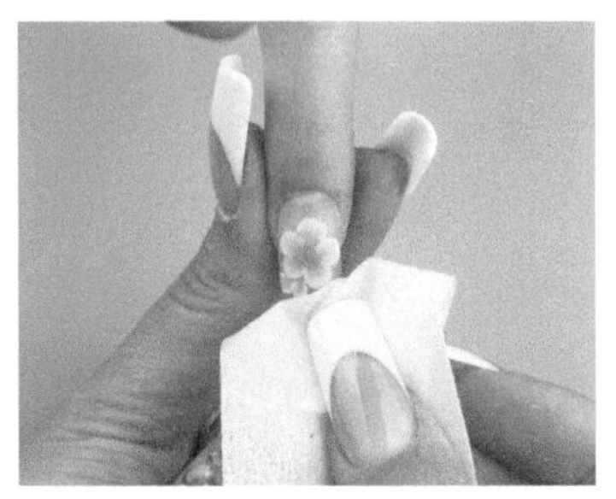

35　再用 75 度酒精清洁甲面

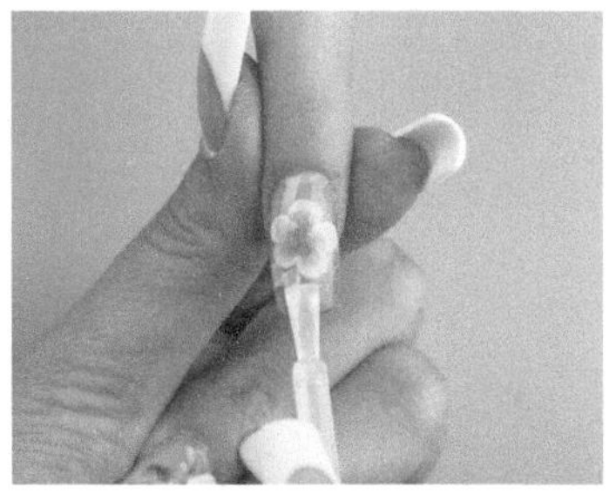

36　涂抹免洗封层，照灯固化 90 秒

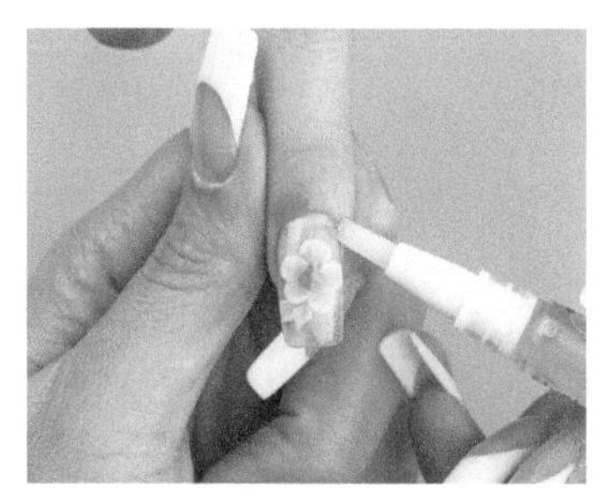

37　在甲缘四周涂上营养油保护指部肌肤

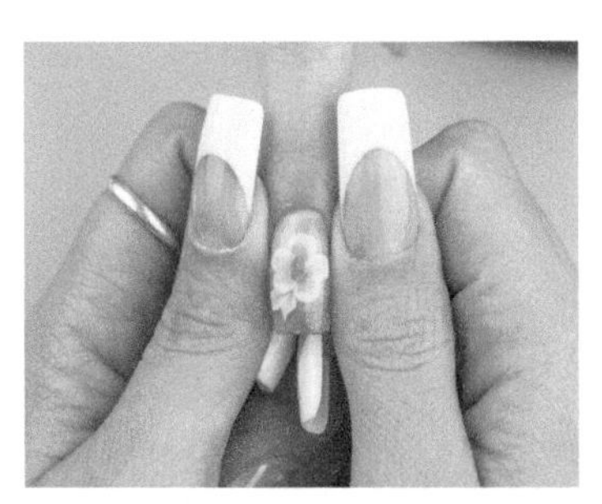

38　最后用两手拇指轻轻按摩甲侧边缘，使营养油被快速吸收

知识便签

8.4.2 光疗内雕艺

光疗内雕艺需要的工具和材料有：砂条、粉尘刷、雕花胶、透明光疗胶、免洗封层、75 度酒精、95 度酒精、纸托、珠光粉色甲油胶、银色闪粉甲油胶、死皮推、海绵锉、营养油、雕花笔。

具体步骤如下。

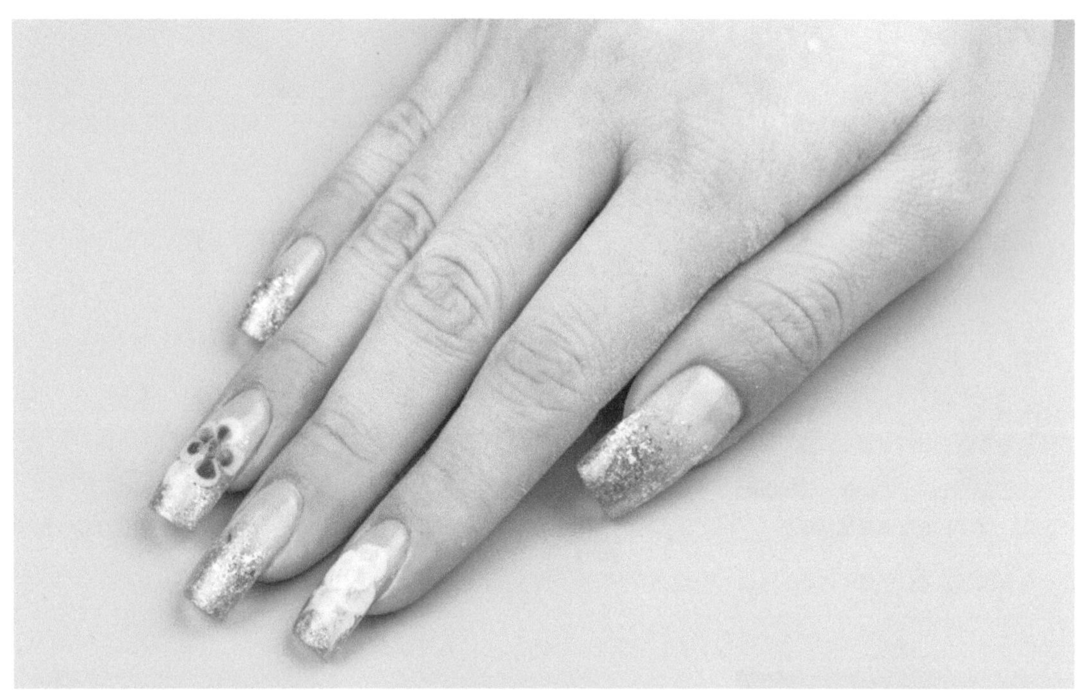

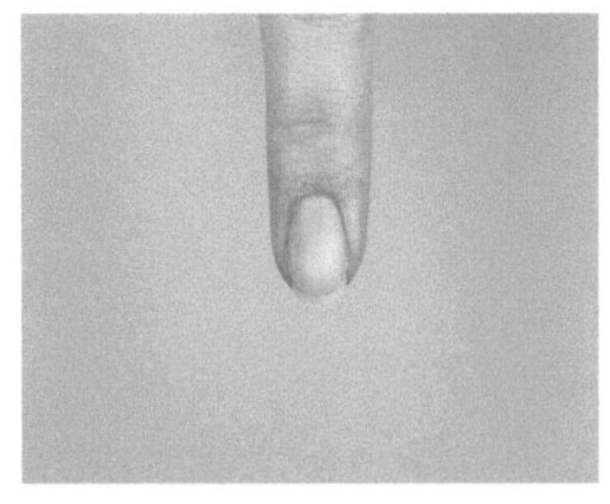

1 自然甲

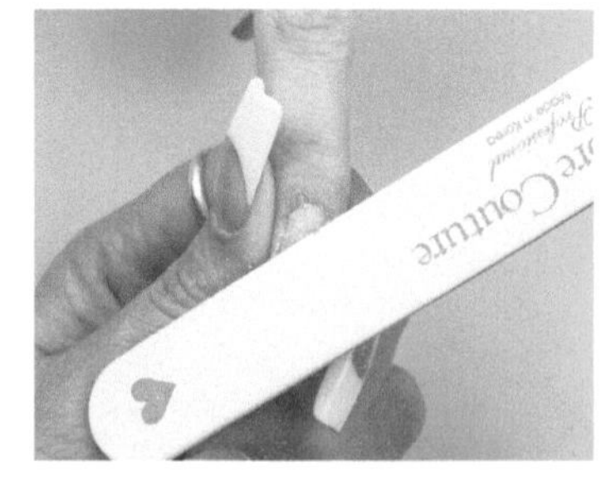

2 用砂条刻磨甲面至不光滑

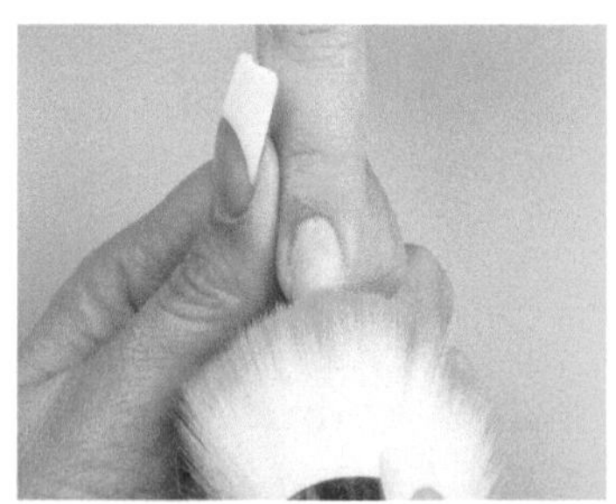

3 用粉尘刷扫除多余粉屑

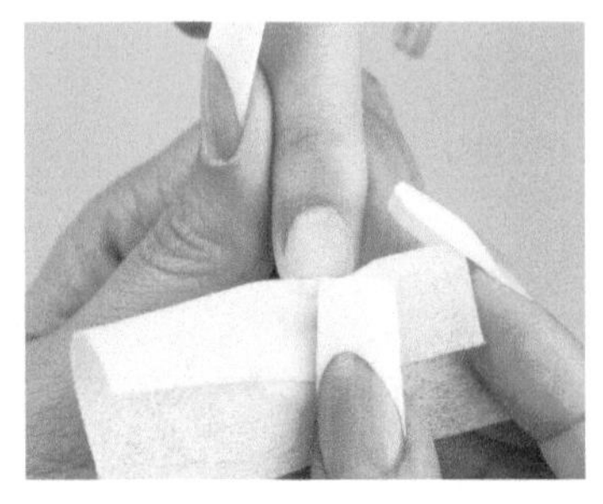

4 再用 75 度酒精清洁整个甲面

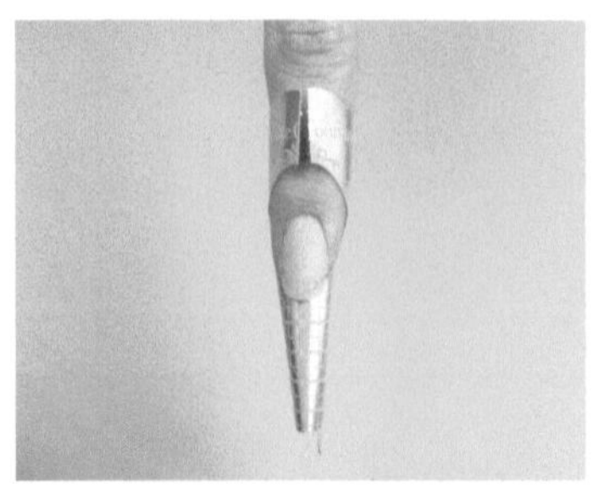

5 固定纸托板，注意中心线与手指中心对齐，指甲前缘与纸托间不能有缝隙

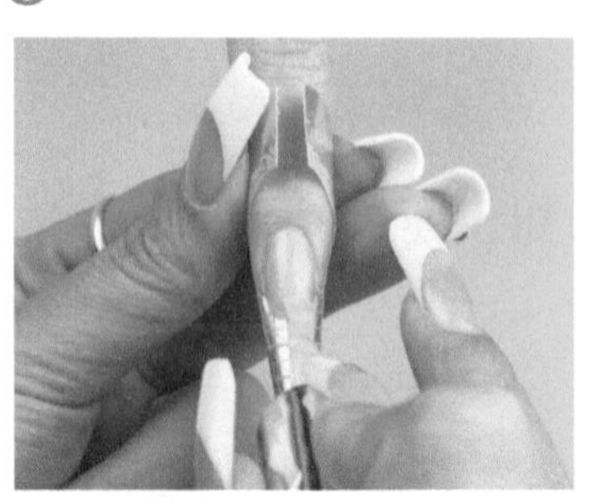

6 涂抹底胶，照灯固化 30 秒

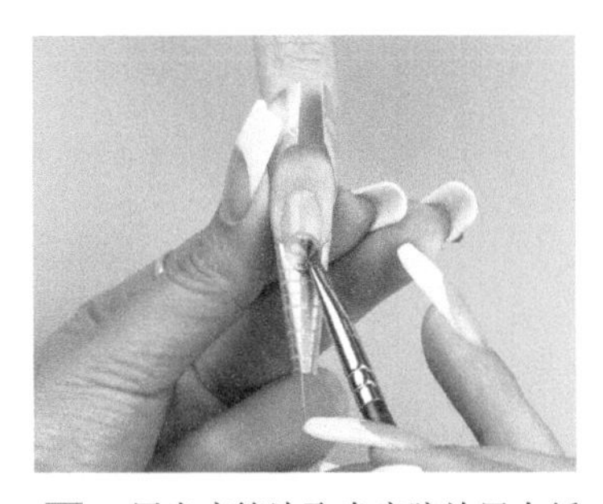

7　用光疗笔沾取光疗胶放置在纸托与本甲的接口处

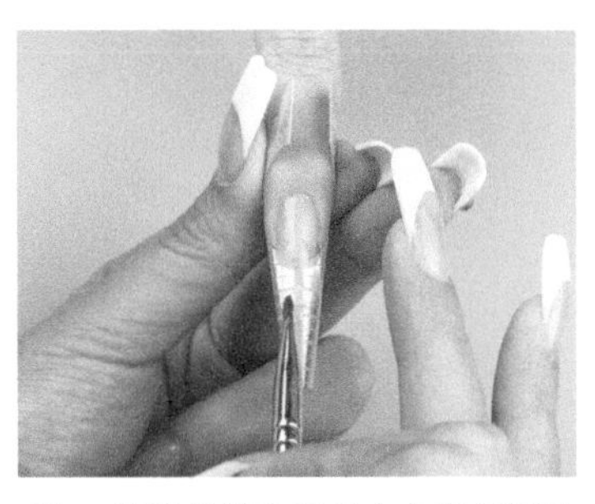

8　将光疗胶往延长方向以打圈的方式带动，做出前缘甲形

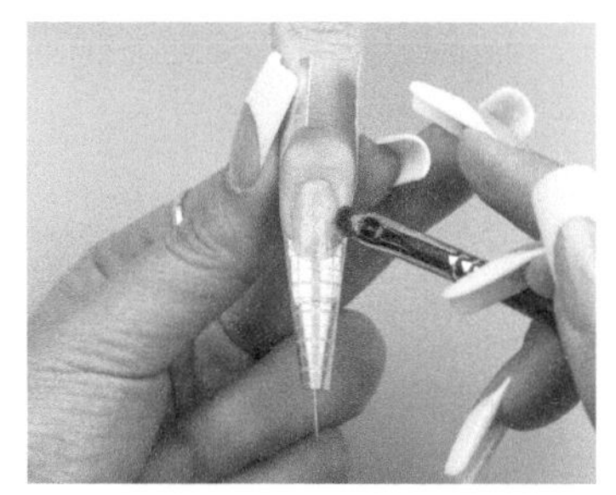

9　注意光疗胶要薄薄铺开以便塑型，照灯至半固化状态

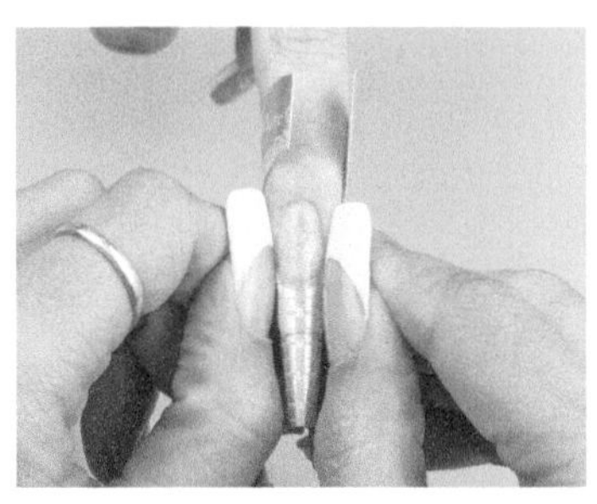

10　双手拇指稍微挤压 A、B 两点，辅助甲面形成自然的 C 弧，照灯固化 60 秒

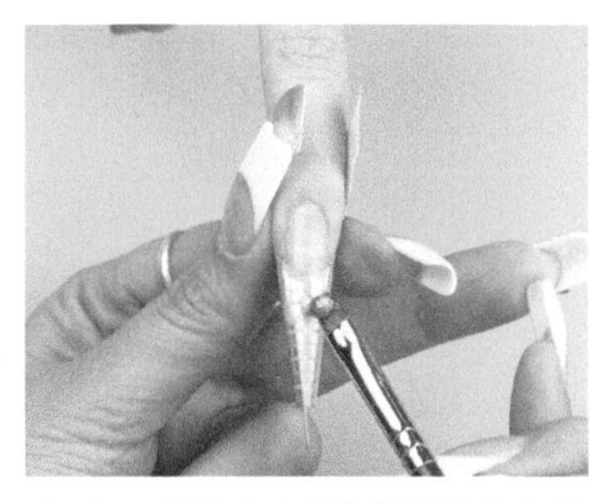

11　沾取珠光粉色甲油胶涂在延长甲前端

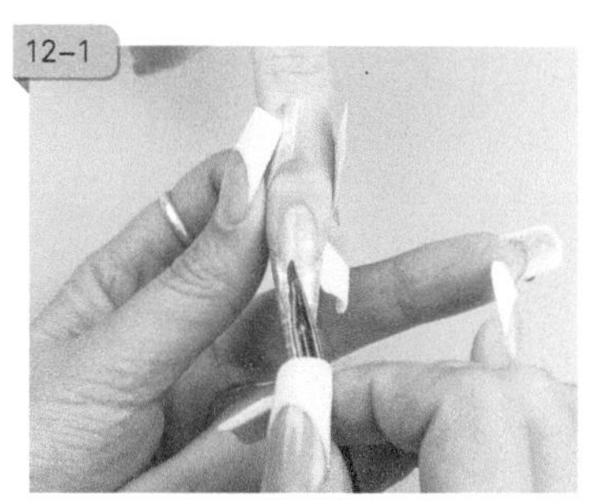

12　做出渐变效果，照灯固化 60 秒

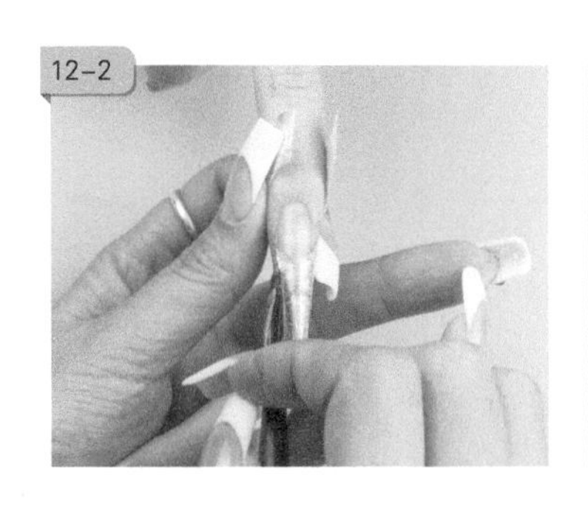

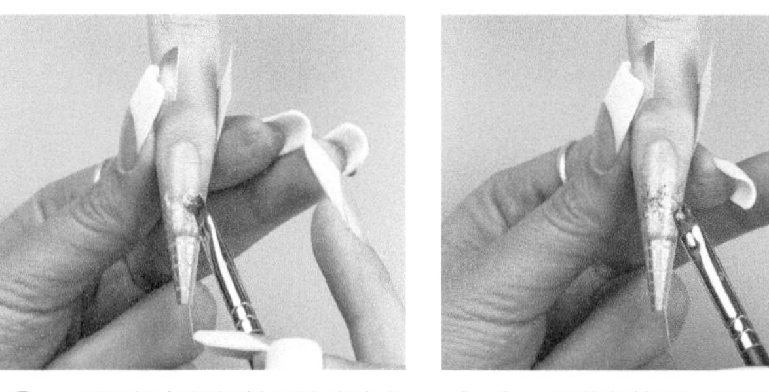

13　再用银色细闪粉甲油胶涂在珠光粉色彩绘胶后端

14　要均匀抹开，增强渐变效果，照灯固化 60 秒

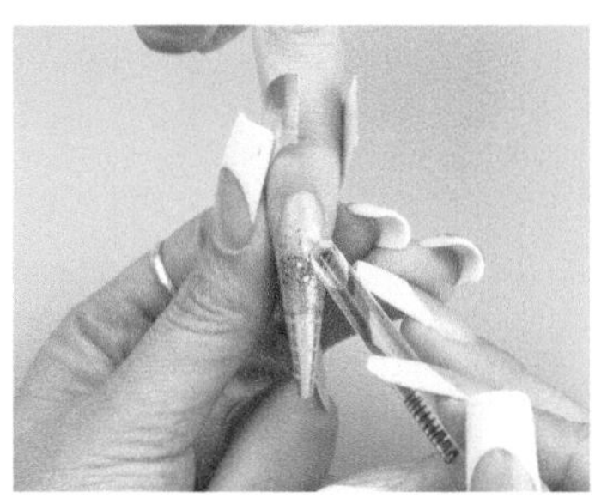

15　用雕花笔的尾端取雕花胶，放置在甲面上方

16　用湿润过酒精的雕花笔头将雕花胶拍成球状

17　接着轻压出花瓣的形状，照灯固化 10 秒

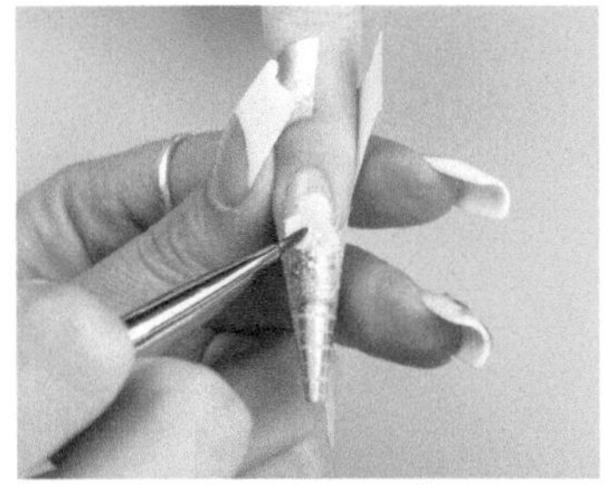
18 用同样的手法雕出其他花瓣，记住每一片花瓣都要照灯固化 10 秒后再进行下一步骤

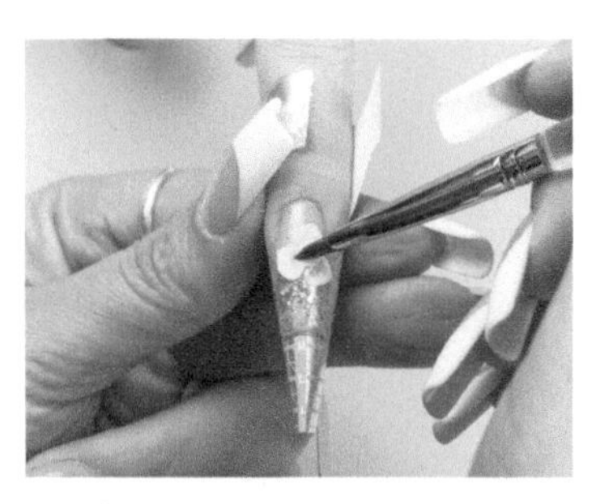
19 再给花朵雕出内层花瓣，要注意控制力度

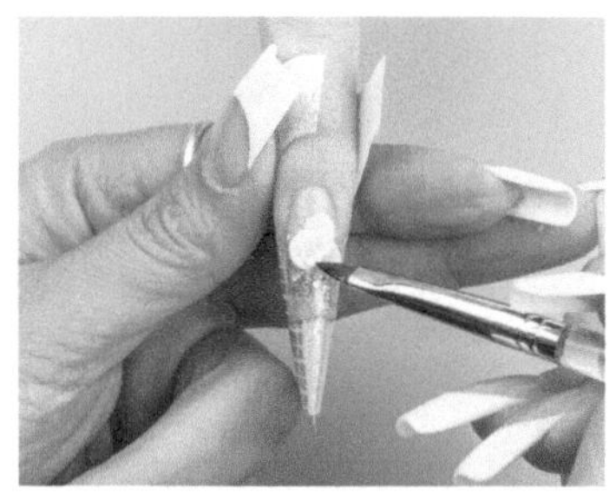
20 雕出花芯部分以增加花朵立体感，注意整个花朵要相对扁平，不能太厚。照灯固化 10 秒

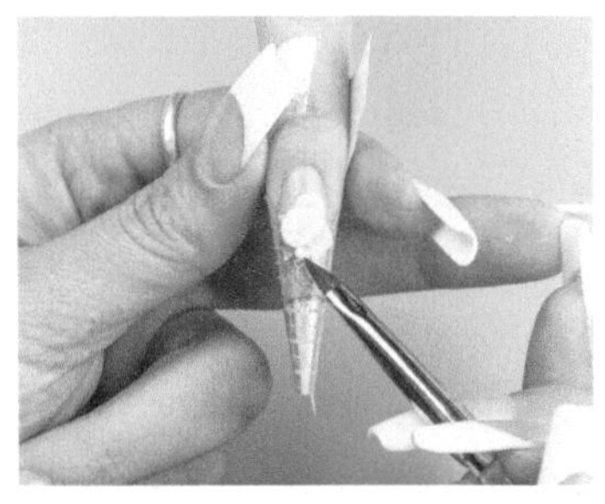
21 将白、绿色雕花胶混合形成球状

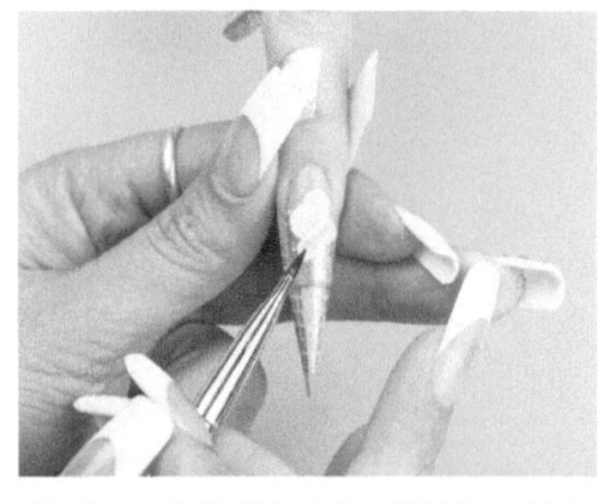
22 以往外轻压的手法雕出叶子

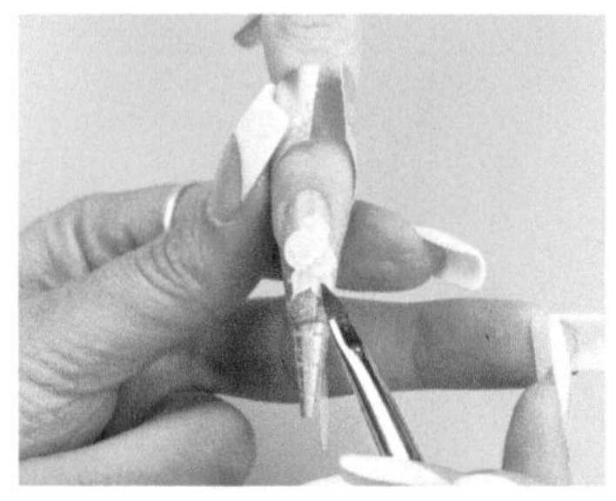
23 用同样的手法雕出其他叶子

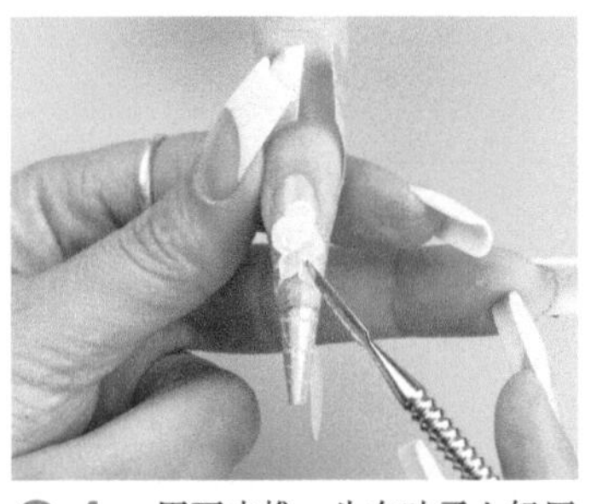
24 用死皮推一头在叶子上轻压出纹理，照灯固化 30 秒

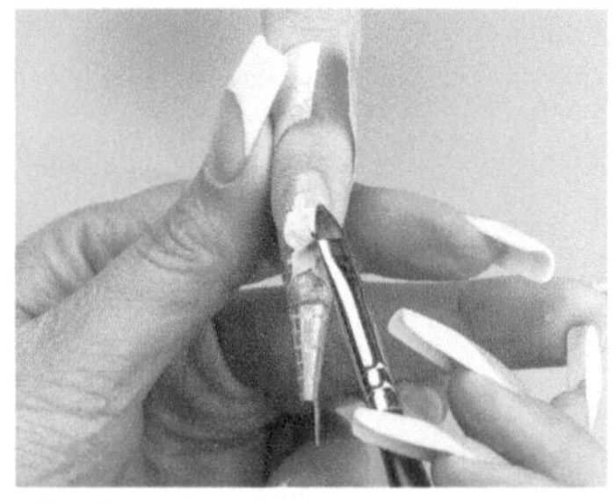
25 用光疗笔沾取透明光疗胶

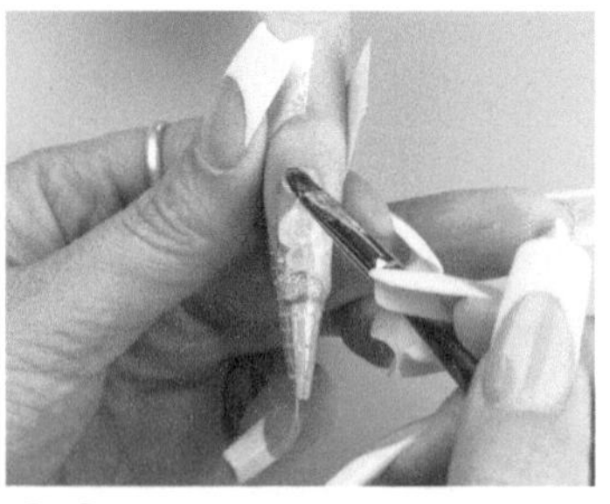
26 从指甲后缘往延长方向涂抹整个甲面，照灯固化 60 秒

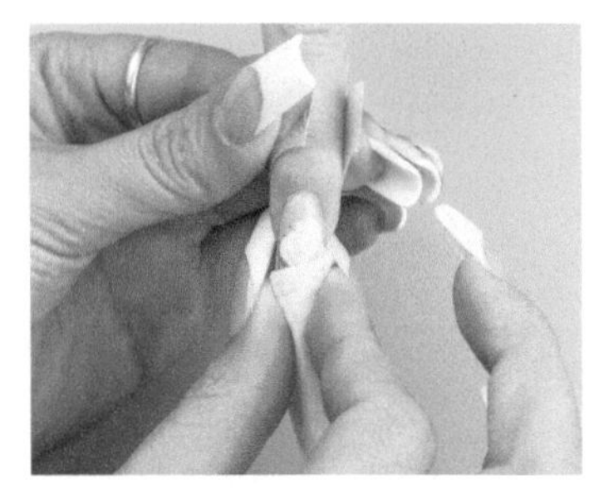
27 用 95 度酒精擦拭甲面浮胶

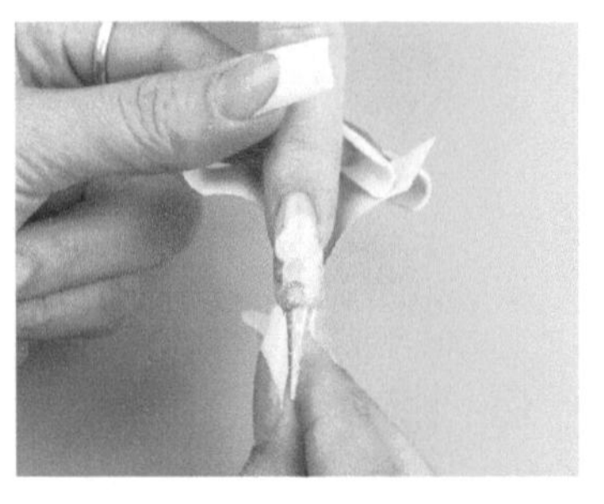
28 撕下纸托后缘，然后捏住纸托向下取出

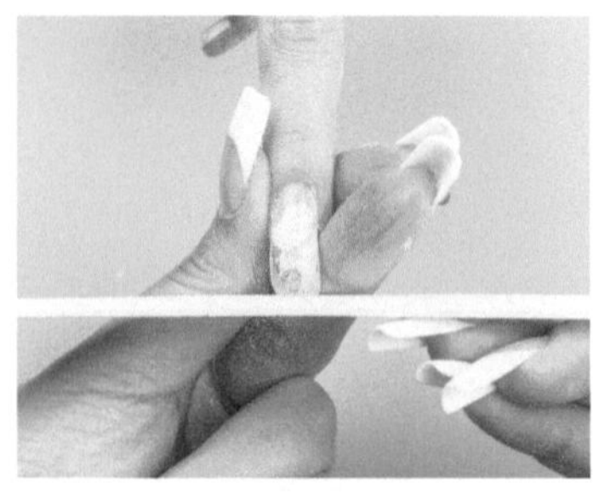
29 用砂条修磨甲形，注意指甲前端要横向修磨成直线

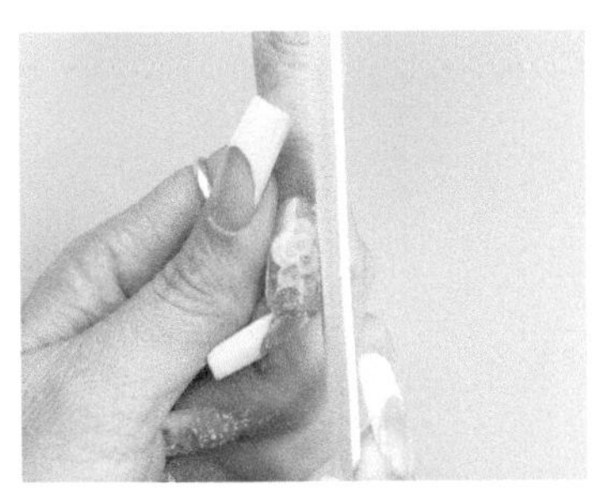

30 两侧修磨至平行

31 用砂条打磨甲面，使甲面平整并达到适宜的弧度、厚度

32 用海绵锉轻轻抛磨整个甲面

33 用粉尘刷扫除多余粉屑

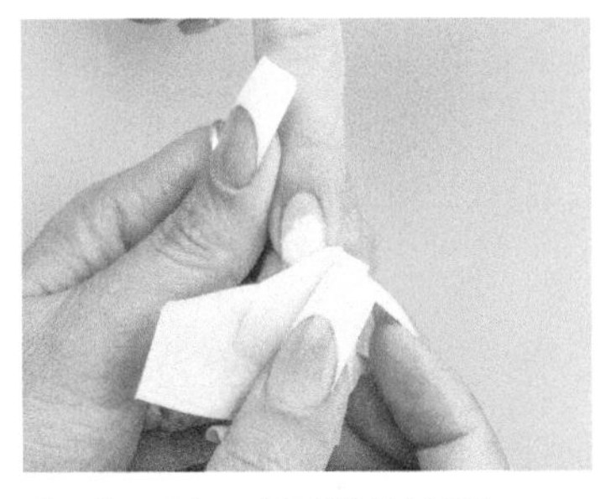

34 用 75 度酒精清洁甲面

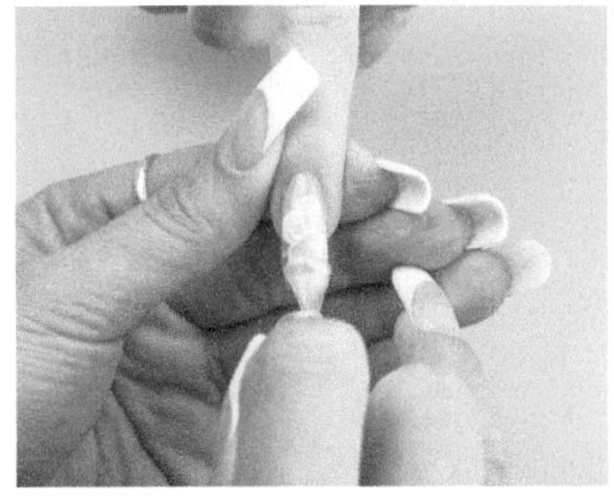

35 涂抹免洗封层，照灯固化 90 秒

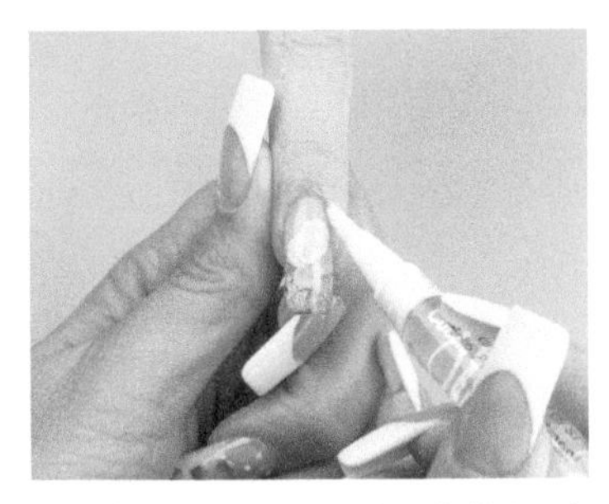

36 在甲缘四周涂上营养油，保护指部肌肤

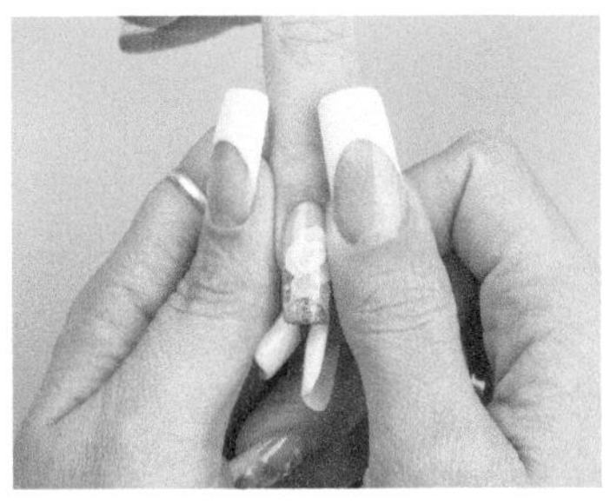

37 最后用两手拇指轻轻按摩甲侧边缘，使营养油被快速吸收

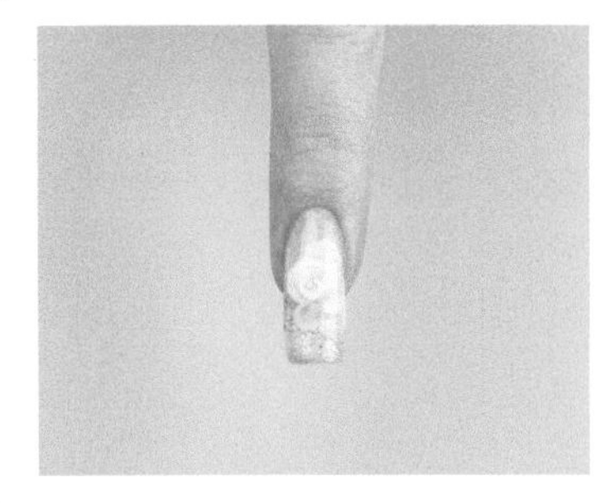

完成

知识便签

8.5 立体雕艺

8.5.1 水晶立体雕艺

水晶立体雕艺需要的工具和材料有：水晶液、粉红色甲油胶、锡纸、雕花笔、粉色水晶粉、白色水晶粉、免洗封层。

具体步骤如下。

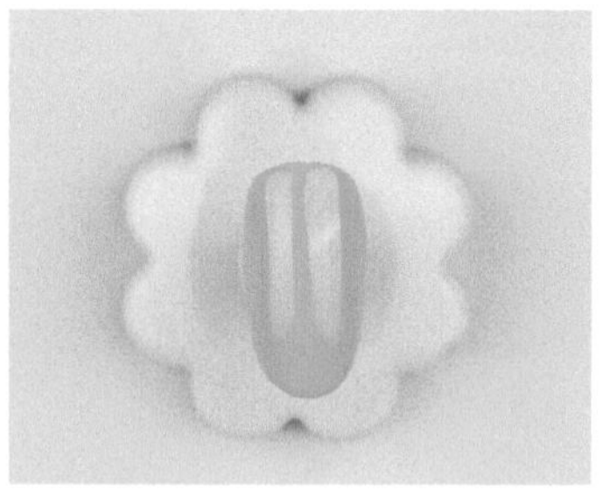

1 粉红色甲油胶打底，并涂抹封层照灯，固化 90 秒

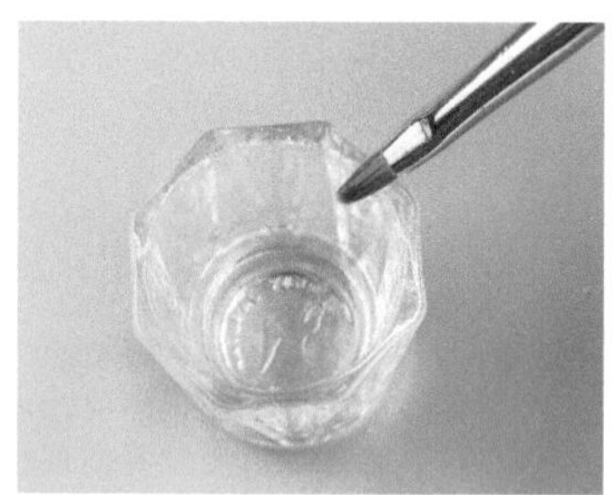

2 将雕花笔沾满水晶液

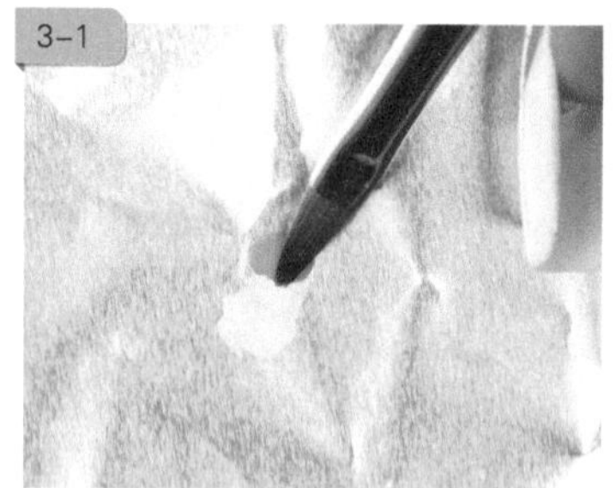

3 沾取玫红色水晶粉形成水晶酯，在锡纸上平整地压开形成椭圆形花瓣

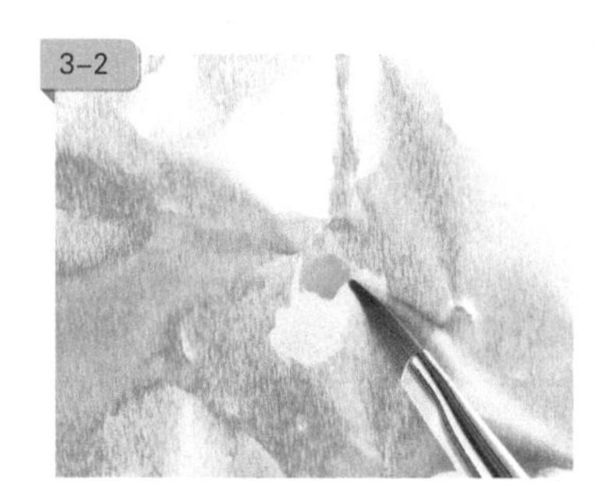

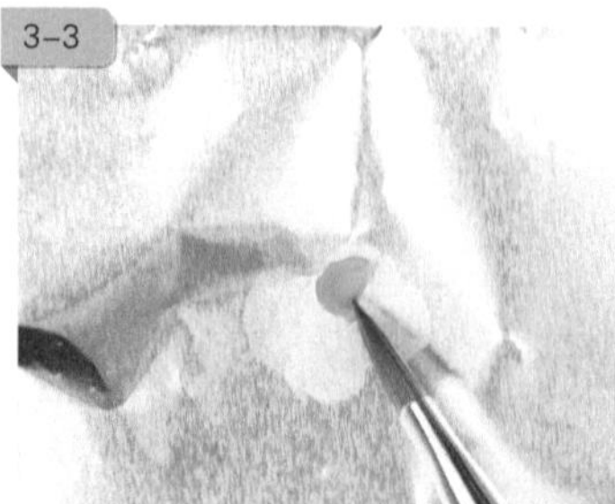

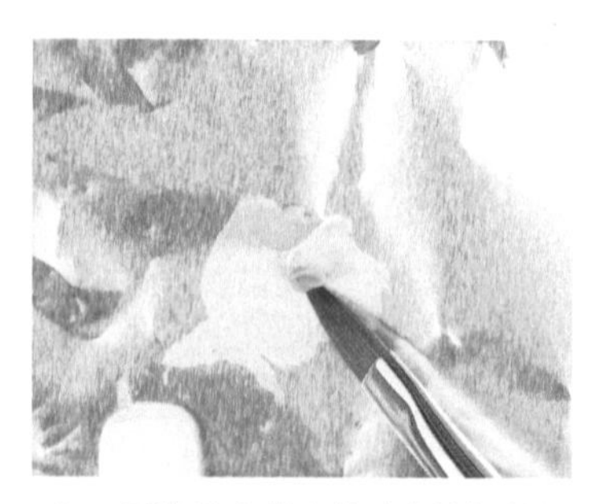

4 用沾满水晶液的雕花笔轻挑起花瓣一侧并卷出花芯形状

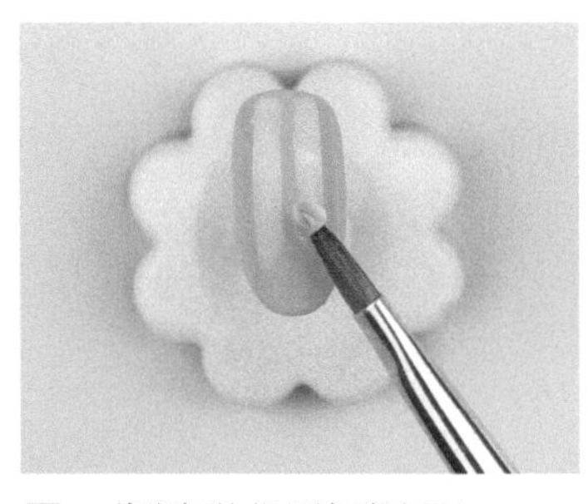

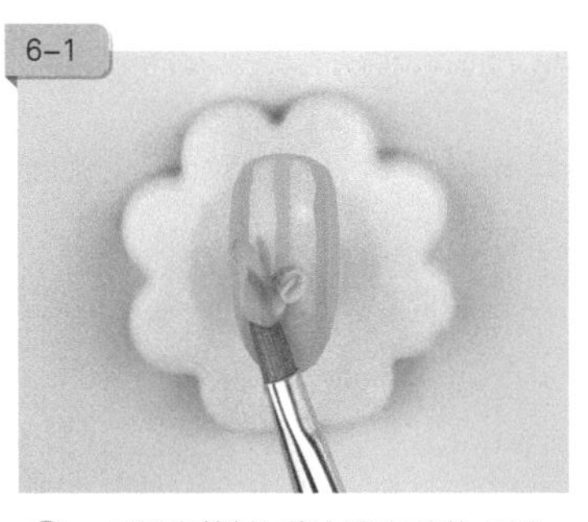

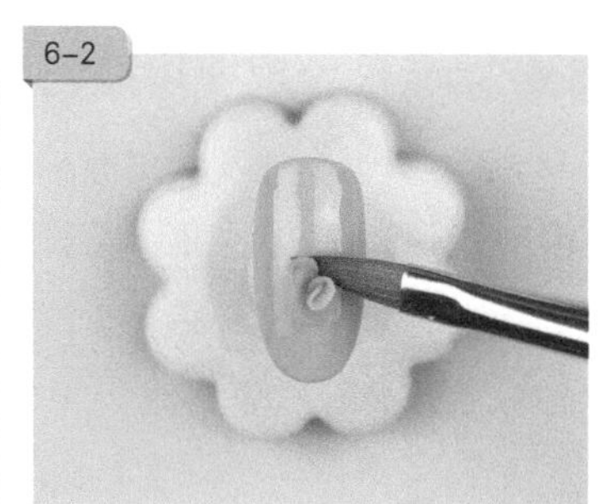

5　将卷好的花芯放到甲面上

6　再用同样的手法雕出其他花瓣

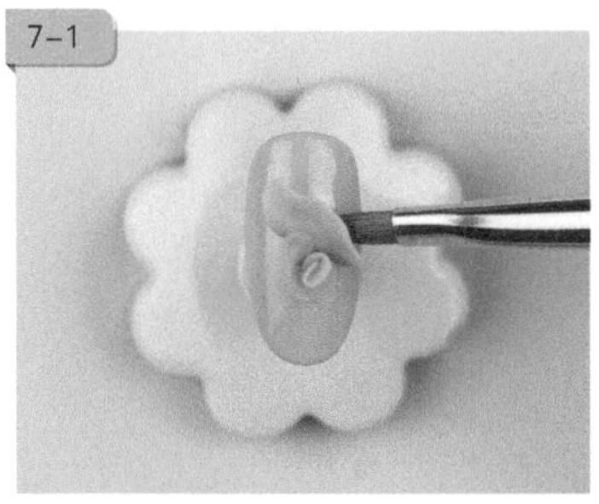

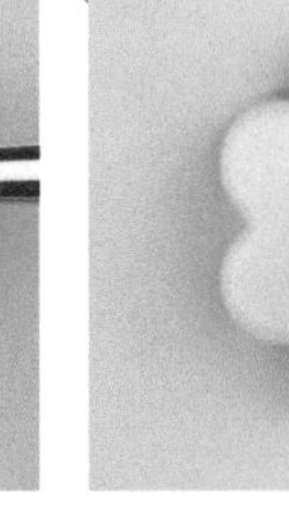

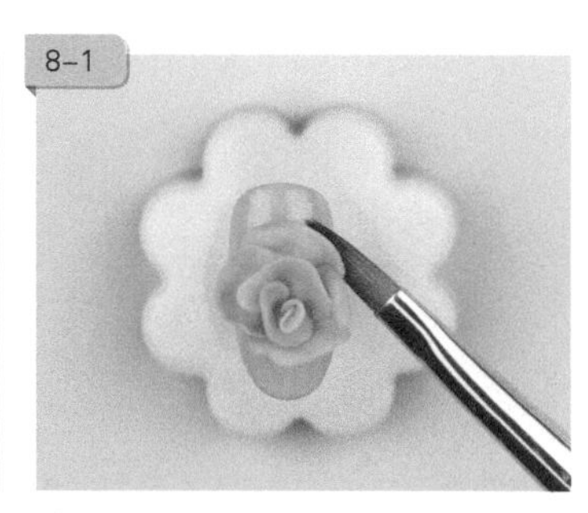

7　注意花瓣要层层外包，从而形成立体感

8　不断调整花朵整体形状

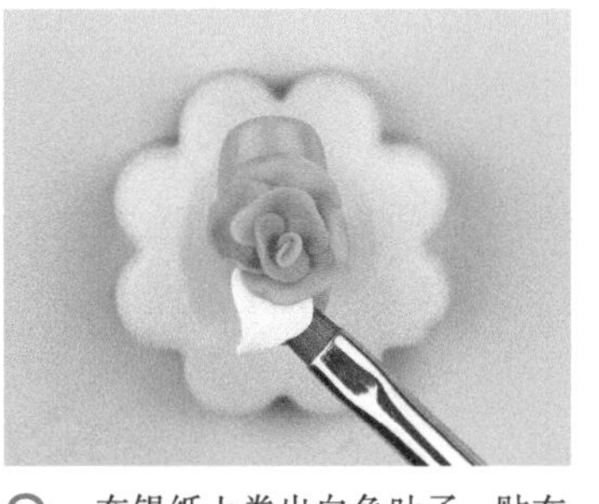

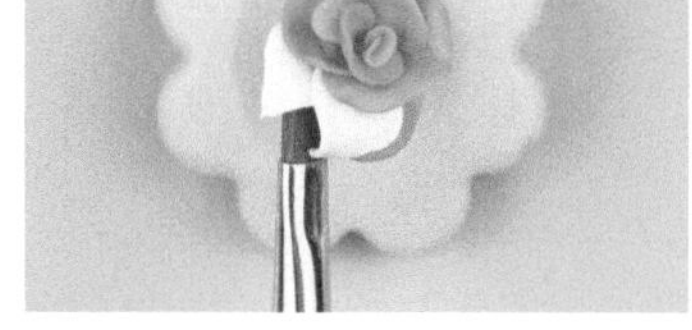

9　在锡纸上卷出白色叶子，贴在花朵边缘

10　用同样手法雕出其他叶子

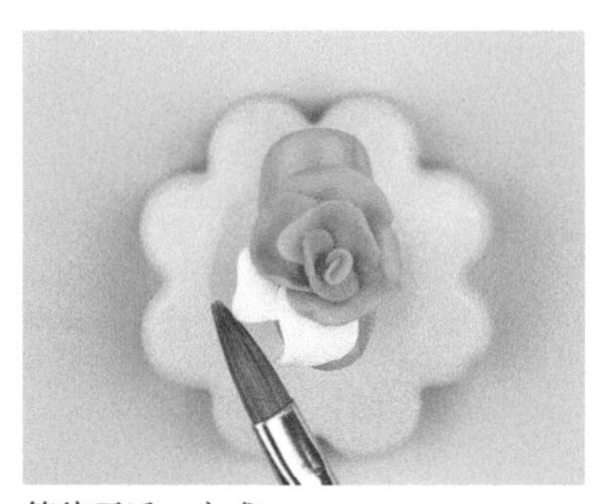

等待干透，完成

8.5.2 光疗玫瑰立体雕艺

光疗玫瑰立体雕艺需要的工具和材料有：光疗笔、浅咖啡色甲油胶、压花棒、桔木棒、小笔、免洗封层、卡其色雕花胶。

具体步骤如下。

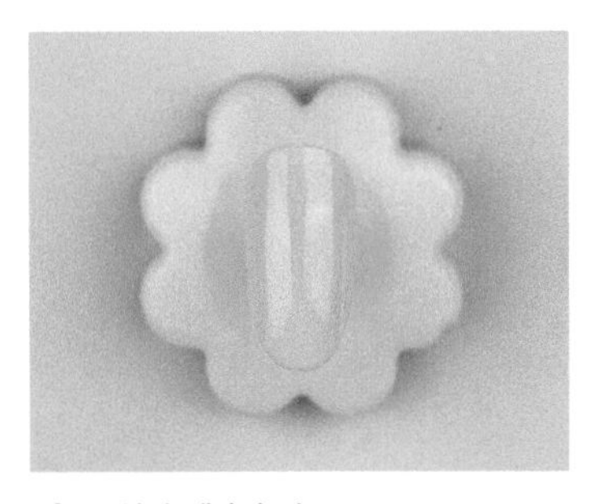

1 浅咖啡色打底

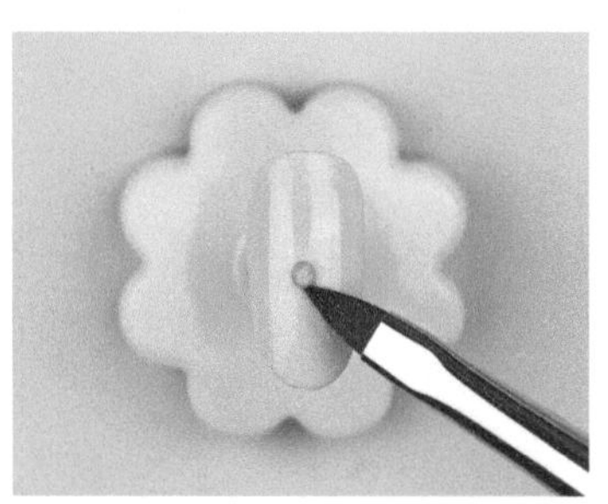

2 用压花棒或桔木棒取卡其色雕花胶，轻拍成球形并放置在甲面中心

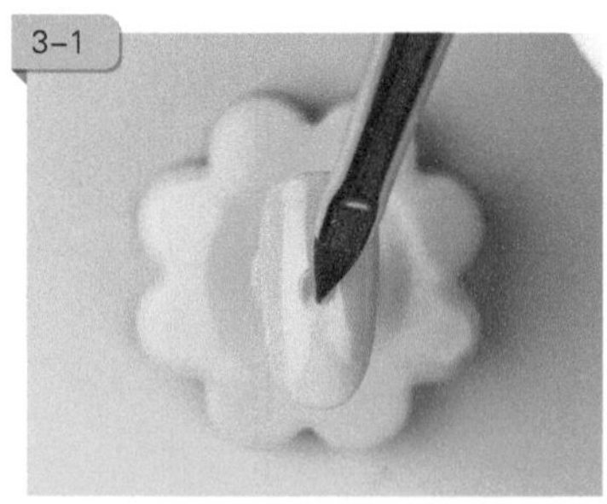

3 用雕花笔从中间往两边按压并从边缘轻挑起，卷成花芯，照灯固化 10 秒

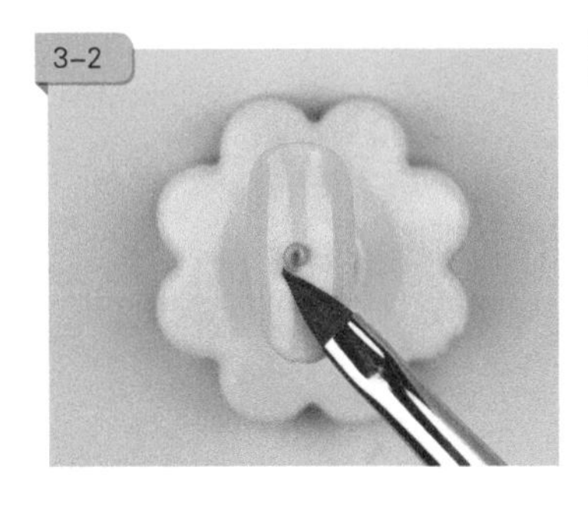

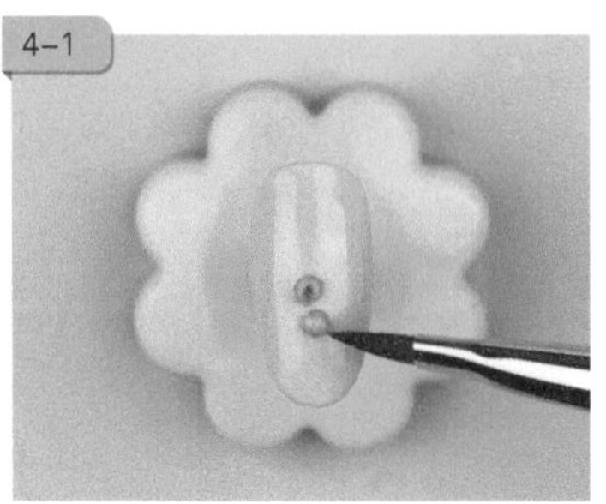

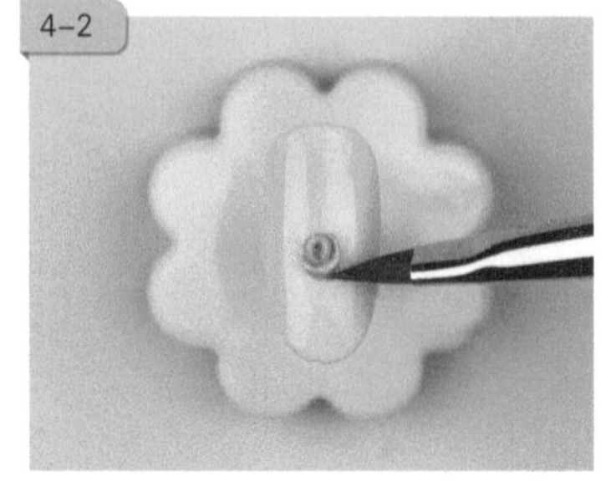

4 用同样的手法做出花瓣，注意每一片花瓣都要照灯定型 10 秒

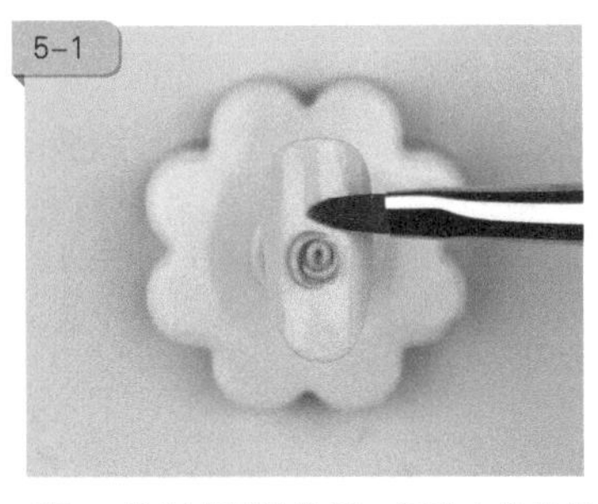

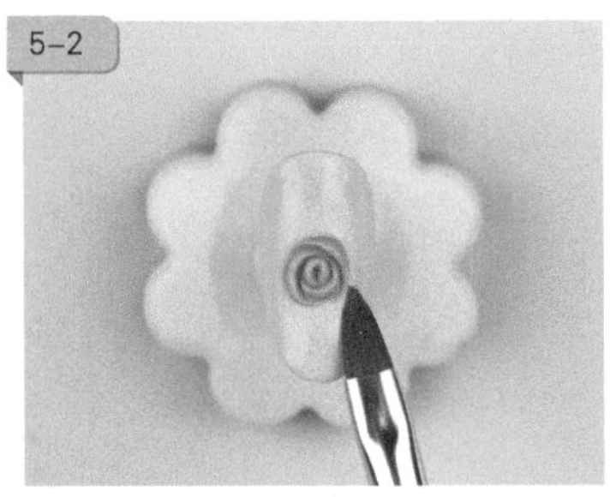

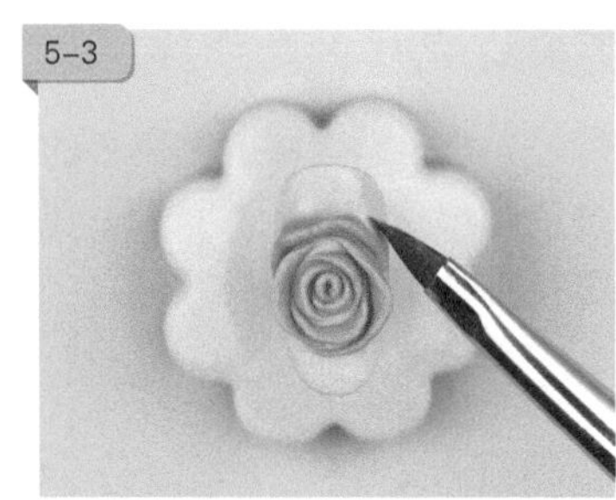

5　控制花瓣的位置，打造立体的花朵效果

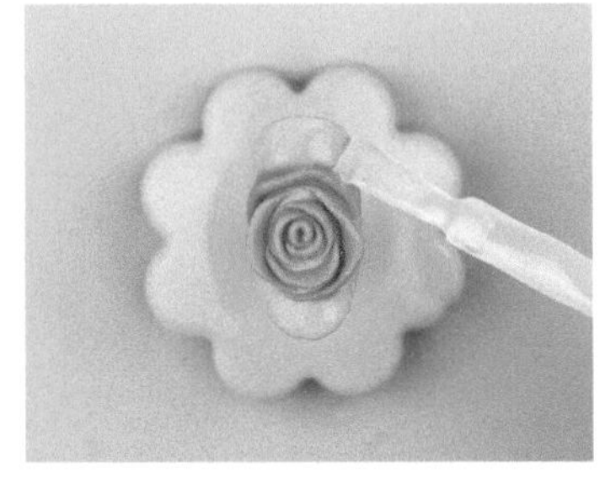

6　甲面底部涂抹免洗封层

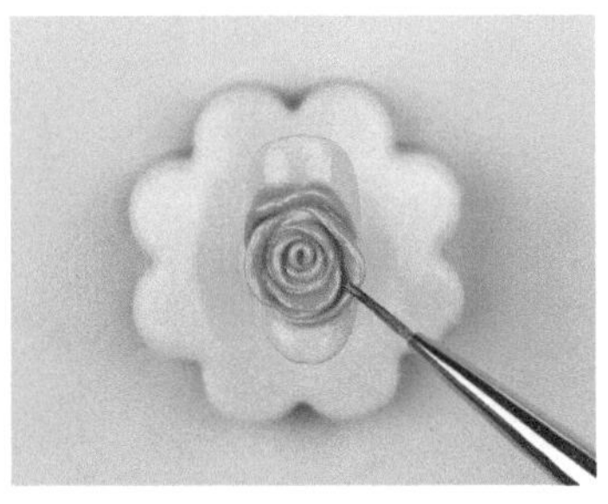

7　注意花朵内部需用小笔涂上封层，以免封层在花朵内部聚堆，影响立体效果

8　照灯固化 90 秒，完成

知识便签

8.5.3 光疗卡通立体雕艺

光疗卡通立体雕艺需要的工具和材料有：红色甲油胶、格纹笔、黑色甲油胶、白色彩绘胶、金色彩绘胶、红色彩绘胶、黑色彩绘胶、免洗封层、裸色雕花胶、雕花笔、白色雕花胶、红色雕花胶、死皮推、拉线笔。

具体步骤如下。

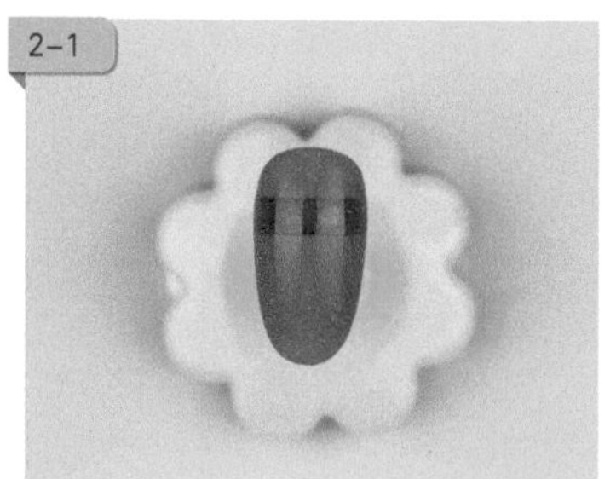

2-2

1　红色甲油胶打底

2　用格纹笔沾取黑色甲油胶，在甲面上方画出横线，照灯固化 30 秒

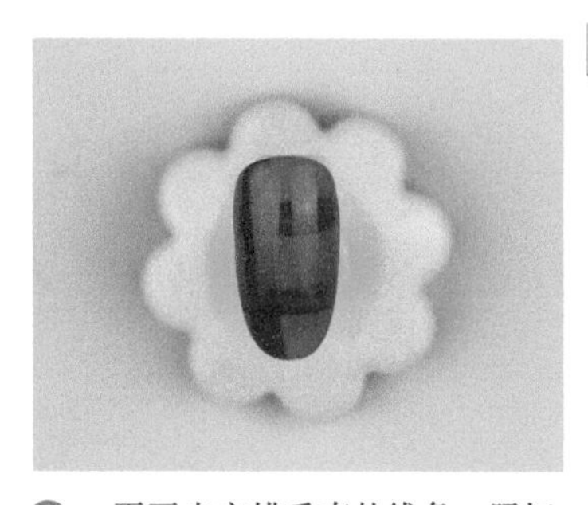

4-2

3　再画出交错垂直的线条，照灯固化 30 秒

4　用拉线笔取白色彩绘胶，在黑色粗线条内画出虚线，照灯固化 30 秒

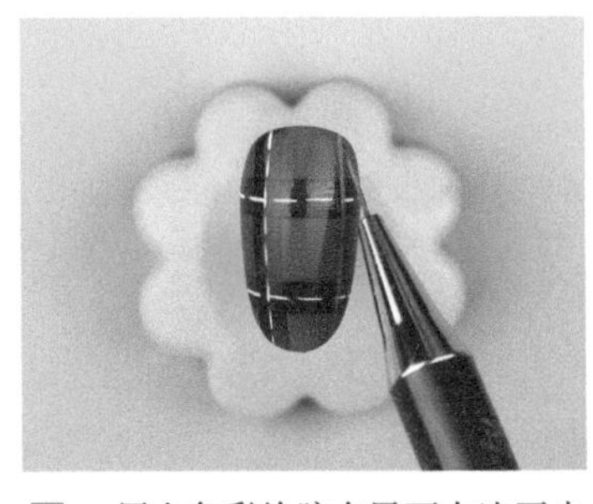

5　用金色彩绘胶在甲面右边画出细线条，照灯固化 30 秒

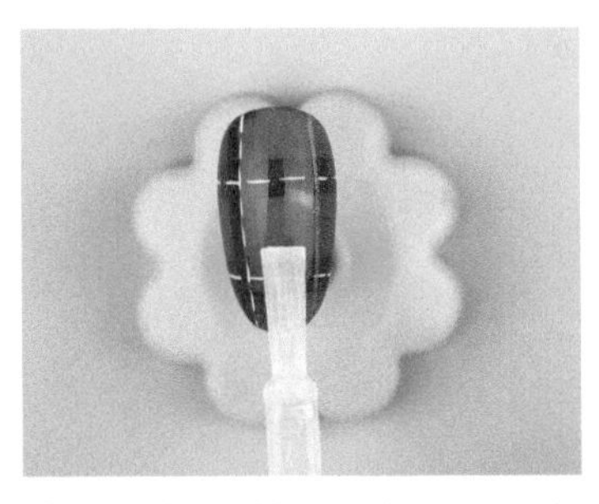

6　涂抹免洗封层，照灯固化 90 秒

7　背景完成

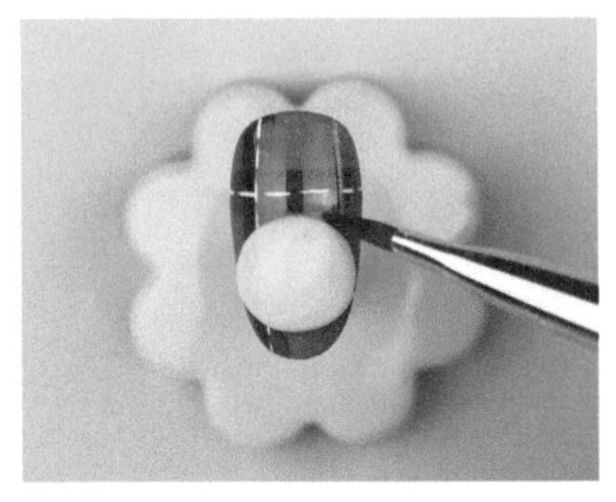

8　用雕花笔取裸色雕花胶，搓成圆球状放置在甲面下方

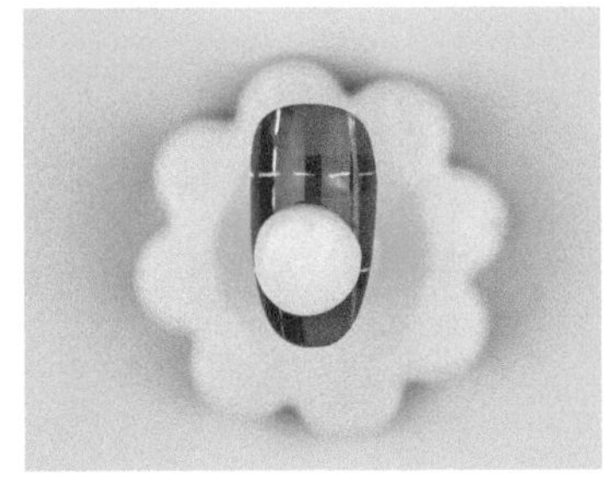

9　轻拍出脸部形状，照灯固化 30 秒

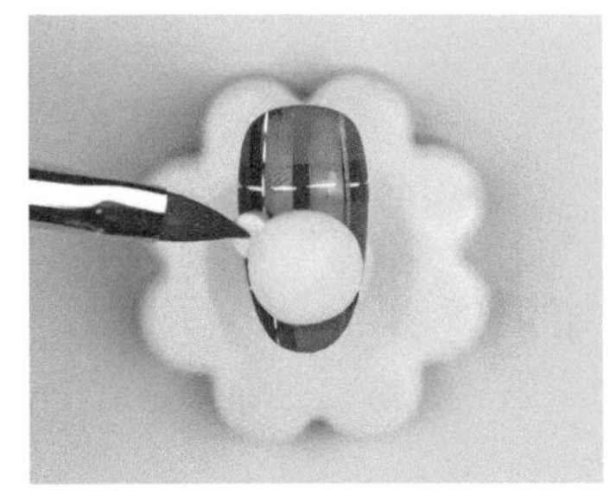

10　取出裸色雕花胶搓成小球，用雕花笔雕出耳朵形状，照灯固化 10 秒

11　用白色雕花胶放在耳朵内，压平，作为耳朵内部颜色，照灯固化 10 秒

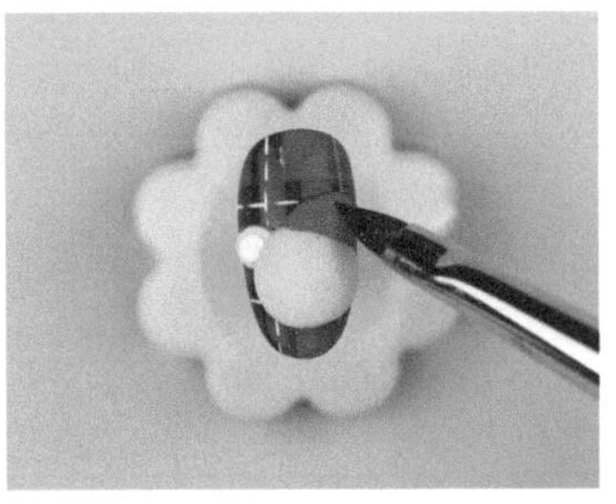

12　取出红色雕花胶雕出帽子形状，照灯固化 10 秒

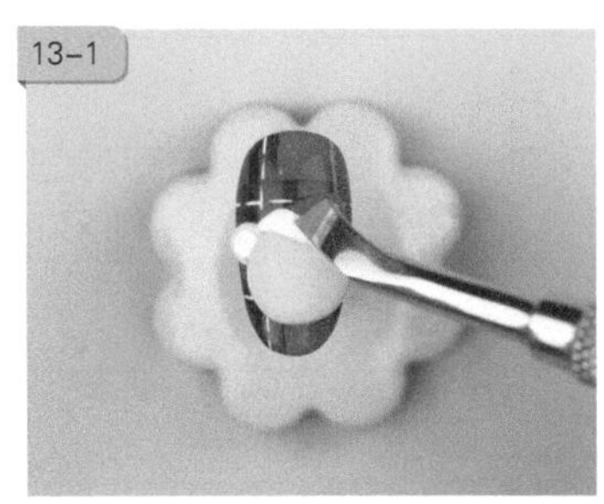

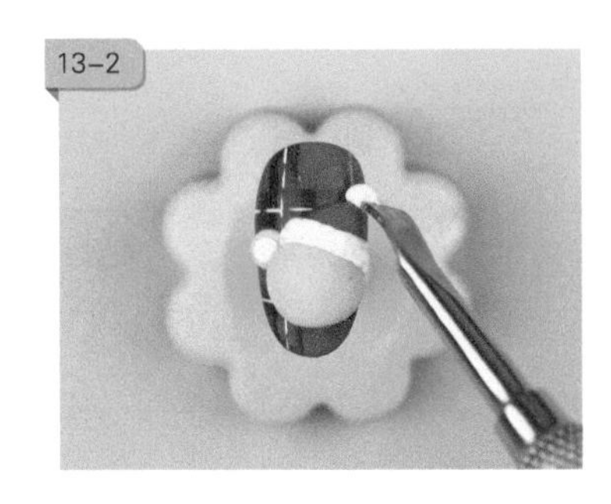

13　用白色雕花胶，分别搓成条形做帽檐、小球做帽尖，再用小钢推对帽沿和帽尖刻出纹理，照灯固化 10 秒

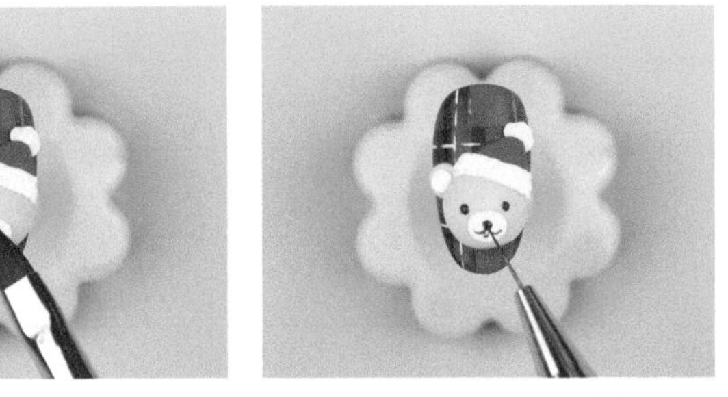

14　取白色雕花胶在脸部拍出鼻子和嘴巴的基本造型，照灯固化 30 秒

15　用拉线笔沾取黑色彩绘胶描绘出眼睛、鼻子和嘴巴，照灯固化 30 秒

16 用红色彩绘胶点出嘴巴，金色彩绘胶在左上方写出字样，白色彩绘胶点亮眼睛，照灯固化 60 秒

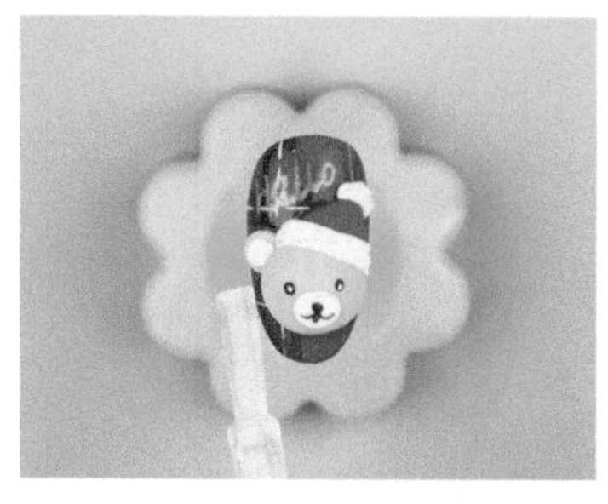

17 甲面底部涂抹免洗封层，雕艺主体涂抹磨砂封层，照灯固化 90 秒

完成

知识便签

知识便签

附 录

附录 1　CPMA 专业培训认证

一级美甲师认证

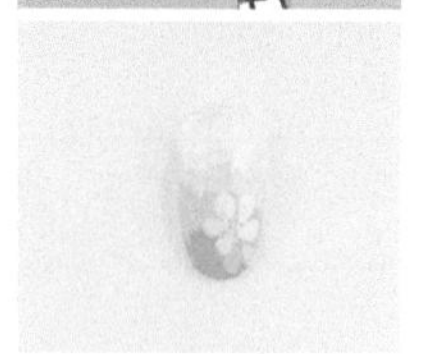

考试内容 试前检查（10 分钟）：桌面布置、消毒管理、模特的手指状态检查
技能考试（117 分钟）：指甲护理、基础技能
理论考试（40 分钟）：关于指甲的基础知识、色彩原理、美甲操作顺序等

双手实操 右手：5 根手指图红色甲油胶、无名指使用银色闪粉进行装饰
左手：5 根手指图粉红色甲油胶，并做出渐变效果，无名指以“花”为主题进行基础彩绘

考试规定 只有理论考试与技能考试都达到合格标准才视为通过考试，并获得 CPMA 一级美甲师认定证书。

二级美甲师认证

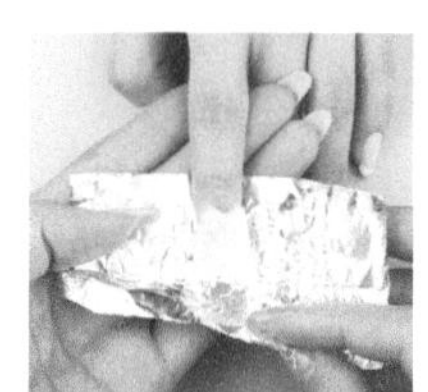

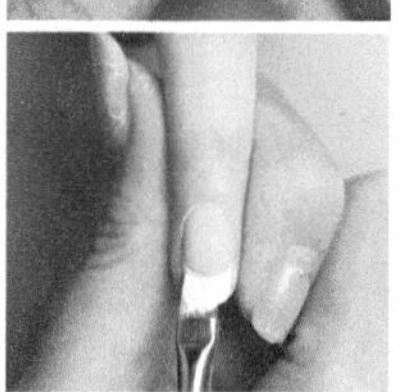

考试内容 试前检查（10 分钟）：桌面布置、消毒管理、模特的手指状态检查
技能考试（142 分钟）：卸甲及指甲护理、美甲技法
理论考试（40 分钟）：关于指甲的基础知识、常见病变及处理方法、美甲操作顺序等

双手实操 右手：粉色甲油胶卸除、5 根手指本甲上进行法式操作
左手：无名指光疗延长、食指三色渐变、其余三指涂抹粉色甲油胶，中指用小圆笔画出双层花

考试规定 通过 CPMA 一级美甲师认证者方可报名二级认证，只有理论考试与技能考试都达到合格标准才视为通过考试，并获得 CPMA 二级美甲师认定证书。

三级美甲师认证

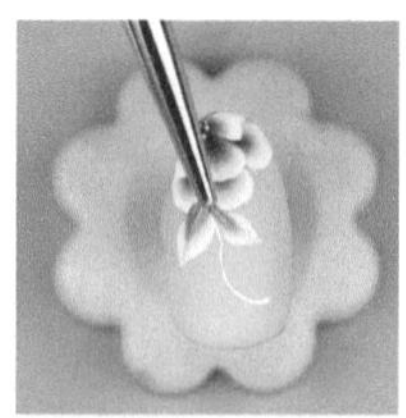

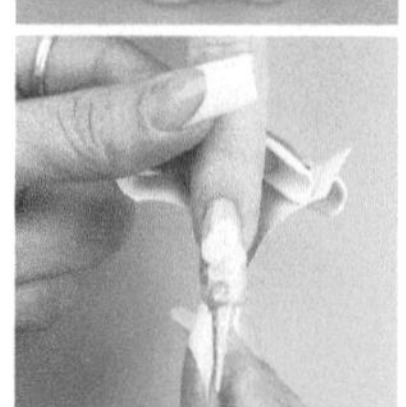

考试内容 试前检查（10 分钟）：桌面布置、消毒管理、模特的手指状态检查
技能考试（225 分钟）：指甲护理、高级美甲技法
理论考试（40 分钟）：关于指甲结构、常见病变及处理方法、美甲操作顺序等

双手实操 右手：拇指光疗延长法式甲（自然色甲床）、食指中指光疗延长法式甲（透明甲床）、无名指光疗设计延长甲 +3D 排笔彩绘（花朵主题）、尾指光疗透明延长甲
左手：拇指水晶延长法式甲（自然色甲床）、食指中指：水晶延长法式甲（透明甲床）、无名指水晶设计延长甲 + 双色外雕（花朵主题）、尾指水晶透明延长甲

考试规定 通过 CPMA 二级美甲师认证者方可报名三级认证，只有理论考试与技能考试都达到合格标准才视为通过考试，并获得 CPMA 三级美甲师认定证书。

一级讲师认证

考试内容 完成 1800 字标题为《我什么要成为 CPMA 讲师》论文
平时培训（2 天）：沟通与管理能力、授课技巧
考试答辩（35 分钟）：授课讲解、考生自评、论文提问考生答辩

考试规定 报名 CPMA 一级讲师者需拥有 CPMA 二级美甲师证书，只有平时培训与考试答辩成绩都达到合格标准才视为通过认证，并获得 CPMA 一级讲师认定证书。

附录 2　CPMA 三级美甲师认证考试内容

● 试前检查（10 分钟）

事前检查桌面布置、消毒管理、模特的手指状态，具体操作如下。

（1）桌面布置必须符合 CPMA 的规定，保持良好的桌面卫生状况。

（2）准备齐全考试所需的工具、材料，并事前贴好标签。

（3）消毒杯底部应铺上沾满酒精的棉花，将直接接触皮肤的工具放置入杯中消毒。

（4）确认模特的手指是否符合要求，被修复和延长的指甲不能超过 2 个。

（5）确认美甲灯连上电源。

● 技能考试（180 分钟）

第一部分：指甲护理（35 分钟）

（1）手指消毒包括美甲师和模特的双手指尖、指缝，必须进行擦拭消毒。

（2）用砂条修磨本甲甲形，将指甲修磨成圆形，视觉上必须对称圆润。

（3）指甲前端留白长度要控制在 2 毫米之内，10 根手指的指甲长度要协调。

（4）10 根手指都必须进行去死皮处理。

（5）在去死皮浸泡指甲的时候，必须使用泡手碗。

注意：禁止使用打磨机、打磨棒、甘油、营养油、护手霜等三级规定考试用品以外的用品。

第二部分：实操部分（145 分钟）

左手：尾指：水晶透明延长甲

无名指：水晶设计延长甲 + 双色外雕（花朵主题）

中指：水晶延长法式甲（透明甲床）

食指：水晶延长法式甲（透明甲床）

拇指：水晶延长法式甲（自然色甲床）

右手：尾指：光疗透明延长甲

无名指：光疗设计延长甲 +3D 排笔彩绘（花朵主题）

中指：光疗延长法式甲（透明甲床）

食指：光疗延长法式甲（透明甲床）

拇指：光疗延长法式甲（自然色甲床）

备注：以上考试内容与时间仅作参考作用，具体详情，以 CPMA 官方发布消息为准。

三级考点二维码

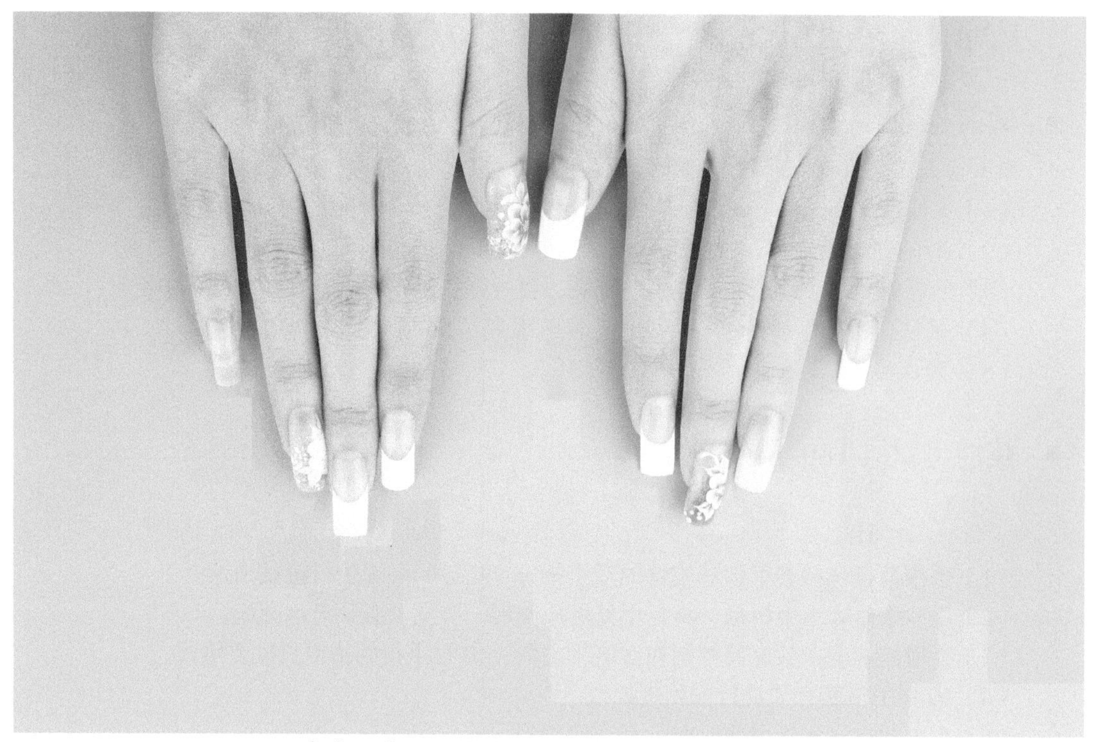

参考示意图，最终完成图以考场要求为准

● 理论考试（40 分钟）

理论考试内容包括关于指甲的基础知识：卫生和消毒、手指的结构、常见病变及处理方法、美甲操作顺序等。

● 合格标准

技能考试 50 分为满分，38 分及 38 分以上及格；理论考试 100 分为满分，80 分及 80 分以上及格。只有理论与技能考试都达到合格标准方视为通过考试，可获得 CPMA 三级美甲师认定证书。

考试摆台

1 彩色水晶雕花粉；
2 水晶杯；
3 彩绘胶；
4 自然色水晶粉；
5 白色水晶粉；
6 透明水晶粉；
7 干燥剂；
8 水晶液；
9 粉尘刷；
10 光疗雕花胶；
11 光疗胶；
12 法式甲片；
13 光疗彩胶；
14 底胶；
15 封层；
16 贴片胶水；
17 75 度酒精；
18 95 度酒精；
19 装棉花的带盖收纳容器；
20 装棉片的带盖收纳容器；
21 消毒杯；
22 小剪刀；
23 桔木棒；
24 死皮推；
25 雕花笔；
26 排笔；
27 水晶雕花笔；
28 光疗笔；
29 塑型棒；
30 小笔；
31 水晶笔；
32 U 形剪；
33 厨房用纸；
34 毛巾；
35 泡手碗；
36 硬毛清洁刷；
37 无纺布；
38 死皮剪；
39 小碗；
40 保温瓶；
41 美甲灯；
42 垃圾袋；
43 手枕；
44 托盘；
45 彩色水晶粉

附录 3 部分美甲专业术语中英文对照表

中文	英文
消毒水	sanitizer
洗甲水	polish remover
死皮软化剂	cuticle solvent
酒精	alcohol
皂液	liquid soap
按摩膏	lotion
营养油	cuticle oil
手护养	manicure
干裂手护理	hot oil manicure
足护理	pedicure
水晶粉	nail powder
水晶液	nail liquid
调理液	liquid
消毒箱	disinfect box
手柄	hand handler
按摩油	massage oil
甲片	tip
刷子	brush
精华素	ampoule
洗笔水	brush cleaner
水晶指甲	acrylic nails
消毒干燥剂	primer
抛光块	buff
指托板	forms
指甲专用胶	nail glue
纸巾	nail wipes
丝绸甲	silk wrappers
法式指甲	french manicure
贴片水晶甲	acrylic with tips

中文	英文
奇妙溶解液	tip blender
先处理液	equalizer
反应液	reaction liquid
松枝胶	crystal glaze
修补	fill in
卸甲	soak off / tip off
手绘	hand paint
彩绘	airbrush
镶钻	diamond on
水贴	water decal
金银彩贴	gold foil
金饰	gold charm
形状	shape
椭圆	oval
方形	square
尖形	pointed
圆形	round
梯形	flare
长的	long
短的	short
厚的（粗）	thick
薄的（细）	thin
轻的	light
中等的	medium
重的	heavy
底油	base coat
亮油	top coat
指甲油	nail polish